高职高专工作过程·立体化创新规划教材——计算机系列

# SQL Server 数据库技术实用教程
# (第二版)


高 云 主 编

崔艳春 副主编



清华大学出版社

北 京

## 内 容 简 介

本书是采用“工作过程导向”模式规范编写的教材，共 14 章，可分为两大部分：数据库的创建和数据库的管理。本书的内容组织以关系数据库的理论知识为基础，注重操作技能的培养和实际问题的解决，旨在使学生掌握 Microsoft SQL Server 2012 的使用和管理。本书以创建“学生管理系统”数据库为工作任务，具体内容包括设计数据库、创建数据库、创建表、更新和查询记录、T-SQL 语言、视图和索引、用户自定义函数、存储过程、触发器、管理数据库安全、备份和还原数据库、导入和导出数据库中的数据。最后一章介绍了学生管理系统应用程序的设计和实施，从而创建一个完整的数据库系统。本书注重实践，结构合理，内容丰富，操作方便。

本书作为 Microsoft SQL Server 2012 的入门类教材，既可以作为高等职业教育计算机及相关专业的教材，也可以作为等级考试、职业资格考试或认证考试等各种培训班的培训教材，还可用于读者自学。



**图书在版编目(CIP)数据**

SQL Server 数据库技术实用教程/高云主编. —2 版. —北京：清华大学出版社，2016（2023.7 重印）
(高职高专工作过程・立体化创新规划教材——计算机系列)
ISBN 978-7-302-45422-9

Ⅰ. ①S… Ⅱ. ①高… Ⅲ. ①关系数据库系统—高等学校—教材 Ⅳ. ①TP311.138

中国版本图书馆 CIP 数据核字(2016)第 260875 号

**责任编辑：**章忆文　杨作梅
**装帧设计：**刘孝琼
**责任校对：**吴春华
**责任印制：**曹婉颖
**出版发行：**清华大学出版社
　　**网　　址：**http://www.tup.com.cn, http://www.wqbook.com
　　**地　　址：**北京清华大学学研大厦 A 座　　**邮　　编：**100084
　　**社 总 机：**010-83470000　　**邮　　购：**010-62786544
　　**投稿与读者服务：**010-62776969, c-service@tup.tsinghua.edu.cn
　　**质量反馈：**010-62772015, zhiliang@tup.tsinghua.edu.cn
　　**课件下载：**http://www.tup.com.cn, 010-62791865
**印 装 者：**三河市龙大印装有限公司
**经　　销：**全国新华书店
**开　　本：**185mm×260mm　　**印　张：**19.5　　**字　数：**471 千字
**版　　次：**2011 年 6 月第 1 版　2017 年 1 月第 2 版　　**印　次：**2023 年 7 月第 7 次印刷
**定　　价：**48.00 元

---

产品编号：069719-02

# 丛 书 序

高等职业教育强调“以服务为宗旨，以就业为导向，走产学结合发展道路”。服务社会、促进就业和提高社会对毕业生的满意度，是衡量高等职业教育是否成功的重要指标。坚持“以服务为宗旨，以就业为导向，走产学结合发展道路”体现了高等职业教育的本质，是其适应社会发展的必然选择。为了提高高职院校的教学质量，培养符合社会需求的高素质人才，我们计划打破传统的高职教材以学科体系为中心，讲述大量理论知识，再配以实例的编写模式，设计一套突出应用性、实践性的丛书。一方面，强调课程内容的应用性。以解决实际问题为中心，而不是以学科体系为中心；基础理论知识以应用为目的，以“必需、够用”为度。另一方面，强调课程的实践性。在教学过程中增加实践性环节的比重。

2009 年 5 月，我们组织全国高等职业院校的专家、教授组成了“高职高专工作过程·立体化创新规划教材”编审委员会，全面研讨人才培养方案，并结合当前高职教育的实际情况，历时近两年精心打造了这套“高职高专工作过程·立体化创新规划教材”丛书。我们希望通过对这一套全新的、突出职业素质需求的高质量教材的出版和使用，促进技能型人才培养的发展。

本套丛书以“工作过程为导向”，强调以培养学生的职业行为能力为宗旨，以现实的职业要求为主线，选择与职业相关的教学内容组织开展教学活动和过程，使学生在学习和实践中掌握职业技能、专业知识及工作方法，从而构建属于自己的经验和知识体系，以解决工作中的实际问题。

**本丛书首推书目**

- 计算机应用基础
- 办公自动化技术应用教程
- 计算机组装与维修技术
- C++语言程序设计与应用教程
- C 语言程序设计
- Java 程序设计与应用教程
- Visual Basic 程序设计
- Visual C#程序设计与应用教程
- 网页设计与制作
- 计算机网络安全技术
- 计算机网络规划与设计
- 局域网组建、管理与维护实用教程
- 基于.NET 3.5 的网站项目开发实践
- Windows Server 2008 网络操作系统
- 基于项目教学的 ASP.NET(C#)程序开发设计
- SQL Server 数据库技术实用教程(第二版)
- 数据库应用技术实训指导教程(SQL Server 版)

- 单片机原理及应用技术
- 基于 ARM 的嵌入式系统接口技术
- 数据结构实用教程
- AutoCAD 2010 实用教程
- C# Web 数据库编程

**丛书特点**

(1) 以项目为依托，注重能力训练。以“工作场景导入”→“知识讲解”→“回到工作场景”→“工作实训营”为主线编写，体现了以能力为本位的教育模式。

(2) 内容具有较强的针对性和实用性。丛书以贴近职业岗位要求、注重职业素质培养为基础，以“解决工作场景”为中心展开内容，书中每一章节都涵盖了完成工作所需的知识和具体操作过程。基础理论知识以应用为目的，以“必需、够用”为度，因而具有很强的针对性与实用性，可提高学生的实际操作能力。

(3) 易于学习、提高能力。通过具体案例引出问题，在掌握知识后立刻回到工作场景解决实际问题，使学生很快上手，提高实际操作能力；每章末的“工作实训营”板块都安排了有代表意义的实训练习，针对问题给出明确的解决步骤，并给出了解决问题的技术要点，且对工作实践中的常见问题进行分析，使学生进一步提高操作能力。

(4) 示例丰富、由浅入深。书中配备了大量经过精心挑选的例题，既能帮助读者理解知识，又具有启发性。针对较难理解的问题，例子都是从简单到复杂，内容逐步深入。

**读者定位**

本丛书主要面向高等职业技术院校和应用型本科院校，同时也非常适合计算机培训班和编程开发人员培训、自学使用。

**关于作者**

丛书编委会特聘执教多年且有较高学术造诣和实践经验的名师参与各册的编写。他们长期从事有关的教学和开发研究工作，积累了丰富的经验，对相应课程有较深的体会与独特的见解，本丛书凝聚了他们多年的教学经验和心血。

**互动交流**

本丛书保持了清华大学出版社一贯严谨、科学的图书风格，但由于我国计算机应用技术教育正在蓬勃发展，要编写出满足新形势下教学需求的教材，还需要我们不断的努力实践。因此，我们非常欢迎全国更多的高校老师积极加入到“高职高专工作过程·立体化创新规划教材——计算机系列”编审委员会中来，推荐并参与编写有特色、有创新的教材。同时，我们真诚希望使用本丛书的教师、学生和读者朋友提出宝贵意见和建议，使之更臻成熟。联系信箱：Book21Press@126.com。

丛书编委会

# 前　　言

为适应高职院校应用型人才培养迅速发展的趋势，培养以就业市场为导向的、具备“职业化”特征的高级应用型人才，“任务驱动、项目导向”已成为高职院校主流的教学模式。本书以 Microsoft SQL Server 2012(以下一般简称为 SQL Server 2012)为数据库管理系统，通过创建一个完整的学生管理系统，引导学生掌握 SQL Server 2012 的使用和管理。

本书不仅将使用的软件平台从第一版的 Microsoft SQL Server 2008 升级为第二版的 Microsoft SQL Server 2012，而且对第一版中的错误进行了修正，对案例和习题进行了优化。

**本书特色**

本书采用最新的“工作过程导向”编写模式，以“工作场景导入”→“知识讲解”→“回到工作场景”→“工作实训营”→“习题”为主线推进学习进程。每章均针对数据库设计和实施中的一个工作过程环节来传授相关的课程内容，实现实践技能与理论知识的整合，将工作环境与学习环境有机地结合在一起。本书内容简明扼要，结构清晰，通过工作过程的讲解将关系数据库的理论知识和 SQL Server 2012 的使用方法有机地结合在一起，示例众多，步骤明确，讲解细致，突出可操作性和实用性，再辅以丰富的实训和课后练习，可以使学生得到充分的训练，具备使用 SQL Server 2012 解决实际问题的能力。

本书是由高职院校的优秀教师在其已有教学成果的基础上整合编写而成的，作者拥有丰富的开发案例和教学经验。

**本书主要内容**

本书共 14 章，需要授课 60 个课时，用一学期进行学习。

第 1 章介绍学生管理数据库的设计。通过本章任务的完成，主要学习数据库的基本概念、发展历史、系统结构，数据库的需求分析、概念模型设计、逻辑模型设计、物理模型设计，了解 SQL Server 2012 组件，为后面使用 SQL Server 2012 做准备。

第 2 章讲解如何创建学生管理数据库。通过本章任务的完成，主要掌握 SQL Server 数据库的分类和组成的文件，了解 SQL Server 数据库中数据的存储方式，掌握创建数据库的方法，掌握文件组的概念、作用和创建的方法。

第 3 章介绍如何创建学生管理数据库中的五个表，设置表的数据完整性，并在表中录入记录。通过本章任务的完成，掌握使用 SQL Server 系统数据类型和创建用户定义数据类型的方法，创建、修改、删除表的方法，在表中录入记录的方法，以及数据完整性的概念、分类和具体实施方法。

第 4 章通过在学生管理数据库的表中使用 T-SQL 语句插入、更新和删除记录，学习插入单个记录和多个记录的方法、更新记录(包括根据子查询更新记录)的方法、删除记录(包括根据子查询删除记录)的方法、清空表的方法。

第 5 章讲解如何查询学生管理数据库中的记录，学习简单查询、多表连接和子查询。

第 6 章介绍三个任务，第一个任务是判断闰年，讲解 T-SQL 语言的基础知识，包括 T-SQL

语法要素、T-SQL 程序；第二个任务是带错误信息提示的单语句插入记录操作，介绍 T-SQL 语言中的错误信息处理；第三个任务是带错误信息提示的多语句更新记录操作，介绍事务的概念、属性、分类和使用。

第 7 章介绍四个任务，前三个任务是创建、使用和修改可以查询所有学生的姓名、课程名称和成绩的视图，学习视图的概念、分类、创建和使用；第四个任务是在学生表上分别创建两个索引，学习索引的概念、分类、创建、设计和优化。

第 8 章通过统计学生的学期课程门数及成绩，以及各门课程的最高分和最低分，来学习用户自定义函数的概念、作用、分类和使用。

第 9 章通过讲解创建存储过程用于重复的查询任务，学习存储过程的概念、分类和作用，创建和使用存储过程的方法，存储过程中输入参数和输出参数的使用方法。

第 10 章介绍四个任务，前三个任务是根据学生表的学生记录的插入、更新和删除操作来修改班级表中该班级的人数，第四个任务是防止数据库中成绩表的结构被随意修改。通过本章任务的完成，学习触发器的概念、分类、工作原理、创建和使用。

第 11 章通过控制数据库管理员、教师用户、学生用户对学生管理数据库和成绩表的操作权限，来讲解 SQL Server 2012 的安全机制和验证模式，介绍登录、用户、权限的创建与管理，角色的概念、分类、创建和使用。

第 12 章讲解学生管理数据库的备份和还原，包括备份和还原的概念，备份的类型，创建完整数据库备份、事务日志备份、差异备份和文件或文件组备份的方法，以及还原各种备份的方法。

第 13 章通过导入和导出学生管理数据库中学生的个人信息，学习 SSIS 的作用和工作方式，掌握创建和执行 SSIS 包来导入和导出数据库中数据的方法。

第 14 章设计并完成基于 Windows 的学生管理系统和基于 Web 的学生管理系统。通过本章任务的完成，学习 Windows 应用程序的创建方法、Web 应用程序的创建方法、注册和登录页面的设计方法，以及学生信息查询功能的实现方法。

**读者对象**

本书作为 Microsoft SQL Server 2012 入门类教材，既可以作为高等职业教育计算机及相关专业的教材，也可以作为等级考试、职业资格考试或认证考试等各种培训班的培训教材，还可用于读者自学。

**本书读者**

本书由高云(南京信息职业技术学院)任主编，崔艳春(南京信息职业技术学院)任副主编，其中第 1～7 章由高云编写，第 8～14 章由崔艳春编写，由高云负责统稿。全书框架结构由何光明拟定。另外，本书的编写得到陈海燕、王珊珊、吴涛涛、赵梨花、张伍荣、李海、赵明、吴婷、许勇、姚昌顺、戴仕明等同志的大力支持和帮助，在此表示感谢。限于作者水平，书中难免存在不当之处，恳请广大读者批评指正。

编　者

# 目　录

# 第 1 章 设计数据库

- 数据库的发展历史和数据库的基本概念。
- 需求分析。
- 概念模型设计。
- 逻辑模型设计。
- 物理模型设计。
- 数据库的实现、运行和维护。
- SQL Server 2012 数据库管理系统。

- 掌握数据库的基本概念和数据库的发展历史。
- 了解需求分析的任务和方法。
- 掌握概念模型的概念和设计方法。
- 掌握逻辑模型的概念和设计方法。
- 了解物理模型的概念和设计方法。
- 了解数据库的实现、运行和维护的内容。
- 熟悉 SQL Server 2012 数据库管理系统的功能和组成部分。

# 1.1 工作场景导入

**【工作场景】**

为了提高教务管理工作水平，达到学校日常管理工作信息化、智能化的要求，教务处要求信息管理员小孙创建一个学生成绩管理系统。学生成绩管理系统所涉及的信息包括校内所有的系、班级、学生、课程和学生成绩。

学生成绩管理系统的具体实施步骤分成两步。

第一步，创建一个学生成绩数据库，将系统所有的信息存储在数据库中。

第二步，以学生成绩数据库为基础创建学生成绩管理系统，通过 Windows 应用程序或浏览器来完成系统信息的修改和查询。

**【引导问题】**

(1) 什么是数据库？数据库的发展历史是怎样的？

(2) 怎样完成需求分析？

(3) 怎样完成概念模型设计？

(4) 怎样完成逻辑模型设计？

(5) 怎样完成物理模型设计？

(6) 怎样完成数据库的实施、运行和维护？

(7) 什么是 SQL Server 2012？

# 1.2 数据库概述

## 1.2.1 数据库的基本概念

数据是描述事物的符号记录。数据包括文字、图形、图像、声音等。

数据库(Database，DB)是一个长期存储在计算机内的、有组织的、可共享的、统一管理的数据集合。数据库中的数据是按照一定的数据模型组织、描述和存储的，有较小的冗余度、较高的数据独立性和易扩展性。

数据库管理系统(Database Management System，DBMS)是使用和管理数据库的系统软件，负责对数据库进行统一的管理和控制。所有对数据库的操作都交由数据库管理系统完成，这使得数据库的安全性和完整性得以保证。

数据库管理员(Database Administrator，DBA)是专门负责管理和维护数据库服务器的人。通常，数据库管理员的工作职责包括安装和升级数据库服务器及应用程序工具，编制数据库设计系统存储方案并制订未来的存储需求计划，根据应用来创建和修改数据库，管理和监控数据库的用户，监控和优化数据库的性能，制订数据库备份计划，定期进行数据库备份，在灾难出现时对数据库信息进行恢复等。在实际工作中，可能一个数据库有一个或多个数据库管理员，也可能一个数据库管理员同时负责系统中的多项工作。

数据库系统(Database System，DBS)是由数据库及其相关应用软件、支撑环境和使用人员所组成的系统，专门用于完成特定的业务信息处理。数据库系统通常由数据库、数据库管理系统、数据库管理员、用户和应用程序组成。

### 1.2.2 数据库的发展历史

数据库的发展大致可划分为以下几个阶段：人工管理阶段、文件系统阶段和数据库系统阶段。

(1) 人工管理阶段。20 世纪 50 年代中期之前，计算机刚刚出现，主要用于科学计算。硬件存储设备只有磁带、卡片和纸带；软件方面还没有操作系统，没有专门管理数据的软件。因此，程序员在程序中不仅要规定数据的逻辑结构，还要设计其物理结构，包括存储结构、存取方法、输入/输出方式等。数据的组织单纯面向该应用，不同的计算程序之间不能共享数据，使得不同的应用之间存在大量的重复数据，数据与程序不独立。数据是通过批处理方式进行处理的，处理结果不保存，难以重复使用。

(2) 文件系统阶段。20 世纪 50 年代中期到 60 年代中期，随着计算机大容量存储设备(如硬盘)和操作系统的出现，数据管理进入文件系统阶段。在文件系统阶段，数据以文件为单位存储在外存，且由操作系统统一管理。用户通过操作系统的界面管理数据文件。文件的逻辑结构与物理结构相对独立，程序和数据分离。用户的程序与数据可分别存放在外存储器上，各个应用程序可以共享一组数据，通过文件来进行数据共享。但是，数据在文件中的组织方式仍然是由程序决定的，因此必然存在相当大的数据冗余。数据的逻辑结构和应用程序相关联，一方修改，必然导致另一方也要随之修改。简单的数据文件不能体现现实世界中数据之间的联系，只能交由应用程序来进行处理，缺乏独立性。

(3) 数据库系统阶段。20 世纪 60 年代后，随着计算机在数据管理领域的普遍应用，数据管理开始运用数据库技术，进入了数据库系统阶段。数据库技术以数据为中心组织数据，采用一定的数据模型。数据模型不仅体现数据本身的特征，而且体现数据之间的联系。形成的数据库数据冗余小，易修改，易扩充，便于共享，程序和数据有较高的独立性。不同的应用程序对数据库的操作均由数据库管理系统统一执行，这就保证了数据的安全性、完整性，可有效地完成并发管理。

### 1.2.3 数据库系统的结构

数据库系统通常采用 3 级模式结构，即数据库系统由模式、外模式和内模式 3 级组成。

- 模式。模式也称逻辑模式，表示数据库中全体数据的逻辑结构、数据之间的联系、安全性和完整性要求，是完整的数据视图。模式所描述的逻辑结构包含整个数据库。
- 外模式。外模式也称子模式或者用户模式，表示数据库用户能够使用的部分数据的逻辑结构和特征，是用户的数据视图。外模式面向用户，用于描述用户所关心的数据。

- 内模式。内模式也称存储模式，表示数据库中数据的物理结构和存储结构。内模式描述了数据库在物理存储设备上的存储方式。

外模式可以有多个，而模式只有一个。每个外模式和模式之间存在外模式与模式映像，是外模式和模式之间的对应关系。当模式改变时，外模式与模式的映像随之改变，使得外模式保持不变，使用外模式的应用程序也保持不变，保证了数据的逻辑独立性。逻辑独立性将数据库的结构与应用程序相分离，减少了修改应用程序的工作量。

内模式和模式一样，只有一个。模式和内模式之间存在模式与内模式映像，是模式和内模式之间的对应关系。当内模式改变时，模式与内模式的映像随之改变，使得模式保持不变，保证了数据的物理独立性。

## 1.3 需求分析

自数据库系统阶段至今，人们将软件工程的理论应用于数据库设计，形成了一个完整的数据库设计实施方法，整个过程包括需求分析、概念模型设计、逻辑模型设计、物理模型设计及数据库实现、运行和维护5个阶段。

### 1.3.1 需求分析的任务

需求分析的内容是充分调查研究，收集基础数据，了解系统运行环境，明确用户需求，确定新系统的功能，最终得到系统需求分析说明书，作为设计数据库的依据。

需求分析所调查的重点是数据和处理，以获得用户对数据库的以下要求：用户需要从数据库中获得信息的内容与性质；用户要完成什么处理功能，对处理的响应时间有什么要求；安全性和数据完整性要求；企业的环境特征，包括企业的规模与结构、部门的地理分布、主管部门对机构的规定与要求、对系统费用与利益的限制及未来系统的发展方向。

### 1.3.2 需求分析的方法

在做需求分析时，首先要了解用户单位的组织机构组成，然后调查用户单位的日常业务活动流程。在此基础上，明确用户的信息需求和系统概念需求，明确用户对系统的性能和成本的要求，确认数据项，产生系统需求说明书。需求分析的调查方法包括跟班作业、开调查会、请专人调查、发放用户调查表和查阅原系统有关记录。

### 1.3.3 需求分析的成果

需求分析生成的结果包括数据字典、数据流图、判定表、判定树等。

(1) 数据字典是系统中所有数据及其处理的描述信息的集合。数据字典由数据项、数据结构、数据流、数据存储及处理过程组成。

(2) 数据流图是结构化分析方法中使用的图形化工具，描绘数据在系统中流动和处理的过程。

数据流图包括数据流、数据源、对数据的加工处理和数据存储。数据流图根据层级不同可分为顶层数据流图、中层数据流图和底层数据流图。顶层数据流图经过细化可以产生中层流图和底层流图。

(3) 判定表和判定树是描述加工的图形工具，分别是表格和树状结构，适合描述问题处理中具有多个判断的结构，而且每个决策与若干条件有关。判定表和判定树可以给出判定条件和判定决策，以及判定条件的从属关系、并列关系和选择关系。

## 1.4　概念模型设计

需求分析结束后，进入概念模型设计阶段。

### 1.4.1　数据模型

数据模型是用来描述现实世界的数据、数据之间的联系、数据的语义和完整性约束的工具。数据模型包括概念模型、逻辑模型和物理模型。

### 1.4.2　概念模型

概念模型要能真实地反映现实世界，包括事物和相互之间的联系，能满足用户对数据的处理要求，是表示现实世界的一个真实模型。概念模型是用户与数据库设计人员之间进行交流的语言。概念模型不依赖于特定的数据库管理系统，但可以转换为特定的数据库管理系统所支持的数据模型。因此，概念模型要易于理解、易于扩充和易于向各种类型的逻辑模型转换。

### 1.4.3　概念模型设计的任务

概念模型设计的任务是根据需求分析说明书对现实世界进行数据抽象，建立概念模型。概念模型的作用是与用户沟通，确认系统的信息和功能，与 DBMS 无关。

### 1.4.4　概念模型设计的方法

概念模型的设计方法有 4 种，分别是自顶向下、自底向上、逐步扩张和混合策略。自顶向下是指先设计概念模型的总体框架，再逐步细化。自底向上是指先设计局部概念模型，再合并成总体。逐步扩张是指先设计概念模型的主要部分，再逐步扩充。混合策略是指将自顶向下和自底向上相结合，先设计概念模型的总体框架，再根据框架来合并各局部概念模型。

### 1.4.5　概念模型设计的成果

概念模型有实体-联系模型、面向对象的数据模型、二元数据模型、语义数据模型、函数数据模型等。下面仅介绍常用的实体-联系模型。

## 1.4.6 实体-联系模型

实体-联系模型是用 E-R 图来描述现实世界的概念模型。实体-联系模型中的基本概念有以下几个。

- 实体。实体是现实世界中可区分的客观对象或抽象概念，如一个学生、一门课程。
- 属性。属性是实体所具有的特征，如每个学生都有学生编号、姓名、性别、班级、出生日期等属性。
- 实体集。实体集是具有相同属性描述的实体的集合，如学生、课程。
- 联系。两个实体集之间存在一对一、一对多和多对多 3 种联系。例如，一个班级只有一个班长，班级和班长之间是一对一的联系；一个学生属于一个班级，一个班级有多个学生，班级和学生之间是一对多的联系；一个学生选修多门课程，一门课程有多个学生选修，课程和学生之间是多对多的联系。
- 键。键是可以将实体集中的每个实体进行区分的属性或属性集，也称主属性。例如，每个学生的学生编号绝不相同，学生编号这个属性可以作为学生实体集的键。
- 域。域是实体集的各个属性的取值范围。例如，学生的性别属性取值为“男”或“女”。

E-R 图的内容包括实体集、属性和联系。E-R 图中，实体集用矩形表示，内有实体集名称；属性用椭圆形表示，内有属性名称，并用直线与所属实体型相连，作为键的属性用下划线标出；联系用菱形表示，内有联系名称，并用直线与实体集相连，且在联系旁边注明联系的类型(如 1∶1、1∶$n$ 或者 $m$∶$n$)。如果联系有属性，那么也要用直线将属性和联系相连，如图 1.1 所示。

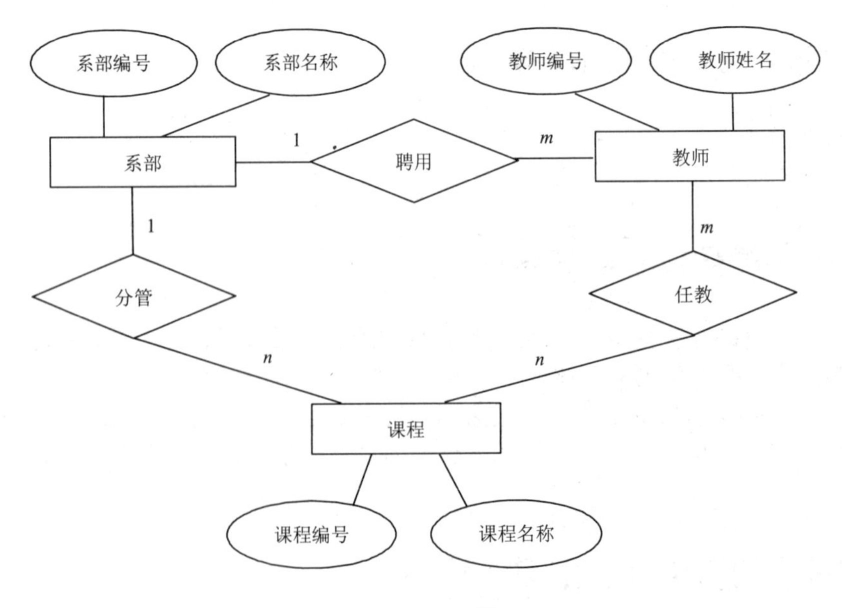


图 1.1　E-R 图

采用实体-联系模型进行概念模型设计的步骤分为如下 3 步。

(1) 设计局部实体-联系模型。具体任务是确定局部实体-联系模型中的实体集、实体集的属性、键、实体集之间的联系和属性，画出局部 E-R 图。

(2) 设计全局实体-联系模型。具体任务是合并局部 E-R 图，生成全局 E-R 图，并消除局部 E-R 图合并时产生的冲突。

(3) 优化全局 E-R 模型。具体任务是修改全局 E-R 图，消除冗余属性和冗余联系，得到最终的 E-R 图。

## 1.5　逻辑模型设计

概念模型设计结束后，进入逻辑模型设计阶段。

### 1.5.1　逻辑模型

逻辑模型通常由数据结构、数据操作和完整性约束组成。其中，数据结构是指表示与数据类型、内容、性质等有关的系统静态特性，数据操作是数据库检索和更新操作的含义、规则和实现的语言，数据的约束条件是逻辑模型中数据及其联系所要遵守的完整性规则的集合。

逻辑模型是数据库系统的核心和基础。逻辑模型设计的要求是把概念模型转换成所选用的数据库管理系统所支持的特定类型的逻辑模型。

已有的逻辑模型有层次模型、网状模型和关系模型。

(1) 层次模型的总体结构为树形结构，其中节点表示记录类型，每个记录类型包含多个属性，节点之间的连线表示记录类型之间的联系，除根节点外的所有节点有且只有一个双亲节点。层次模型的优点是简单，完整性支持良好，适用于层次性联系的场合；缺点是插入和删除操作的限制较多，查询必须逐级通过双亲节点。

(2) 网状模型允许节点有零个乃至多个双亲，还允许节点之间有多个联系。它较之层次模型更接近现实，存取效率高；但数据独立性复杂，在存取时要指定路径。

(3) 关系模型建立在严格的数学概念基础上，是当前流行的逻辑模型。关系模型中以表来表示实体和实体之间的联系，以表来存储记录，数据结构简单，存取路径透明，具有良好的数据独立性和安全保密性。

### 1.5.2　关系模型的概念

关系模型中，表是基础逻辑结构，由行和列组成，如表 1.1 所示。

表 1.1　教师信息表

| 教师工号 | 姓　名 | 性　别 | 出生日期 | 职　称 |
|---|---|---|---|---|
| 09001 | 王斌 | 男 | 1975-3-26 | 副教授 |
| 09002 | 李梅 | 女 | 1977-6-2 | 讲师 |
| 09003 | 金志明 | 男 | 1957-12-15 | 教授 |
| 09004 | 王思思 | 女 | 1981-3-2 | 助教 |

关系模型中的基本概念如下。

- 关系：表。
- 元组：也称作记录，指表中的一行。关系中的元组不能重复，而且理论上没有顺序。
- 属性：也称作字段，指表中的一列。关系中的属性值具有原子性，不可分解。
- 码：表中可以唯一确定一个元组的属性或者属性组。
- 候选码：表中所有可以唯一确定一个元组的属性或者属性组。
- 主码：也称作键，指表中唯一确定一个元组的属性或者属性组。
- 外码：不是表中的码，而是与另一个表中的主码相对应的属性或者属性组。
- 域：属性的取值范围。
- 分量：一个元组中的某个属性值。
- 关系模式：对关系的描述，可写成：关系名(属性 1，属性 2，…，属性 $n$)。
- 关系模型的数据操作主要包括查询、插入、更新和删除。
- 关系模型的完整性分为 3 类，即实体完整性、参照完整性和用户自定义完整性。其中，实体完整性是指关系的主码值不能为空值；参照完整性是指关系的外码值必须为空值或者等于所对应主码所在关系中某个元组的主码值。

## 1.5.3　逻辑模型设计的任务

逻辑模型设计的任务是把概念结构模型转换为所使用的 DBMS 所支持的逻辑模型。

## 1.5.4　关系模型设计的方法

将实体-联系模型转换成关系模型的步骤分为如下 3 步。

(1) 将 E-R 图转换为关系模式集合。

在转换时，E-R 图中的一个实体集转换为一个关系模式，实体集中的属性转换为关系模式的属性，实体集的码转换为关系模式的关键字。E-R 图中的联系也要进行转换，转换方法如下：一对一的联系可以转换成单个关系模式，也可以与任意一端的实体集转换成的关系模式合并；一对多的联系可以转换成单个关系模式，也可以与多端的实体集转换成的关系模式合并；多对多、3 个及 3 个以上的联系只能转换成单个关系模式。

(2) 对关系模式集合进行规范化处理，满足一定的范式。

范式是符合某一种级别的关系模式的集合。关系数据库中的关系必须满足不同的范式。目前关系数据库有 6 种范式，即第一范式(1NF)、第二范式(2NF)、第三范式(3NF)、第四范式(4NF)、第五范式(5NF)和第六范式(6NF)。满足最低要求的范式是第一范式(1NF)。在第一范式的基础上进一步满足更多要求的称为第二范式(2NF)，其余范式以此类推。一般来说，数据库只需满足第三范式(3NF)即可。

第一范式是指表的每一列都是不可分割的基本数据项，同一列中不能有多个值，不能存在两条记录具有完全相同的属性值。在任何一个关系数据库中，第一范式是对关系模式的基本要求，不满足第一范式的数据库就不是关系数据库。例如，学生信息表的属性包含学生编号、学生姓名、班级编号和联系方式，其中联系方式不能将电话、地址和邮编这 3 类数据合在一列中显示，解决的方法是在学生信息表中设置电话、地址和邮编 3 列，分别保存这 3 部分数据。一个学生的记录只能对应学生信息表中的一条记录，不能有两条记录同时对应一个学生。

第二范式建立在第一范式的基础上，即满足第二范式必须先满足第一范式。第二范式要求实体的属性完全依赖于主码，即不能存在仅依赖主码一部分的属性。如果存在，那么这个属性和主码的这一部分应该分解形成一个新的实体集，新实体集与原实体集之间是一对多的关系。第二范式要求实体集的非主属性不能部分依赖于主码。例如，成绩表的属性包含学生编号、课程编号、成绩、学生姓名、班级编号，主码是学生编号和课程编号。但是，学生姓名和班级编号属性可以由学生编号属性推知，因此成绩表的结构不符合第二范式。这样设计的表在使用中有很多问题，插入一个学生的所有课程成绩将反复插入该学生的基本信息，如果删除该学生的所有课程成绩将导致删除该学生的基本信息，如果该学生的基本信息有变化又需要将其所有的成绩记录进行更新。为了解决数据冗余和重复操作的问题，可以将其中的学生编号、学生姓名和班级属性分解出来，形成学生信息表，原有的成绩表保留学生编号、课程编号和成绩属性。这样调整可使得两个表均满足第二范式的要求。

第三范式建立在第二范式的基础上，要求一个数据库表中不包含其他表中已包含的非主码信息，即第三范式就是属性不依赖于其他非主属性，也就是不存在传递依赖。例如，班级信息表的属性包含班级编号、班级名称、系名称、系简介，主码是班级编号。如果插入同一个系的两个班级的信息，将产生两条记录，其中系名称和系简介完全一样。其实，同一个系的系名称和系简介是一样的。这样又会产生大量的数据冗余。可以添加系信息表，系信息表的属性包含系编号、系名称、系简介，主码是系编号，在班级信息表中删除系名称和系简介，添加系编号。这样使得数据库满足第三范式的要求。

BCNF 是指关系模式的所有属性都不传递依赖于该关系模式的任何候选码，或是每个决定因素都包含码。第一范式到 BCNF 的 4 种范式之间有以下关系：BCNF 高于第三范式、高于第二范式、高于第一范式。

综上所述，规范化的目的是使结构更合理，消除存储异常，使数据冗余尽量小，便于插入、删除和更新。在对关系模式进行规范化时，必须遵从概念单一化原则，即一个关系模式描述一个实体或实体间的一种联系。规范化的操作方法是将关系模式分解成两个或多个关系模式，分解后的关系模式集合必须保证不会丢失原有关系的信息。实际操作时，并不一定要求全部模式都达到 BCNF，有时故意保留部分冗余以便于数据查询。

(3) 优化关系模式，定义数据完整性、安全性，评估性能。

## 1.6 物理模型设计

### 1.6.1 物理模型设计的任务

物理模型的设计是要选取一个最适合数据库应用环境的物理结构，包括数据库的存储记录格式、存储记录安排和存取方法，使得数据库具有良好的响应速度、足够的事务流量和适宜的存储空间。它与系统硬件环境、存储介质性能和 DBMS 有关。

### 1.6.2 物理模型设计的方法

在关系模型数据库中，物理模型主要包括存储记录结构的设计、数据存放位置、存取方法、完整性、安全性和应用程序。其中，存储记录结构包括记录的组成、数据项的类型和长度以及逻辑记录到存储记录的映像。数据存放位置是指是否要把经常访问的数据结合在一起。存取方法是指聚集索引和非聚集索引的使用。完整性和安全性是指对数据库完整性、安全性、有效性、效率等方面进行分析并做出配置。物理模型设计的内容包括分析影响数据库物理模型设计的因素，确定数据的存放位置、存取方法、索引和聚集，使空间利用率达到最大，系统数据操作负荷最小。

## 1.7 数据库的实现、运行和维护

数据库实现的内容包括使用 DBMS 创建实际数据库结构、加载初始数据、编制和调试相应的数据库系统应用程序。数据库的运行内容是指使用已加载的初始数据对数据库系统进行试运行、制订合理的数据备份计划、调整数据库的安全性和完整性条件。数据库的维护内容是对系统的运行进行监督，及时发现系统的问题，给出解决方案。

## 1.8 SQL Server 2012 简介

### 1.8.1 SQL Server 2012 产品性能

SQL Server 是一个关系数据库管理系统，最初是由 Microsoft、Sybase 及 Ashton-Tate 三家公司开发的，于 1988 年推出了第一个 OS/2 版本。1992 年，Microsoft 将 SQL Server 移植到 Windows NT 系统上。后来，Microsoft 不断对 SQL Server 的功能进行扩充，推出了更多产品版本，分别是 SQL Server 7.0、SQL Server 2000、SQL Server 2005、SQL Server 2008、

SQL Server 2012 和 SQL Server 2014。本书使用的是 SQL Server 2012。

SQL Server 2012 是一个重要的产品版本。作为新一代的数据平台产品，SQL Server 2012 全面支持云技术，并且能够快速构建相应的解决方案，实现私有云与公有云之间数据的扩展与应用的迁移。SQL Server 2012 的云计算信息平台可帮助企业对整个组织有突破性的深入了解，并且能够快速在内部和公共云端重新部署方案和扩展数据，提供对企业基础架构最高级别的支持。在业界领先的商业智能领域，SQL Server 2012 提供了更多更全面的功能以满足不同人群对数据以及信息的需求，包括支持来自不同网络环境的数据的交互，全面的自助分析等创新功能。针对大数据以及数据仓库，SQL Server 2012 提供从数 TB 到数百 TB 全面端到端的解决方案。

SQL Server 2012 推出了许多新的特性和关键的改进，包括通过 AlwaysOn 提供所需运行时间和数据保护，通过列存储索引获得突破性和可预测的性能，通过用于组的新用户定义角色和默认架构来帮助实现安全性和遵从性，通过列存储索引实现快速数据恢复以便更深入地了解组织，通过 SSIS 改进、用于 Excel 的 Master Data Services 外接程序和新 Data Quality Services，确保更加可靠、一致的数据，通过使用 SQL Azure 和 SQL Server 数据工具的数据层应用程序组件(DAC)奇偶校验，优化服务器和云间的 IT 和开发人员的工作效率，从而在数据库、BI 和云功能间实现统一的开发体验。

## 1.8.2　SQL Server 2012 产品版本

SQL Server 2012 包含企业版(Enterprise)、商业智能版(Business Intelligence)、标准版(Standard)、Web 版、开发者版(Developer)和精简版(Express)。不同的版本具备不同的性能、功能和价格。

(1)　企业版。SQL Server 2012 企业版是一个全面的数据管理和业务智能平台，提供了全面的高端数据中心功能，可为关键任务工作负荷提供较高服务级别，支持最终用户访问深层数据。它的性能极为快捷、虚拟化不受限制，为关键业务应用提供了企业级的可扩展性、数据仓库、安全、高级分析和报表支持，可以提供更加坚固的服务器和执行大规模在线事务处理。

(2)　商业智能版。SQL Server 2012 商业智能版是一个值得信赖的数据管理和报表平台，可支持组织构建和部署安全、可扩展且易于管理的商业智能解决方案。它提供基于浏览器的数据浏览与可见性等卓越功能、功能强大的数据集成功能，以及增强的集成管理。

(3)　标准版。SQL Server 2012 标准版是一个完整的数据管理和业务智能平台，为部门级应用提供了最佳的易用性和可管理特性，提供了基本数据管理和商业智能数据库，使部门和小型组织能够顺利运行其应用程序，并支持将常用开发工具用于内部部署和云部署，有助于以最少的 IT 资源获得高效的数据库管理。

(4)　Web 版。SQL Server 2012 Web 版是针对运行于 Windows 服务器中要求高可用、面向 Internet Web 服务的环境而设计的，为实现低成本、大规模、高可用性的 Web 应用或客户托管解决方案提供了必要的支持工具。

(5)　开发者版。SQL Server 2012 开发者版允许开发人员构建和测试基于 SQL Server 的任意类型应用。这一版本拥有所有企业版的特性，但只限于在开发、测试和演示中使用，而不能用作生产服务器。

(6) 精简版。SQL Server 2012 精简版是 SQL Server 的一个免费版本，拥有核心的数据库功能，它是为了学习、创建桌面应用和小型服务器应用而发布的。

## 1.8.3 SQL Server 2012 管理工具

SQL Server 2012 的管理工具介绍如下。

(1) SQL Server Management Studio。SQL Server Management Studio 是一套管理工具，用于管理从属于 SQL Server 的组件。SQL Server Management Studio 包含用于编写和编辑脚本的代码编辑器，用于查找、修改、编写、运行脚本或运行 SQL Server 实例的对象资源管理器，用于查找模板以及为模板编写脚本的模板资源管理器，用于将相关脚本组织并存储为项目一部分的解决方案资源管理器，用于显示当前选定对象属性的属性窗口。SQL Server Management Studio 提供了用于数据库管理的图形工具和功能丰富的开发环境，使得 SQL Server 的各组件可以协同工作，如图 1.2 所示。

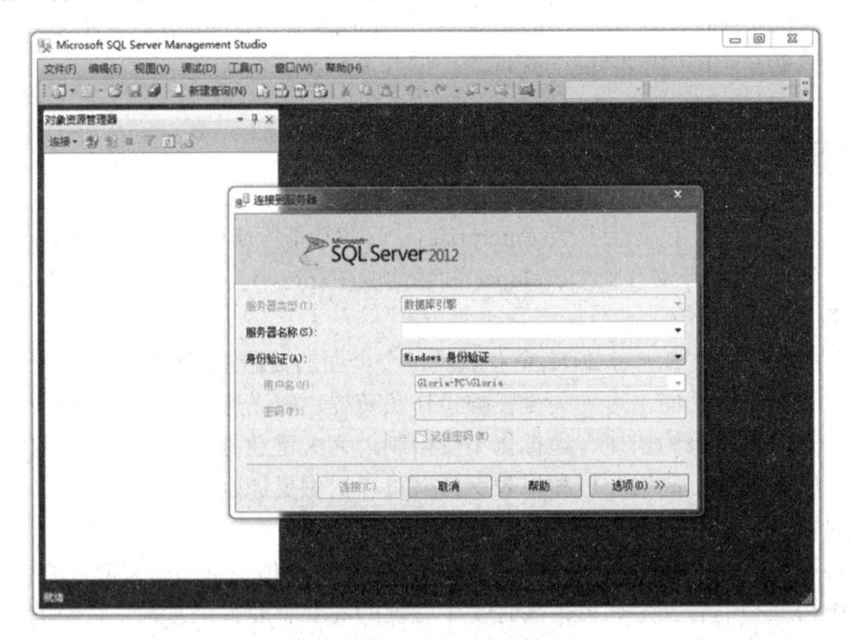


图 1.2　SQL Server Management Studio

(2) SQL Server 配置管理器。使用 SQL Server 配置管理器可以配置 SQL Server 服务和网络连接，如图 1.3 所示。SQL Server 配置管理器管理与 SQL Server 相关的服务，包括启动、停止和暂停服务，配置服务启动方式，禁用服务，修改服务配置，更改 SQL Server 服务所使用的账户密码，使用命令行参数启动 SQL Server，查看服务的属性。SQL Server 配置管理器可以启用或禁用服务器 SQL Server 网络协议，配置服务器 SQL Server 网络协议。SQL Server 配置管理器可以完成客户端连接到 SQL Server 实例时的协议顺序，配置客户端连接协议，创建 SQL Server 实例的别名，使客户端能够使用自定义连接字符串进行连接。

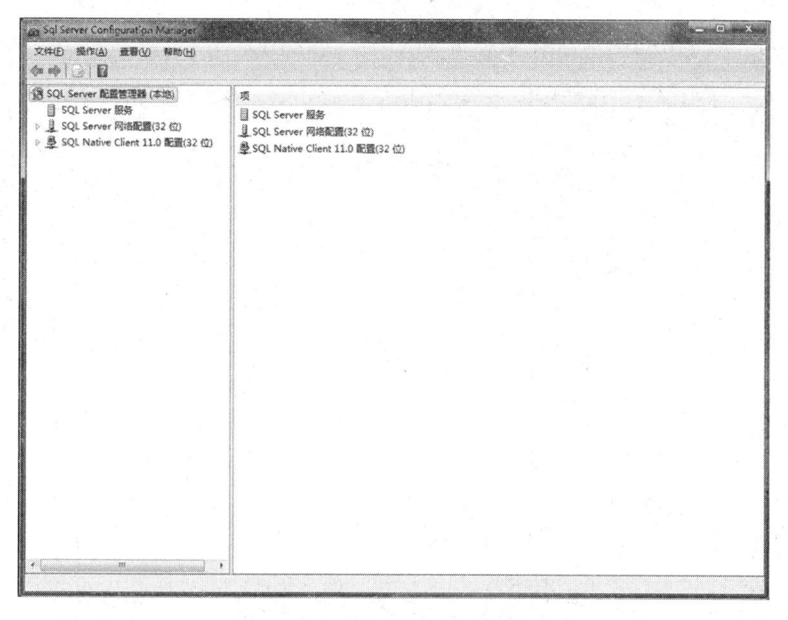


图 1.3　SQL Server 配置管理器

(3) SQL Server Profiler。SQL Server Profiler 是用于监视 SQL Server 2012 数据库引擎和分析服务的实时监视工具，如图 1.4 所示。SQL Server Profiler 显示 SQL Server 的内部解析查询，供用户监视系统和分析查询性能。SQL Server Profiler 可以创建基于可重用模板的跟踪，在跟踪运行时监视跟踪结果，并将跟踪结果存储在表中，根据需要启动、停止、暂停和修改跟踪结果，重播跟踪结果。

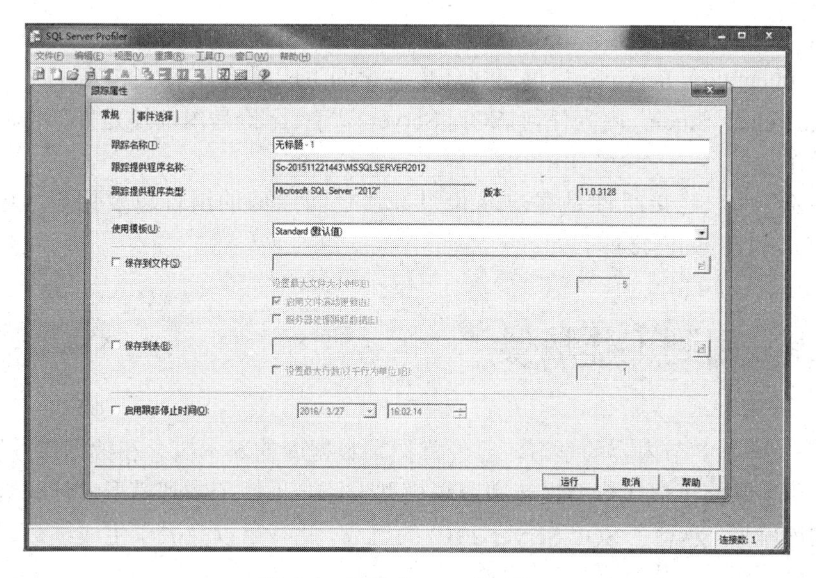


图 1.4　SQL Server Profiler

(4) 数据库引擎优化顾问。数据库引擎优化顾问是一种工具，用于分析在一个或多个数据库中运行的工作负荷的性能效果，并提供修改数据库物理结构的建议，包括添加、修改和删除聚集索引、非聚集索引、索引视图和分区，使得查询处理器能够用最短的时间执行工作负荷任务，从而帮助用户优化数据库的结构，如图 1.5 所示。

图 1.5　数据库引擎优化顾问

(5) 数据质量客户端。数据质量客户端提供了一个非常简单和直观的图形用户界面，用于连接到 DQS 数据库并执行数据清理操作，可以集中监视在数据清理操作过程中执行的各项活动。

(6) SQL Server 数据工具。SQL Server 数据工具(SSDT)为 Analysis Services、Reporting Services 和 Integration Services 提供集成环境并帮助生成解决方案。SSDT 中的数据库项目使得可以在 Visual Studio 内为任何 SQL Server 平台(无论是内部还是外部)执行其所有数据库设计工作。

(7) 连接组件。连接组件是客户端和服务器之间通信的组件以及用于 DB-Library、ODBC 和 OLE DB 的网络库。

## 1.9　回到工作场景

通过对 1.2～1.8 节内容的学习，已经掌握了数据库的基本概念和数据库发展历史，了解了需求分析，掌握了概念模型设计和逻辑模型设计，了解了物理模型设计、数据库实现、运行和数据库维护，熟悉了 SQL Server 2012 的组成，此时足以完成学生成绩数据库的设计。下面回到前面介绍的工作场景中，完成工作任务。

**【工作过程】**

创建一个学生成绩数据库，涉及的信息包括校内所有的系、班级、学生、课程和学生成绩。

本章首先完成学生成绩数据库的设计，具体数据库的建立在后面章节中完成。

学生成绩数据库的信息内容为：每个系有系编号、系名称，每个班级有班级编号、班级名称、专业、所属系，每个学生有学生编号、姓名、班级编号、生日、性别、住址，每门课程有课程编号、课程名称、课程类别、学分。每位学生属于一个班级，每个班级属于一个系，每个学生修多门课程，每门课程有多个学生选修，并有课程成绩。

先画出学生成绩数据库的 E-R 图，再转换成关系模型。

由题意可知，学生成绩数据库 E-R 图中包含 4 个实体集：系、班级、学生和课程。各实体集的属性设计为：系(系编号，系名称)，班级(班级编号，班级名称，专业，系编号)，学生(学生编号，姓名，班级编号，生日，性别，住址)，课程(课程编号，课程名称，课程类别，学分)。各实体集之间的联系包括：班级与系之间的隶属关系；学生与班级之间的隶属关系；学生选修课程之间的“选修”联系，“选修”联系应有成绩属性。根据以上分析得到 E-R 图，如图 1.6 所示。

根据学生成绩数据库 E-R 图，转换得到学生成绩数据库的关系模式如下。

系(<u>系编号</u>，系名称)。

班级(<u>班级编号</u>，班级名称，专业，系编号)。

学生(<u>学生编号</u>，姓名，班级编号，生日，性别，住址)。

课程(<u>课程编号</u>，课程名称，课程类别，学分)。

成绩(<u>学生编号</u>，<u>课程编号</u>，成绩)。

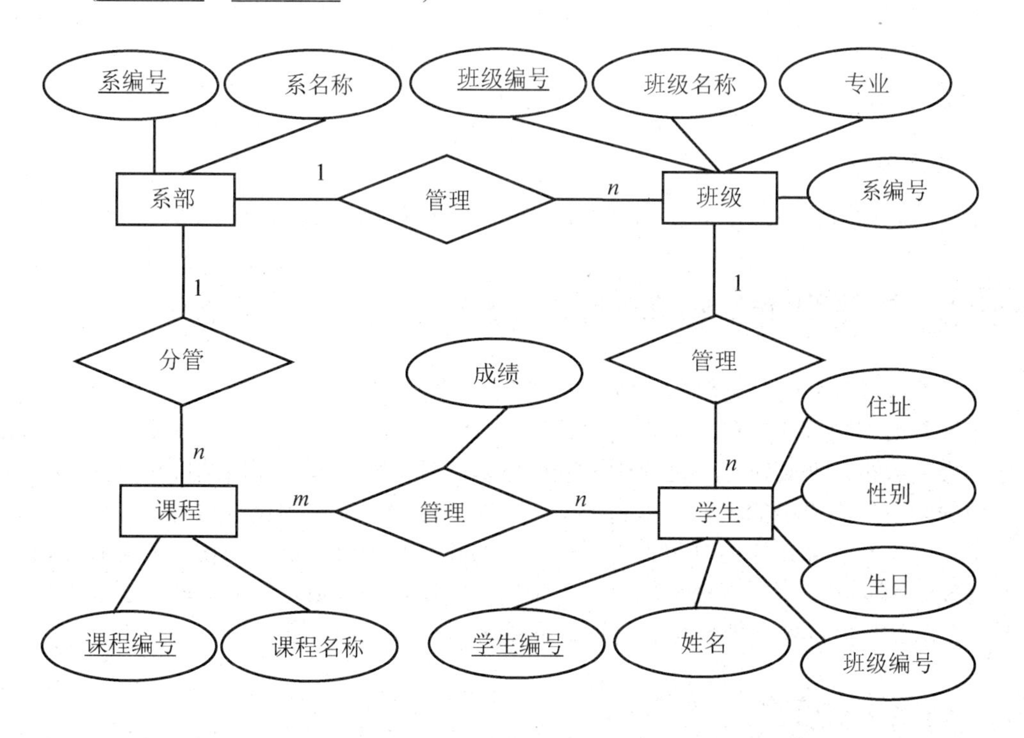


图 1.6　学生成绩数据库 E-R 图

# 1.10 工作实训营

## 1.10.1 训练实例

### 1. 训练内容

设计一个商品信息管理数据库，其信息内容如下。

每个业务员有工号、姓名，每种商品有商品编号、商品名称、价格、库存数量。

每个业务员可以销售多种商品，每种商品可以由多个业务员销售。销售记录有销售编号、商品编号、数量、销售日期、工号。

每种商品可以由多个供应商供应，每个供应商有供应商编号、供应商名称、联系电话。

每个供应商可以供应多种商品，每个供应记录有供应编号、商品编号、数量、价格、供应日期、供应商编号。

先画出商品信息管理数据库的 E-R 图，再转换成关系模型。

### 2. 训练目的

(1) 掌握概念模型设计。

(2) 掌握逻辑模型设计。

### 3. 训练过程

参照 1.9 节中的操作步骤。

### 4. 技术要点

在画 E-R 图时，要注意 E-R 图中各实体间的联系及联系上的属性。

## 1.10.2 工作实践常见问题解析

【常见问题】如何把握数据库中表的规范化程度？

【答】所谓规范化处理，是指使用正规的方法将数据分为多个相关的表。规范化数据库中的表列数少，非规范化数据库中的表列数多。规范化的表排序时速度可以大大提高，使表中的索引使用更少的列，可提高数据库性能。通常，合理的规范化会提高性能。但随着规范化的不断提高，查询时常常需要连接查询和复杂的查询语句，这会影响到查询的性能和速度。因此，在满足查询性能要求的条件下，尽量提高数据库的规范化程度，适当的数据冗余对数据库的业务处理是必要的，不必简单追求高规范化。

# 1.11 习题

### 一、填空题

(1) 数据是________________________________________。

(2) 数据库是一个＿＿＿＿＿＿＿＿的数据集合。数据库中的数据是按照一定的＿＿＿＿＿＿＿＿组织、描述和存储的，有较小的＿＿＿＿＿＿＿＿、较高的＿＿＿＿＿＿＿＿。

(3) 数据库管理系统是使用和管理数据库的＿＿＿＿＿＿＿＿，负责对数据库进行统一的管理和控制。

(4) 数据库管理员是专门负责＿＿＿＿＿＿＿＿的人。

(5) 数据库的发展大致划分为以下几个阶段：＿＿＿＿＿＿＿＿、＿＿＿＿＿＿＿＿和＿＿＿＿＿＿＿＿。

(6) 数据库系统通常采用 3 级模式结构，即数据库系统由＿＿＿＿＿＿＿＿、＿＿＿＿＿＿＿＿和＿＿＿＿＿＿＿＿3 级组成。

(7) 数据库设计实施的整个过程包括＿＿＿＿＿＿＿＿、＿＿＿＿＿＿＿＿、＿＿＿＿＿＿＿＿、＿＿＿＿＿＿＿＿、＿＿＿＿＿＿＿＿5 个阶段。

(8) 需求分析生成的结果包括＿＿＿＿＿＿＿＿、＿＿＿＿＿＿＿＿、＿＿＿＿＿＿＿＿和＿＿＿＿＿＿＿＿等。

(9) 实体-联系模型属于＿＿＿＿＿＿＿＿模型。实体-联系模型是用＿＿＿＿＿＿＿＿图来描述现实世界的概念模型。E-R 图的内容包括＿＿＿＿＿＿＿＿。

(10) 逻辑模型通常由＿＿＿＿＿＿＿＿、＿＿＿＿＿＿＿＿和＿＿＿＿＿＿＿＿组成。

(11) 关系模型的完整性分为 3 类，即＿＿＿＿＿＿＿＿、＿＿＿＿＿＿＿＿和＿＿＿＿＿＿＿＿。

(12) 两个实体集之间的联系种类分为＿＿＿＿＿＿＿＿、＿＿＿＿＿＿＿＿和＿＿＿＿＿＿＿＿。在转换成关系模式时，＿＿＿＿＿＿＿＿的联系可以转换成单个关系模式，也可以与任意一端的实体集转换成的关系模式合并；＿＿＿＿＿＿＿＿的联系可以转换成单个关系模式，也可以与多端的实体集转换成的关系模式合并；＿＿＿＿＿＿＿＿的联系只能转换成单个关系模式。

## 二、操作题

设计一个图书管理数据库，信息内容如下。

每本图书属于一个图书类别，每个图书类别有多本图书。每本图书有图书编号、图书名称、类别编号。每个图书类别有类别编号、类别名称。

每个读者属于一个读者类别，每个读者类别有多个读者。每个读者有读者编号、读者姓名、类别编号、生日、性别、住址、邮编、电话、注册日期、当前状态、备注。每个读者类别有类别编号、类别名称、借书最大数量、借书期限。

每个读者可以借阅多本图书，每本图书可以被多次借阅。每次借阅记录有记录编号、读者编号、图书编号、借出日期、还入日期、状态。

先画出图书管理数据库的 E-R 图，再转换成关系模型。

# 第 2 章

# 创建数据库

- SQL Server 数据库。
- 数据库中数据的存储方式。
- 创建、查看、修改和删除数据库。
- 文件组。

## 技能目标

- 掌握 SQL Server 数据库的分类和组成的文件。
- 了解 SQL Server 数据库中数据的存储方式。
- 掌握创建、查看、修改和删除数据库的方法。
- 掌握文件组的概念和作用。
- 掌握创建和使用文件组的方法。

## 2.1 工作场景导入

**【工作场景】**

信息管理员小孙已建立了学生成绩数据库的模型。下面小孙要使用 SQL Server 2012 数据库管理系统来完成学生成绩数据库的创建。

学生成绩数据库的逻辑名称是 StudentScore。其中数据文件 StudentScore 的初始大小为 10MB，文件增长设置为“按 10%增长”，最大文件大小设置为 100MB；日志文件 StudentScore_log 的初始大小为 2MB，文件增长设置为“按 10MB 增长”，最大文件大小设置为“不限制文件增长”。此外，学生成绩数据库还有一个数据文件 Student_Data，名称为 Student_Data.ndf，文件增长设置为“按 10%增长”，最大文件大小设置为 50MB，其文件组设置为 STUDENT。以上文件所在目录为 C:\MSSQL2012Database。

**【引导问题】**

(1) 如何创建数据库？

(2) 如何创建表？

(3) 如何创建并使用文件组？

## 2.2 SQL Server 数据库

数据库是指长期存储在计算机内的、有组织的、有结构的、可共享的数据集合。数据库中的数据按一定的数据模型组织、描述和存储，具有较小的冗余度、较高的数据独立性和易扩展性，可供各种用户共享。

数据库是很多应用程序的主要组成部分。在创建应用程序时，首先必须根据业务需求来设计数据库，使其覆盖应用中所有需要保存的业务信息。

### 2.2.1 SQL Server 数据库类型

SQL Server 2012 中的数据库包括两类：一类是系统数据库；另一类是用户数据库。系统数据库在 SQL Server 2012 安装时就被安装，和 SQL Server 2012 数据库管理系统共同完成管理操作。用户数据库是由 SQL Server 2012 的用户在 SQL Server 2012 安装后创建的，专门用于存储和管理用户的特定业务信息。

在 SQL Server 2012 中，系统数据库共有 5 个，即 master、model、tempdb、msdb 和 resource 数据库。

(1) master 数据库用于记录 SQL Server 实例的所有系统级信息，不仅包含实例范围的元数据(如登录账户)、端点、链接服务器和系统配置设置，还保存所有其他数据库的数据库文件的位置及 SQL Server 的初始化信息。如果 master 数据库不可用，则 SQL Server 便无法启动。

(2) model 数据库是 SQL Server 实例上创建的所有数据库的模板。创建数据库时，SQL Server 将通过复制 model 数据库中的内容来创建数据库的第一部分，然后用空页填充新数据库的剩余部分。如果修改了 model 数据库的大小、排序规则、恢复模式和其他选项，以后创建的所有数据库也将随之改变。

(3) tempdb 数据库供连接到 SQL Server 实例的所有用户使用，专门用于保存临时对象(全局或局部临时表、临时存储过程、表变量或游标)或中间结果集。每次启动 SQL Server 时都会重新创建 tempdb，并存储本次启动后所有产生的临时对象和中间结果集，在断开连接时又会将它们自动删除。

(4) msdb 数据库用于 SQL Server 代理计划警报、作业、Service Broker、数据库邮件等。

(5) resource 数据库是一个只读数据库，包含 SQL Server 2012 中的系统对象。系统对象在物理上保留在 resource 数据库中，但在逻辑上显示在每个数据库的 sys 架构中。因此，使用 resource 数据库，可以方便地升级到新的 SQL Server 版本，而不会失去原来系统数据库中的信息。

## 2.2.2 数据库的文件组成

SQL Server 数据库建立后，通常其包含的文件包括以下 3 类。

(1) 主要数据文件。主要数据文件的文件扩展名是 .mdf。主要数据文件在数据库创建时生成，可存储用户数据和数据库中的对象。每个数据库有一个主要数据文件。

(2) 次要数据文件。次要数据文件的文件扩展名是.ndf。次要数据文件可在数据库创建时生成，也可在数据库创建后添加，可以存储用户数据。次要数据文件主要用于将数据分散到多个磁盘上。如果数据库文件过大，超过了单个 Windows 文件的最大尺寸，可以使用次要数据文件将数据分开保存使用。每个数据库的次要数据文件个数可以是 0 至多个。

(3) 事务日志。事务日志的文件扩展名是.ldf。事务日志文件在数据库创建时生成，用于记录所有事务以及每个事务对数据库所做的修改，这些记录就是恢复数据库的依据。在系统出现故障时，通过事务日志可将数据库恢复到正常状态。每个数据库必须至少有一个日志文件。

数据库文件的默认存储文件夹为 C:\Program Files\Microsoft SQL Server\MSSQL.*n*\MSSQL\Data(*n* 代表已安装的 SQL Server 实例的唯一编号)。

## 2.2.3 事务和事务日志

SQL Server 数据库文件中，事务日志文件是不可缺少的组成部分。使用事务日志可以恢复数据库，使其正常工作。

事务是 SQL Server 中最基本的工作单元，它由一个或多个 T-SQL 语句组成，执行一系列操作。事务中修改数据的语句要么全都执行，要么全都不执行。

SQL Server 2012 数据库中的事务日志用于记录所有事务以及每个事务对数据库所做的修改。事务日志中按时间顺序记录了各种类型的操作，包括：各个事务的开始和结束；

插入、更新或删除数据；分配或释放区和页；创建或删除表或索引；等等。其中，数据修改的日志记录还记录操作前后的数据副本。

### 2.2.4 数据存储方式

页是 SQL Server 中数据存储的基本单位。区是由 8 个物理上连续的页构成的集合。区有助于有效管理页。

在 SQL Server 中，页的大小为 8KB。每页的开头是 96 字节的标头，用于存储有关页的系统信息。此信息包括页码、页类型、页的可用空间以及拥有该页的对象的分配单元 ID。在 SQL Server 数据库中存储 1MB 需要 128 页。

SQL Server 以区作为管理页的基本单位。所有页都存储在区中。一个区包括 8 个物理上连续的页(即 64KB)。在 SQL Server 数据库中，1MB 有 16 个区。

SQL Server 有两种类型的区，即统一区和混合区。统一区是指该区仅属于一个对象所有，也就是说，区中的 8 页由一个所属对象使用。混合区是指该区由多个对象共享(对象的个数最多是 8)，区中 8 页的每页由不同的所属对象使用。

SQL Server 在分配数据页时，通常首先从混合区分配页给表或索引，当表或索引的数据容量增长到 8 页时，就改为从统一区给表或索引的后续内容分配数据页。

## 2.3 数据库的创建与操作

### 2.3.1 创建数据库

创建数据库有两种途径：一种是在对象资源管理器中通过菜单创建数据库；另一种是在查询编辑器中输入创建数据库的 T-SQL 语句并运行，完成创建数据库的操作。

#### 1. 在对象资源管理器中创建数据库

在对象资源管理器中，连接到 SQL Server 数据库引擎实例，并展开该实例。右击【数据库】节点，然后在弹出的快捷菜单中选择【新建数据库】命令，这时弹出【新建数据库】对话框，如图 2.1 所示。

【新建数据库】对话框中所需填写和设置的内容具体包括以下几项。

(1) 数据库名称。不可与当前数据库实例中的数据库重名，而且必须符合标识符命名规则。

(2) 所有者。数据库及数据库中的对象所属的特定用户，这些用户可以使用和修改数据库。

(3) 使用全文索引。设置是否使用全文索引。

(4) 主要数据文件、次要数据文件和事务日志文件信息。包括逻辑名称、文件组、初始大小、自动增长、路径和文件名。

(5) 数据库的排序规则。所谓排序规则，是指数据的排序规则。既可以采用排序规则默认，也可自行设置。

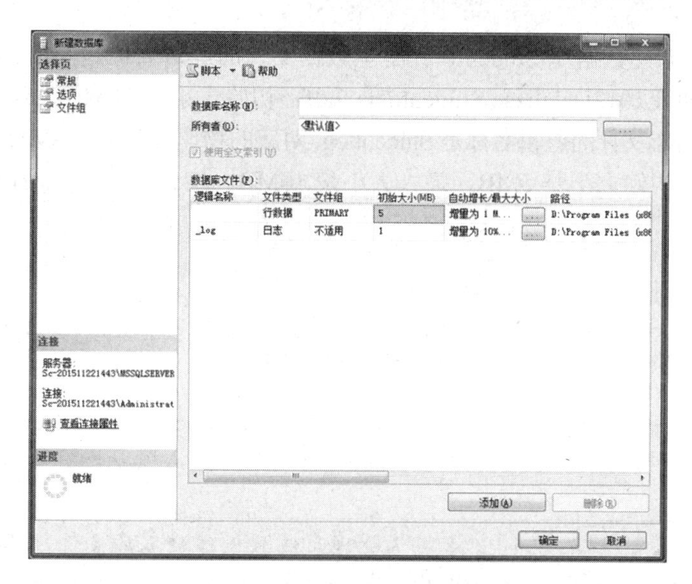


图 2.1　【新建数据库】对话框

(6) 恢复模式。恢复模式是指还原数据库备份的具体方式，包括完整、大容量日志和简单 3 种，默认值是完整。

(7) 数据库选项。包含与数据库状态相关的设置，通常不做修改。

(8) 文件组。在“文件组”页中可以添加新文件组。

最后，单击【确定】按钮，完成数据库的创建。创建成功的数据库会出现在对象资源管理器中服务器实例所属的数据库中。

### 2. 在查询编辑器中创建数据库

创建数据库的 T-SQL 语句是 CREATE DATABASE，该语句的语法格式如下。

```
CREATE DATABASE database_name
        [ ON  [ <filespec> [ ,…n ]
     LOG ON { <filespec> [ , …n ] } ]]
<filespec> ::= {(
    NAME = logical_file_name,FILENAME
        [ , SIZE = size [ KB | MB | GB | TB ] ]
        [ , MAXSIZE = { max_size [ KB | MB | GB | TB ] | UNLIMITED } ]
        [ , FILEGROWTH = growth_increment [ KB | MB | GB | TB | % ] ]
) [ , …n ]}
```

其中各参数的含义说明如下。

- database_name：新数据库的名称。
- filespec：数据文件或日志文件的描述。
- logical_file_name：文件的逻辑名称。
- FILENAME：文件的物理名称，必须包含完整路径名。
- SIZE：文件的大小。
- MAXSIZE：文件的最大大小。
- FILEGROWTH：文件的增长。

【实例 2.1】创建数据库 Student。其中主数据文件的逻辑名称是 Studentdata，对应的物理文件是 C:\MSSQL2012Database\Studentdata.mdf，初始大小是 10MB，最大大小是 50MB，增长幅度是 5%。日志文件的逻辑名称是 Studentlog，对应的物理文件是“C:\MSSQL2012Database\Studentlog.ldf”，初始大小是 5MB，最大大小是 10MB，增长幅度是 1MB。

```
USE master
GO
CREATE DATABASE Student ON
( NAME = Studentdata, FILENAME = 'C:\MSSQL2012Database\Studentdata.mdf',
   SIZE = 10MB,MAXSIZE = 50MB,FILEGROWTH = 5% )
LOG ON
( NAME = Studentlog,FILENAME = 'C:\MSSQL2012Database\Studentlog.ldf',
   SIZE = 5MB,MAXSIZE = 10MB,FILEGROWTH = 1MB )
GO
```

**注意：**创建数据库时，SQL Server 数据库管理系统只创建数据库文件，不创建数据库文件所在的路径。所以在创建数据库之前，需要先确认数据库所在的路径是否存在，如果不存在，则应先自行完成路径的创建。

## 2.3.2 查看数据库

可以使用系统存储过程 sp_helpdb 查看所有或者特定数据库的信息，数据库的信息包括数据库的名称、大小、所有者、ID、创建日期、数据库选项及数据库所有文件的信息。

【实例 2.2】使用系统存储过程 sp_helpdb 查看所有数据库的信息。

```
USE master
GO
EXEC sp_helpdb
GO
```

【实例 2.3】使用系统存储过程 sp_helpdb 查看 Student 数据库的信息。

```
USE master
GO
EXEC sp_helpdb 'Student'
GO
```

## 2.3.3 修改数据库

修改数据库有两种途径：一种是在对象资源管理器中通过菜单修改数据库；另一种是在查询编辑器中输入修改数据库的 T-SQL 语句并运行，完成修改数据库的操作。

### 1. 在对象资源管理器中修改数据库

可以在对象资源管理器中右击需要修改选项的数据库，在弹出的快捷菜单中选择【属性】命令，打开【数据库属性-Student】对话框进行设置，如图 2.2 所示。设置结束后单击【确定】按钮，完成修改操作。

图 2.2 【数据库属性-Student】对话框

## 2. 在查询编辑器中修改数据库

修改数据库的 T-SQL 语句是 ALTER DATABASE，该语句的语法格式如下：

```
ALTER DATABASE database_name
{
  | MODIFY NAME = new_database_name
  | COLLATE collation_name
  | <file_and_filegroup_options>
  | <set_database_options>
}
```

其中各参数的含义说明如下。

- database_name：数据库的原有名称。
- new_database_name：数据库的新名称。
- collation_name：指定数据库的排序规则。
- file_and_filegroup_options：文件和文件组选项。
- set_database_options：数据库设置选项。

**【实例 2.4】** 设置数据库 Student 的名称为 MyStudent。

```
USE master
GO
ALTER DATABASE Student Modify Name = MyStudent
GO
```

**【实例 2.5】** 设置数据库 Student 的排序规则为法语排序规则。

```
USE master
GO
ALTER DATABASE Student COLLATE French_CI_AI
GO
```

【实例 2.6】设置数据库 Student 为只读数据库。

```
USE master
GO
ALTER DATABASE Student SET READ_ONLY
GO
```

## 2.3.4 删除数据库

删除数据库有两种途径：一种是在对象资源管理器中右击数据库，然后在弹出的快捷菜单中选择【删除】命令来删除数据库；另一种是在查询编辑器中输入删除数据库的 T-SQL 语句并运行，完成删除数据库的操作。

### 1. 在对象资源管理器中删除数据库

可以在对象资源管理器中右击需要删除的数据库，在弹出的快捷菜单中选择【删除】命令，打开【删除对象】对话框进行设置，如图 2.3 所示。单击【确定】按钮，完成删除操作。

图 2.3 【删除对象】对话框

### 2. 在查询编辑器中删除数据库

删除数据库的 T-SQL 语句是 DROP DATABASE，该语句的语法格式如下：

```
DROP DATABASE { database_name } [ ,…n ]
```

其中参数 database_name 的含义是数据库名称。

【实例 2.7】删除数据库 Student。

```
USE master
GO
DROP DATABASE Student
GO
```

## 2.4　文件组及其创建与使用

### 2.4.1　文件组

SQL Server 数据库是由一组文件组成的，数据和日志信息分属不同文件，每个文件属于一个数据库。文件组是数据库中数据文件的逻辑组合，可以通过文件组将数据文件分组，以方便存放和管理数据。

一个数据文件只能是一个文件组的成员。可以指定表、索引和大型对象数据与文件组相关联，那么它们的数据页或者分区后的数据单元将被分配到该文件组。文件组内不包括日志文件。日志空间与数据空间分开管理。

使用文件和文件组可以改善数据库的性能，因为可以将数据库的数据文件分别放置在多个磁盘上，对所有磁盘并行地访问数据，从而大大加快数据库操作的速度。也可以通过指定表所属的文件组来调整数据的存放位置，从而使数据库得到良好的存储配置。

文件组有两种类型：一种是主文件组，其默认名称为 PRIMARY；另一种是用户定义文件组，名称由用户在创建时自定义。

主文件组在创建数据库时自动生成，包含主数据文件和所有未设置文件组的其他文件。系统表存储在主文件组中。用户定义的文件组是指在创建数据库时或数据库创建后由用户添加的文件组。

通常情况下，数据库只需要一个数据文件和一个事务日志文件。如果需要增加次要数据文件，可以添加用户定义文件组，并将次要数据文件加入用户定义文件组中。根据具体的业务需求来添加文件组和设置文件所属的文件组，让不同的文件组位于不同的物理磁盘上。事务日志不能与数据库中的其他文件和文件组共用一个物理磁盘。

### 2.4.2　创建指定文件组的数据库

可以在创建数据库时创建文件组，因此创建文件组和创建数据库的方法是一样的。一种是在对象资源管理器中通过菜单创建文件组；另一种是在查询编辑器中输入创建文件组的 T-SQL 语句并运行，完成创建文件组的操作。

#### 1. 在对象资源管理器中创建数据库时创建文件组

在【新建数据库】对话框中选择【文件组】选择页进行设置，如图 2.4 所示。单击【添加】按钮，然后在文件组记录行中添加新的文件组。也可以选中现有的文件组，单击【删除】按钮，删除所选中的文件组。设置结束后单击【确定】按钮，完成设置操作。

创建文件组后，选择对话框中的【文件】选择页，如图 2.5 所示，添加新的数据库文件，并将其所属文件组设置为新创建的文件组。设置结束后单击【确定】按钮，完成设置操作。

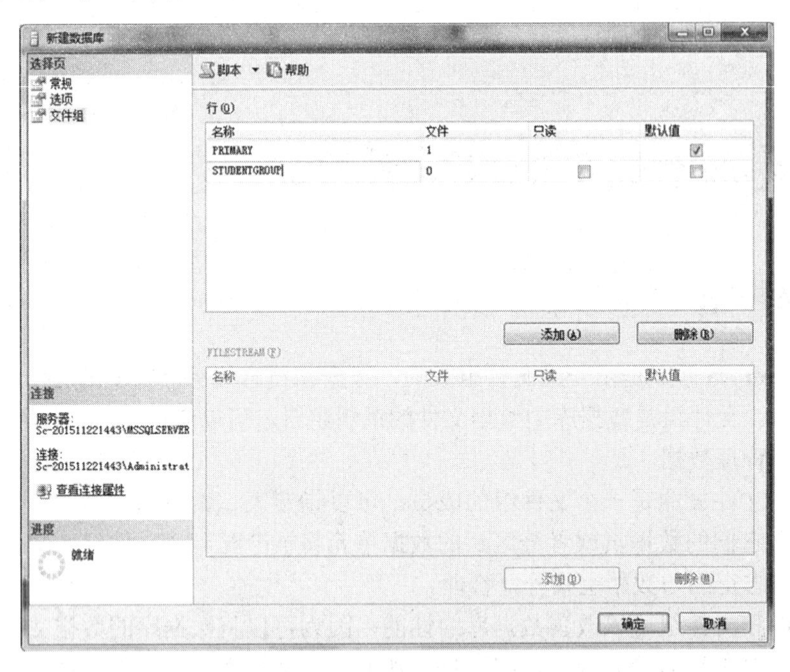


图 2.4 【新建数据库】对话框中的【文件组】选择页

图 2.5 【数据库属性-Student】对话框中的【文件】选择页

### 2. 在查询编辑器中创建文件组

可以使用 CREATE DATABASE 语句创建带文件组的数据库。

CREATE DATABASE 语句的语法格式如下：

```
CREATE DATABASE database_name
    [ ON
        [ PRIMARY ] [ <filespec> [ , …n ]
        [ , <filegroup> [ , …n ] ]
    [ LOG ON { <filespec> [ , …n ] } ]
    ]
<filespec> ::= {(
    NAME = logical_file_name ,FILENAME
        [ , SIZE = size [ KB | MB | GB | TB ] ]
        [ , MAXSIZE = { max_size [ KB | MB | GB | TB ] | UNLIMITED } ]
        [ , FILEGROWTH = growth_increment [ KB | MB | GB | TB | % ] ]
) [ , …n ]}
```

其中各参数的含义说明如下。

- database_name：数据库名称。
- filespec：数据文件或日志文件的描述。
- filegroup：文件组名称。
- logical_file_name：文件的逻辑名称。
- FILENAME：文件的物理名称，必须包含完整路径名。
- SIZE：文件的大小。
- MAXSIZE：文件的最大大小。
- FILEGROWTH：文件的增长。

**【实例 2.8】**创建数据库 Student。其中，主要数据文件的逻辑名称是 Studentdata，对应的物理文件是 C:\MSSQL2012Database\Studentdata.mdf，初始大小是 10MB，最大大小是 50MB，增长幅度是 5%。日志文件的逻辑名称是 Studentlog，对应的物理文件是 C:\MSSQL2012Database\Studentlog.ldf，初始大小是 5MB，最大大小是 10MB，增长幅度是 1MB。添加文件组 STUDENTGROUP，添加次要数据文件 Studentadddata，物理文件为 C:\MSSQL2012Database\Studentadddata.ndf，初始大小为 10MB，最大大小为 50MB，自动增长为 5MB。

```
USE master
GO
CREATE DATABASE Student
ON PRIMARY
 ( NAME = Studentdata, FILENAME = 'C:\MSSQL2012Database\Studentdata.mdf',
   SIZE = 10MB,MAXSIZE = 50MB,FILEGROWTH = 5% ),
FILEGROUP STUDENTGROUP
( NAME = Studentadddata,
 FILENAME = 'C:\MSSQL2012Database\Studentadddata.ndf',
   SIZE = 10MB,MAXSIZE = 50MB,FILEGROWTH = 5MB )
LOG ON
( NAME = Studentlog,FILENAME = 'C:\MSSQL2012Database\Studentlog.ldf',
SIZE = 5MB,MAXSIZE = 10MB,FILEGROWTH = 1MB )
```

## 2.4.3 添加文件组

创建数据库后，可以添加文件组和文件组中的数据文件，方法有两种：一种是在对象资源管理器中通过菜单添加文件组；另一种是在查询编辑器中输入修改数据库的 T-SQL 语句并运行，完成添加文件组的操作。

### 1. 在对象资源管理器中添加文件组

在【数据库属性-Student】对话框中选择【文件组】选择页进行设置，如图 2.6 所示。单击【添加】按钮，然后在文件组记录行中添加新的文件组。也可以选中现有的文件组，单击【删除】按钮，可以删除所选中的文件组。设置结束后单击【确定】按钮，完成设置操作。

图 2.6 【数据库属性-Student】对话框中的【文件组】选择页

### 2. 在查询编辑器中添加文件组

可以使用 ALTER DATABASE 语句为数据库添加文件组。

ALTER DATABASE 语句的语法格式如下：

```
ALTER DATABASE database_name
{
    <add_or_modify_files>
    | <add_or_modify_filegroups>
}
```

其中各参数的含义说明如下。

- database_name：数据库名称。

- add_or_modify_files：指定要添加、删除或修改的文件。
- add_or_modify_filegroups：在数据库中添加、修改或删除文件组。

【实例 2.9】为数据库 Student 添加文件组 ADDITIONAL，添加次要数据文件 Studentadddata1，物理文件为 C:\MSSQL2012Database\Studentadddata1.ndf，初始大小为 10MB，最大尺寸为 50MB，自动增长为 5MB，其他采用默认设置。

```
USE master
GO
ALTER DATABASE Student
ADD FILEGROUP ADDITIONAL
GO
ALTER DATABASE Student
ADD FILE
( NAME = Studentadddata1,
 FILENAME = 'C:\MSSQL2012Database\Studentadddata1.ndf',
 SIZE = 10MB,MAXSIZE = 50MB,FILEGROWTH = 5MB )
TO FILEGROUP ADDITIONAL
GO
```

## 2.5　回到工作场景

通过对 2.2～2.4 节内容的学习，已经掌握了创建数据库的基本方法，此时足以完成学生成绩数据库的创建。下面将回到前面介绍的工作场景中完成工作任务。

**【工作过程一】**

根据第 1 章中的数据库设计，创建学生成绩数据库 StudentScore。其中的数据文件 StudentScore 的初始大小为 10MB，文件增长设置为“按 10%增长”，最大文件大小设置为 100MB；日志文件 StudentScore_log 的初始大小为 2MB，文件增长设置为“按 10MB 增长”，最大文件大小设置为“不限制文件增长”。

打开 Microsoft SQL Server Management Studio，在对象资源管理器中右击“数据库”节点，在弹出的快捷菜单中选择【新建数据库(N)】命令，弹出【新建数据库】对话框，设置数据库名称为 StudentScore，如图 2.7 所示。

在对话框中设置 StudentScore 的文件初始大小为 10MB，StudentScore-log 的文件初始大小为 2MB，文件路径为 C:\MSSQL2012Database。

分别单击数据库文件 StudentScore 和 StudentScore_log 的“自动增长”列中的按钮，会弹出如图 2.8 和图 2.9 所示的自动增长设置。将 StudentScore 的“文件增长”设置为“按 10%增长”，“最大文件大小”设置为 100MB，如图 2.8 所示，设置完成后单击【确定】按钮。将 StudentScore_log 的“文件增长”设置为“按 10MB 增长”，“最大文件大小”设置为“不限制文件增长”，如图 2.9 所示，设置完成后单击【确定】按钮。

此时【新建数据库】对话框如图 2.10 所示，单击【确定】按钮，完成学生成绩数据库的创建。

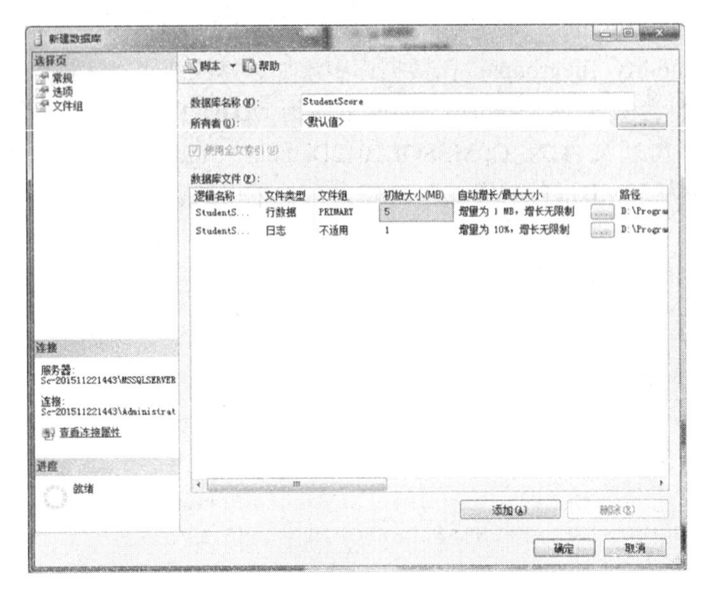

图 2.7 【新建数据库】对话框

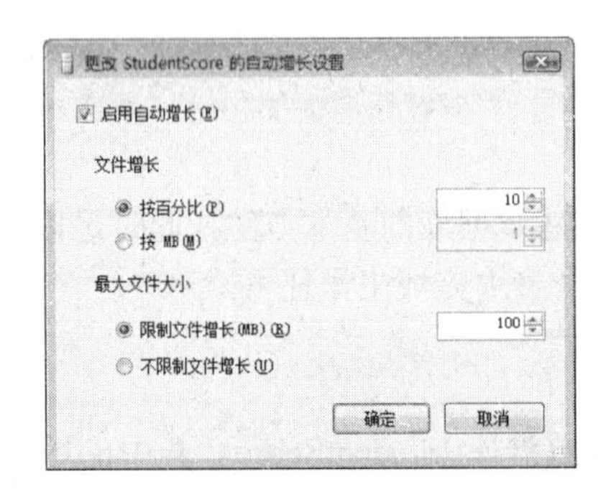

图 2.8 【更改 StudentScore 的自动增长设置】对话框

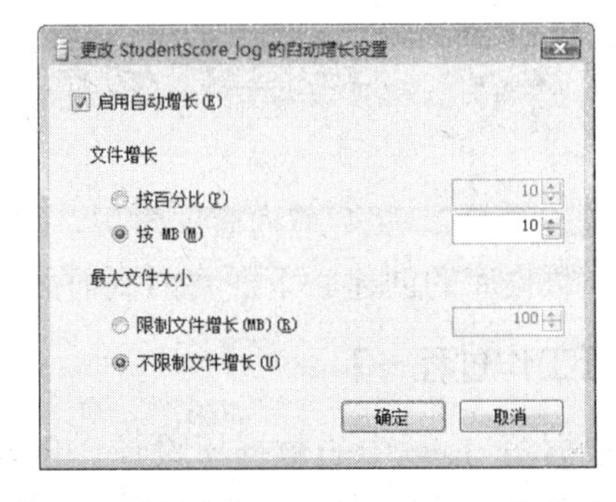

图 2.9 【更改 StudentScore_log 的自动增长设置】对话框

数据库创建成功后，对象资源管理器中的“数据库”节点下增加了 StudentScore 文件，如图 2.11 所示。

该过程也可以使用 T-SQL 语句来实现，具体方法为在查询编辑器中输入下列 T-SQL 语句后选择【查询】|【执行】命令，即可完成学生成绩数据库 StudentScore 的创建。

```
USE master
GO
CREATE DATABASE StudentScore
ON  PRIMARY
( NAME = 'StudentScore', FILENAME = 'C:\MSSQL2012Database\StudentScore.mdf' ,
SIZE = 10MB , MAXSIZE = 100MB , FILEGROWTH = 10%)
LOG ON
( NAME = 'StudentScore_log',
FILENAME = 'C:\MSSQL2012Database\StudentScore_log.ldf' , SIZE = 2MB ,
FILEGROWTH = 10MB )
GO
```

图 2.10　完成设置后的【新建数据库】对话框

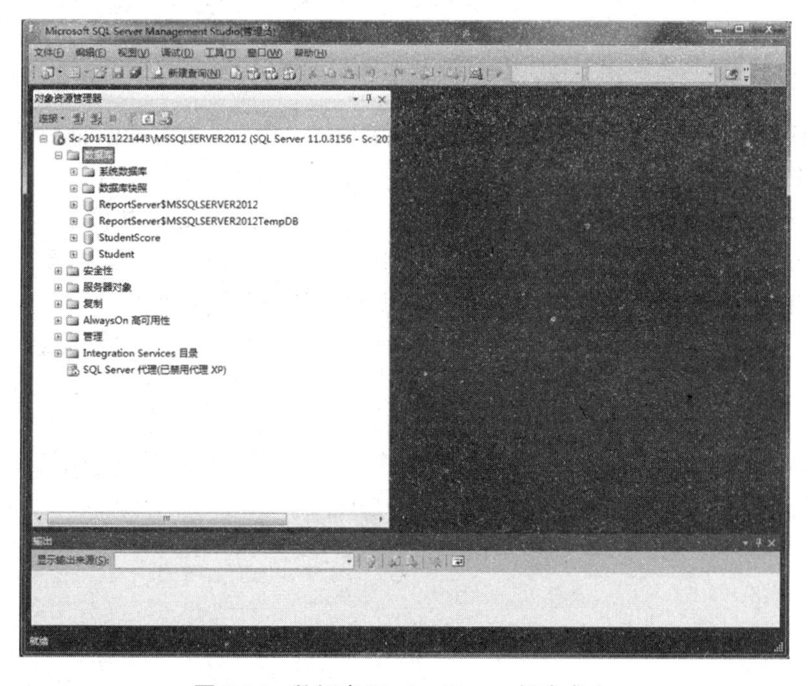


图 2.11　数据库 StudentScore 创建成功

## 【工作过程二】

为学生成绩数据库添加文件组和数据文件。文件组名称为 STUDENT，文件初始大小为 3MB，文件增长设置为“按 10%增长”，最大文件大小设置为 100MB。文件保存在 C 盘根目录下，物理名称为 Student_Data.ndf。

在对象资源管理器中右击 StudentScore 节点，在弹出的快捷菜单中选择【属性】命令，弹出【数据库属性-Student】对话框，在该对话框中选择【文件组】选择页，如图2.12所示。

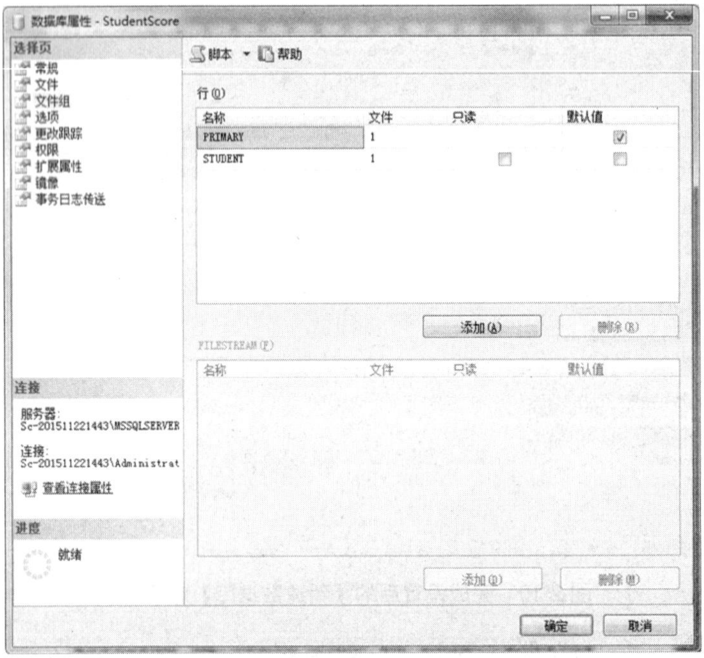

图2.12 【数据库属性-Student】对话框

单击【添加】按钮，并输入文件组名称STUDENT。然后，在对话框的左侧选择【文件】选择页，如图2.13所示。单击【添加】按钮，并输入新添加的数据文件名称Student_Data，将其文件组设置为新创建的STUDENT文件组，修改其文件路径和文件名称，并如前操作所示，将Student_Data的文件增长设置为“按10%增长”，最大文件大小设置为100MB。设置完成后单击【确定】按钮，完成文件组的创建和数据文件的添加。

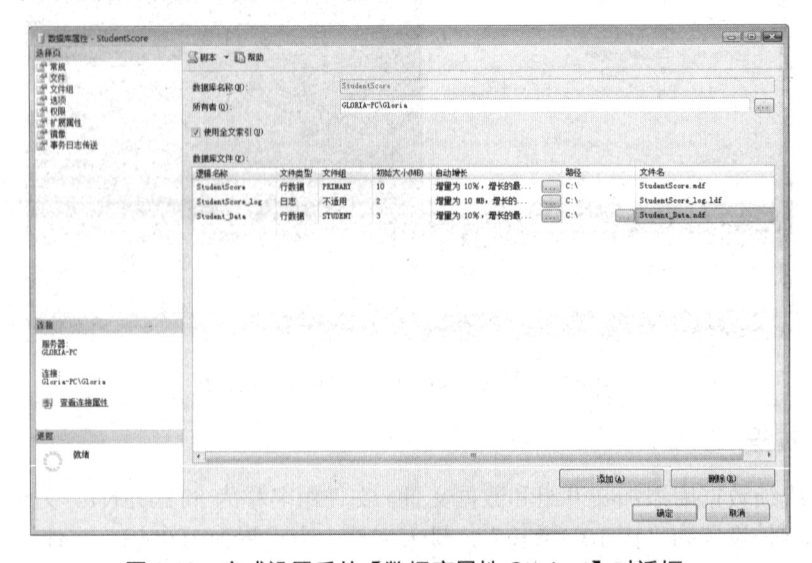

图2.13 完成设置后的【数据库属性-Student】对话框

本工作过程的 T-SQL 语句如下：

```
USE master
GO
ALTER DATABASE StudentScore ADD FILEGROUP STUDENT
GO
ALTER DATABASE StudentScore ADD FILE
( NAME = 'Student_Data',
FILENAME = 'C:\MSSQL2012Database\Student_Data.ndf' , SIZE = 3MB ,
MAXSIZE = 100MB, FILEGROWTH = 10%) TO FILEGROUP STUDENT
GO
```

## 2.6　工作实训营

### 2.6.1　训练实例

#### 1. 训练内容

(1) 创建数据库 MyStudent。其中主要数据文件的逻辑名称是 MyStudentdata，对应的物理文件是 C:\MSSQL2012Database\MyStudentdata.mdf，初始大小是 20MB，最大文件大小是 100MB，增长幅度是 2%。日志文件的逻辑名称是 MyStudentlog，对应的物理文件是 C:\MSSQL2012Database\MyStudentlog.ldf，初始大小是 5MB，最大文件大小是 20MB，增长幅度是 1MB。

(2) 查看 MyStudent 数据库的信息。

(3) 设置数据库 MyStudent 的名称为 MyStudent1。

(4) 删除数据库 MyStudent。

(5) 创建文件组 SCOREGROUP，添加数据文件 Score_Data，对应的物理文件是 C:\MyScore_Data.ndf，将其文件组设置为新创建的 SCOREGROUP 文件组，将 Score_Data 的文件增长设置为“按 10%增长”，最大文件大小设置为 50MB。

#### 2. 训练目的

(1) 掌握创建、查看、修改和删除数据库的方法。

(2) 掌握创建和使用文件组的方法。

#### 3. 训练过程

参照 2.5 节中的操作步骤。

#### 4. 技术要点

对于(1)～(5)步，应训练使用对象资源管理器和 T-SQL 语句两种方法完成操作。

### 2.6.2 工作实践常见问题解析

【常见问题1】数据库创建后，怎样才能把文件的初始值减小？

【答】数据库创建成功后，如果想减小文件初始值，要使用收缩命令，方法是在对象资源管理器中右击要选择的数据库，在弹出的快捷菜单中选择【任务】|【收缩】|【文件】命令，可以减小数据库文件的大小。如果在弹出的快捷菜单中选择【任务】|【收缩】|【数据库】命令，可以减小数据库大小。

【常见问题2】数据库的大小应怎样设置才适宜？

【答】创建数据库时，需要估计填入数据后数据库的大小，以确定与数据库相匹配的硬件配置。在创建数据库时，应尽可能将数据文件的大小设置为最大，数据文件自动增长应适度。数据文件增长的最大值应适当小于硬盘的大小，这样使得数据库不会因数据量增大而填满磁盘驱动器。数据库的大小是由数据库中所有表的大小相加得到的。表的大小取决于表是否有索引，数值大小包括数据的容量加索引的容量。应保证有足够的物理磁盘空间用于存储数据和索引。

【常见问题3】什么时候使用文件组？如何使用文件组划分文件？

【答】如果数据量过大，导致数据文件超过了 Windows 允许的文件大小，那么就需要添加数据文件，用于存储更多数据。如果使用多个文件，应为附加文件创建第二个文件组，并将其设置为默认文件组。这样，主文件将只包含系统表和对象。充分考虑数据库的性能，利用文件和文件组可使不同的物理磁盘得到均衡的负载。同时，将业务逻辑上不同的数据文件划分到不同的文件组，便于日常管理。

## 2.7 习题

**一、填空题**

(1) SQL Server 数据库分为________和________两类。

(2) SQL Server 系统数据库包括________、________、________、________和________，最重要的是________。

(3) SQL Server 数据库的文件包括________、________和________3类。

(4) SQL Server 数据库文件中存储数据的基本单位是________，区是________，区的作用是________。

(5) 创建数据库使用的 T-SQL 语句是________。修改数据库使用的 T-SQL 语句是________。删除数据库使用的 T-SQL 语句是________。

(6) 创建数据库时数据文件和日志文件需要设置的参数有________、________、________、

____________________、____________________和____________________。

(7) 文件组是____________________。

(8) 创建数据库时创建文件组使用的 T-SQL 语句是____________________。已创建数据库后创建文件组使用的 T-SQL 语句是____________________。

## 二、操作题

现需要创建图书管理数据库 Library，所有文件均保存在 C:\MSSQL2012Database。

操作项目如下。

(1) 创建图书管理数据库 Library。其中，数据文件 Library 的初始大小为 10MB，文件增长设置为“按 10%增长”，最大文件大小设置为 100MB，日志文件 Library_log 的初始大小为 2MB，文件增长设置为“按 10MB 增长”，最大文件大小设置为“不限制文件增长”。

(2) 为图书管理数据库 Library 添加文件组 LIBRARYGROUP 和数据文件 Library_Data，文件初始大小为 3MB，文件增长设置为“按 10%增长”，最大文件大小设置为 100MB，该数据文件属于 LIBRARYGROUP 文件组。

# 第3章

# 创建和管理表

## 本章要点

- SQL Server 系统数据类型。
- 用户定义数据类型。
- 表。
- 数据完整性。
- PRIMARY KEY 约束。
- UNIQUE 约束。
- DEFAULT 约束。
- CHECK 约束。
- FOREIGN KEY 约束。

## 技能目标

- 掌握使用 SQL Server 系统数据类型的方法。
- 掌握创建用户定义数据类型的方法。
- 掌握创建、修改、删除表的方法。
- 掌握在表中输入记录的方法。
- 掌握数据完整性的概念和分类。
- 掌握创建和使用 PRIMARY KEY 约束、UNIQUE 约束、DEFAULT 约束、CHECK 约束、FOREIGN KEY 约束的方法。

## 3.1 工作场景导入

**【工作场景】**

信息管理员小孙已完成了学生成绩数据库的创建，接下来需要创建数据库中所有的表，并且完成对所有表的数据完整性的设置，确保不符合要求的数据不会存储在数据库中，具体要求如下。

(1) 创建系别表。该表名称为 Department，结构如表 3.1 所示。

表 3.1　系别表 Department 的结构

| 字段名称 | 字段内容 | 数据类型 | 长　度 | 说　明 |
|---|---|---|---|---|
| Departid | 系编号 | 整数 | 1 | 不可为空且各系的系编号不相同，自动生成序号，初始值是 1，步长是 1 |
| Departname | 系名称 | 文本(汉字，变长) | 20 | 不可为空，系名称也不相同 |

(2) 创建班级表。该表名称为 Class，结构如表 3.2 所示。

表 3.2　班级表 Class 的结构

| 字段名称 | 字段内容 | 数据类型 | 长　度 | 说　明 |
|---|---|---|---|---|
| Classid | 班级编号 | 文本(数字，定长) | 10 | 不可为空且各班级的班级编号不相同 |
| Classname | 班级名称 | 文本(汉字，变长) | 20 | 不可为空，班级名称也不相同 |
| Specialty | 专业 | 文本(汉字，变长) | 20 | 可为空 |
| Departid | 系编号 | 整数 | 1 | 不可为空，各系编号必须是系别表中已出现过的系编号 |

(3) 创建学生表。该表名称为 Student，结构如表 3.3 所示。

表 3.3　学生表 Student 的结构

| 字段名称 | 字段内容 | 数据类型 | 长　度 | 说　明 |
|---|---|---|---|---|
| Studentid | 学生编号 | 文本(数字，定长) | 13 | 不可为空且各学生的学生编号不相同 |
| Studentname | 姓名 | 文本(汉字，变长) | 20 | 不可为空 |
| Classid | 班级编号 | 文本(数字，定长) | 10 | 可为空，各学生的班级编号必须是班级表中已出现过的班级编号 |
| Birthday | 生日 | 日期 | | 可为空，如有值则确保学生年龄大于等于 15 岁 |
| Sex | 性别 | 文本(汉字，定长) | 1 | 不可为空，默认值是“男”，取值是“男”或“女” |
| Address | 住址 | 文本(汉字，变长) | 40 | 可为空 |
| Postalcode | 邮编 | 文本(数字，定长) | 6 | 可为空 |
| Tel | 电话 | 文本(数字，变长) | 15 | 可为空 |

续表

| 字段名称 | 字段内容 | 数据类型 | 长　度 | 说　明 |
| --- | --- | --- | --- | --- |
| Enrolldate | 入学日期 | 日期 | | 可为空 |
| Graduatedate | 毕业日期 | 日期 | | 可为空 |
| State | 当前状态 | 文本(汉字，变长) | 10 | 可为空 |
| Memo | 备注 | 文本(汉字，变长) | 200 | 可为空 |

(4) 创建课程表。该表名称为 Course，结构如表 3.4 所示。

表 3.4　课程表 Course 的结构

| 字段名称 | 字段内容 | 数据类型 | 长　度 | 说　明 |
| --- | --- | --- | --- | --- |
| Courseid | 课程编号 | 文本(数字，定长) | 8 | 不可为空且各课程的课程编号不相同 |
| Coursename | 课程名称 | 文本(汉字，变长) | 30 | 不可为空 |
| Type | 课程类别 | 文本(汉字，变长) | 10 | 可为空 |
| Mark | 学分 | 整数 | 1 | 可为空 |

(5) 创建成绩表。该表名称为 Score，结构如表 3.5 所示。

表 3.5　成绩表 Score 的结构

| 字段名称 | 字段内容 | 数据类型 | 长　度 | 说　明 |
| --- | --- | --- | --- | --- |
| Studentid | 学生编号 | 文本(数字，定长) | 13 | 不可为空，各学生编号必须是学生表中已出现过的学生编号 |
| Courseid | 课程编号 | 文本(数字，定长) | 8 | 不可为空，各课程编号必须是课程表中已出现过的课程编号 |
| Score | 成绩 | 自定义数据类型 scoretype(整数) | | 可为空 |

**【引导问题】**

(1) 什么是数据类型？

(2) 如何创建和使用自定义数据类型？

(3) 如何创建表？

(4) 如何确保表中各记录的特定字段不为空值且互不相同？

(5) 如何使表中字段存在默认值？

(6) 如何使表中字段的值满足某个特定的条件表达式？

(7) 如何使一个表中的特定字段值引用自另一个表中的特定字段的已有值？

## 3.2　数据类型

### 3.2.1　SQL Server 数据类型

在 SQL Server 中，每个字段、局部变量、表达式和参数都具有一个相关的数据类型。

数据类型是指对象数据的类型。SQL Server 提供了系统数据类型集，该类型集定义了可与 SQL Server 一起使用的所有数据类型。此外，还可以创建用户定义数据类型，丰富了 SQL Server 数据库中可使用的数据类型。

SQL Server 中所提供的系统数据类型主要可分为以下几类：精确数字、近似数字、货币、日期和时间、字符串和其他，详见表 3.6。

表 3.6 SQL Server 中的主要数据类型

| 分 类 | 数据类型名称 | 字 节 数 | 定长 | 定义格式 | 值 范 围 |
|---|---|---|---|---|---|
| 精确数字 | tinyint | 1 | 是 | tinyint | 0 到 255 |
| | smallint | 2 | 是 | smallint | -32768 到 32767 |
| | int | 4 | 是 | int | -2147483648 到 2147483647 |
| | bigint | 8 | 是 | bigint | -9223372036854775808 到 9223372036854775807 |
| | decimal | 5～17 | 是 | decimal[精度,小数位数] | -10^38 +1 到 10^38 - 1 |
| | numeric | 5～17 | 是 | numeric[精度,小数位数] | -10^38 +1 到 10^38 - 1 |
| | bit | 1 或多个 | 是 | bit | 1,0,NULL |
| | smallmoney | 4 | 是 | smallmoney | -214748.3648 到 214748.3647 |
| | money | 8 | 是 | money | -922337203685477.5808 到 922337203685477.5807 |
| 近似数字 | float | 取决于位数 | 否 | float[尾数位数] | -1.79E+308 到-2.23E-308、0 以及 2.23E-308 到 1.79E+308 |
| | real | 4 | 是 | real | -3.40E+38 到-1.18E-38、0 以及 1.18E-38 至 3.40E+38 |
| 日期和时间 | date | 3 | 是 | date | 0001-01-01 到 9999-12-31 |
| | time | 5 | 是 | time | 00:00:00.0000000 到 23:59:59.9999999 |
| | datetime2 | 6～8 | 是 | datetime2 | 日期范围 0001-01-01 到 9999-12-31，时间范围 00:00:00 到 23:59:59.9999999 |
| | datetimeoffset | 26～34 | 是 | datetimeoffset[(小数位数)] | 日期范围 0001-01-01 到 9999-12-31，时间范围 00:00:00 到 23:59:59.9999999，时区偏移量范围-14:00 到 +14:00 |

续表

| 分　类 | 数据类型名称 | 字 节 数 | 定长 | 定义格式 | 值 范 围 |
|---|---|---|---|---|---|
| 日期和时间 | datetime | 8 | 是 | datetime | 日期范围 1753-1-1 到 9999-12-31，时间范围 00:00:00 到 23:59:59.997 |
| | smalldatetime | 4 | 是 | smalldatetime | 日期范围 1900-01-01 到 2079-06-06，时间范围 00:00:00 到 23:59:59 |
| 字符串 | char | 取决于字符串长度 | 是 | char(字符串长度) | '123','abc','一二三' |
| | varchar | 取决于字符串长度 | 否 | varchar(字符串长度 \| MAX) | '123','abc','一二三' |
| | text | 取决于字符串长度 | 否 | text | '123','abc','一二三' |
| Unicode 字符串 | nchar | 取决于字符串长度 | 是 | nchar(字符串长度) | '123','abc','一二三' |
| | nvarchar | 取决于字符串长度 | 否 | nvarchar(字符串长度 \| MAX) | '123','abc','一二三' |
| | ntext | 取决于字符串长度 | 否 | | '123','abc','一二三' |
| 二进制 | binary | 取决于长度 | 是 | binary(长度) | 1111 |
| | varbinary | 取决于长度 | 否 | varbinary(长度) | 1111 |
| | image | 取决于长度 | 否 | image | |
| 其他 | cursor | | | | |
| | hierarchyid | | | | |
| | sql_variant | | | | |
| | table | | | | |
| | timestamp | | | | |
| | uniqueidentifier | | | | |
| | xml | | | | |
| | 空间类型 | | | | |

在字符串类型中，char 和 varchar 存储的是非 UNICODE 字符数据，而 nchar 和 nvarchar 存储的是 UNICODE 字符数据。Unicode 是一种在计算机上使用的字符编码方案，覆盖了全球商业领域中广泛使用的大部分字符。采用 2 字节对字符编码。所有的 Unicode 系统均一致地采用同样的位模式来表示所有的字符。这保证了同一个位模式在所有的计算机上总是转换成同一个字符，满足了跨语言、跨平台进行文本转换和处理的要求。

## 3.2.2　用户定义数据类型

用户定义数据类型是基于 SQL Server 系统的数据类型。当多个表必须在一个字段中存储相同类型的数据，而又必须确保这些字段具有相同的数据类型、长度和为空性时，可以使用用户定义数据类型。创建的用户定义数据类型将隶属于所存在的用户数据库。

## 3.2.3 创建用户定义数据类型

创建用户定义数据类型有两种途径：一种是在对象资源管理器中通过菜单创建用户定义数据类型；另一种是在查询编辑器中输入创建用户定义数据类型的 T-SQL 语句并运行，完成创建用户定义数据类型的操作。

### 1. 在对象资源管理器中创建用户定义数据类型

右击【数据库】下的【可编程性】|【类型】|【用户定义数据类型】，在弹出的快捷菜单中选择【用户定义数据类型】命令，弹出【新建用户定义数据类型】对话框，如图 3.1 所示。设置【架构】、【数据类型】和【允许 NULL 值】选项后单击【确定】按钮，完成用户定义数据类型的创建。

### 2. 在查询编辑器中创建用户定义数据类型

可以使用 CREATE TYPE 语句创建用户定义数据类型。

CREATE TYPE 语句的语法格式如下：

```
CREATE TYPE type_name  { FROM base_type [ NULL | NOT NULL ] }
```

其中各参数的含义说明如下。

- type_name：用户定义数据类型的名称。
- base_type：用户定义数据类型所基于的数据类型，由 SQL Server 提供。
- NULL | NOT NULL：指定是否可容纳空值。如果未指定，则默认值为 NULL。

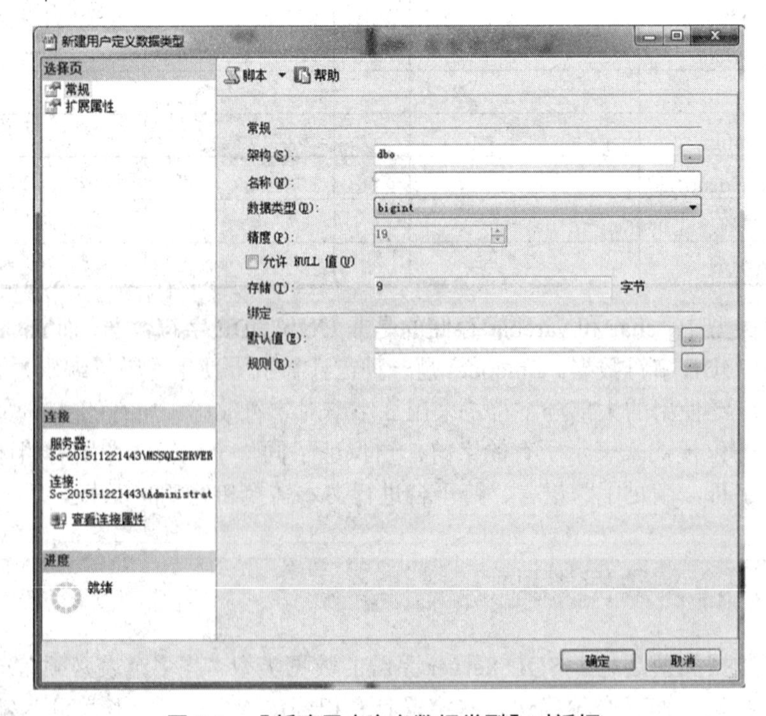


图 3.1 【新建用户定义数据类型】对话框

【实例 3.1】创建用户定义数据类型 IDNUMBER，基于系统提供的 char 数据类型，长度为 17，内容是数字和字母，用于保存身份证号码。

```
CREATE TYPE IDNUMBER FROM char(17) NOT NULL
```

## 3.3　表的创建与操作

数据库中的数据存储在表中，表是数据库中最重要的对象。SQL Server 中表的形式正如日常使用的表格一样，是按行和列的格式组织的。每一行对应唯一的一条记录，每一列代表记录中的一个字段。

### 3.3.1　创建表

创建表有两种途径：一种是在对象资源管理器中通过菜单创建表；另一种是在查询编辑器中输入创建表的 T-SQL 语句并运行，完成创建表的操作。

1. 在对象资源管理器中创建表

右击【数据库】下的【表】，在弹出的快捷菜单中选择【新建表】命令，打开表设计器。设置表中所有字段的【列名】、【数据类型】和【允许 Null 值】选项，如图 3.2 所示。如果该数据库中有用户定义数据类型，则在数据类型下拉列表框中可以看到该用户定义数据类型，并可以如同系统数据类型一样使用。如果该字段值可以为空，则选中【允许 Null 值】选项，反之则不选。

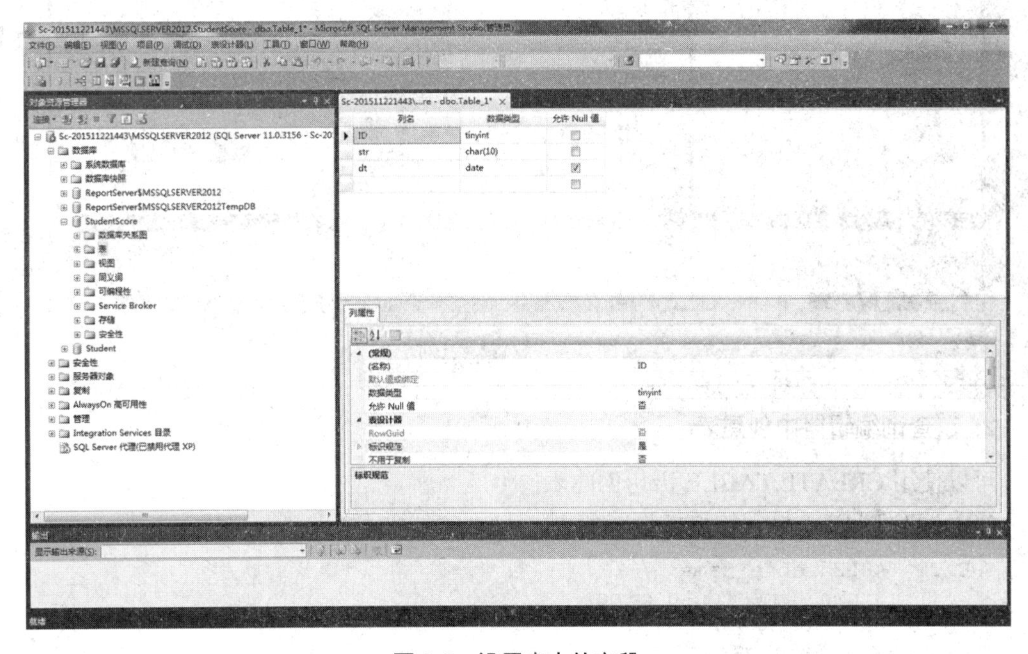


图 3.2　设置表中的字段

然后，选择主菜单中的【文件】|【保存】命令，弹出【选择名称】对话框，如图 3.3 所示。

图 3.3 【选择名称】对话框

在该对话框中输入表的名称，单击【确定】按钮关闭对话框，完成表结构的保存。

**注意：** 如果需要设置某个字段在插入记录时自动生成如 1、2、3 这样的序列数值，可以将该字段作为标识列来设置。方法是：先设置该字段数据类型是整型，然后在该字段的属性选项卡中将【是标识】设置为“是”，如图 3.4 所示，将【标识增量】和【标识种子】两项的状态变成可用。此时可以根据需要设置该两项的值。以后在向该表插入记录时，该字段值将按照所设置的标识种子和标识增量值计算得到，不需要人工输入。

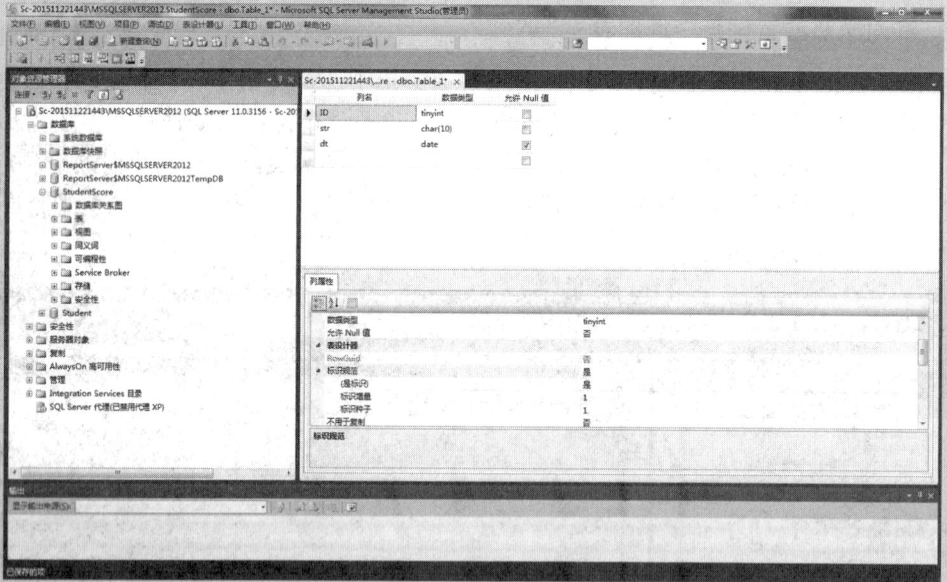

图 3.4 设置标识列

## 2. 在查询编辑器中创建表

可以使用 CREATE TABLE 语句创建表。

CREATE TABLE 语句的语法格式如下：

```
CREATE TABLE table_name
    ({ column_name <data_type>
    [ NULL | NOT NULL ] | [ IDENTITY [ ( seed ,increment ) ] ] } )
```

其中各参数的含义说明如下。

- table_name：新表的名称。

- column_name：表中字段的名称。
- data_type：表中字段的数据类型。
- NULL | NOT NULL：确定字段中是否允许使用空值。
- IDENTITY：标识列标志。
- seed：标识种子值。
- increment：标识增量值。

【实例 3.2】创建表 mytable，该表中有 3 个字段，分别是：ID，tinyint 型，标识列，标识种子值为 1，标识增量值为 1；str，char 型，长度为 10，不可为空；dt，date 型，可为空。

```
CREATE TABLE mytable(
ID tinyint IDENTITY(1,1) NOT NULL,
str char(10) NOT NULL,
dt date NULL)
```

## 3.3.2 在表中录入记录

在已创建的表中可以输入记录，方法是在对象资源管理器中右击该表，在弹出的快捷菜单中选择【编辑前 200 行】命令，界面如图 3.5 所示。未输入值的字段值将显示 Null。

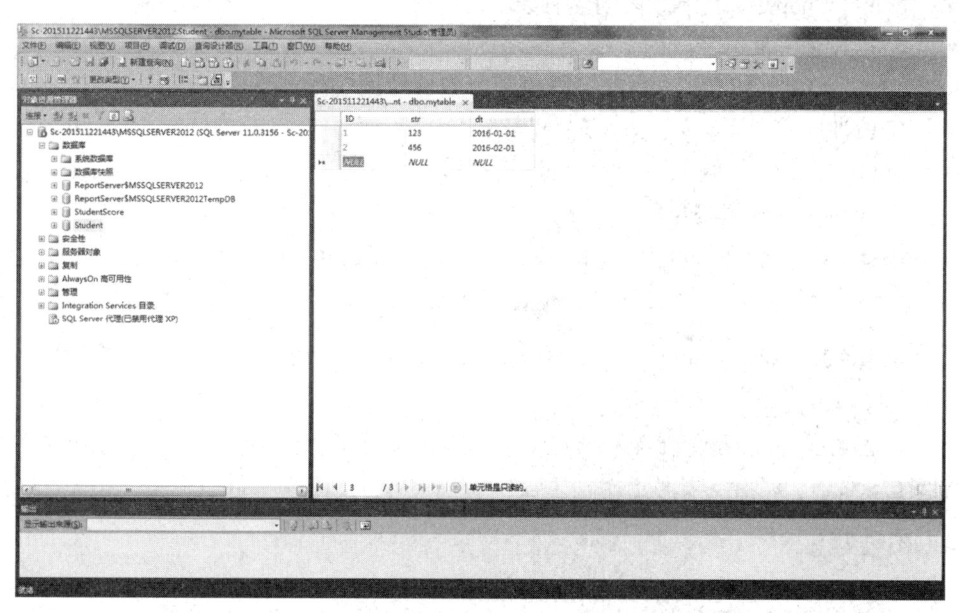

图 3.5 【编辑前 200 行】界面

注意：标识列字段值不需要输入，待该行记录输入完毕后，系统将自动计算出标识列字段值并填入。

## 3.3.3 修改表

修改表有两种途径：一种是在对象资源管理器中通过菜单修改表；另一种是在查询编

辑器中输入修改表的 T-SQL 语句并运行，完成修改表的操作。

#### 1. 在对象资源管理器中修改表

右击需要修改的表，在弹出的快捷菜单中选择【设计】命令，其界面和创建表时一样，设置表中所有需要修改的字段内容，然后选择主菜单中的【文件】|【保存】命令即可。

#### 2. 在查询编辑器中修改表

可以使用 ALTER TABLE 语句修改表，包括更改、添加或删除字段。

ALTER TABLE 语句的语法格式如下：

```
ALTER TABLE table_name ([ADD | ALTER | DROP]
{ column_name <data_type>
[ NULL | NOT NULL ] | [ IDENTITY [ ( seed ,increment ) ] ] } )
```

其中各参数的含义说明如下。

- table_name：表的名称。
- ADD：添加字段。
- ALTER：修改字段。
- DROP：删除字段。
- column_name：表中字段的名称。
- data_type：表中字段的数据类型。
- NULL | NOT NULL：确定字段中是否允许使用空值。
- IDENTITY：标识列标志。
- seed：标识种子值。
- increment：标识增量值。

【实例 3.3】在表 mytable 中添加字段 column_add，varchar 类型，长度为 20，可为空。

```
ALTER TABLE mytable ADD column_add VARCHAR(20) NULL
```

【实例 3.4】在表 mytable 中修改字段 column_add，decimal 类型，精度为 20，小数位数为 4，不可为空。

```
ALTER TABLE mytable ALTER COLUMN column_add DECIMAL (20, 4)
```

【实例 3.5】在表 mytable 中删除字段 column_add，decimal 类型，精度为 20，小数位数为 4，不可为空。

```
ALTER TABLE mytable DROP COLUMN column_add
```

> 注意：修改表中字段的数据类型不一定能成功，这是因为字段修改后的数据类型不一定与原有的数据类型兼容。

### 3.3.4 删除表

删除表有两种途径：一种是在对象资源管理器中通过菜单删除表；另一种是在查询编辑器中输入删除表的 T-SQL 语句并运行，完成删除表的操作。

### 1. 在对象资源管理器中删除表

右击需要删除的表，在弹出的快捷菜单中选择【删除】命令，弹出【删除对象】对话框，如图 3.6 所示。单击【确定】按钮，即可完成表的删除。

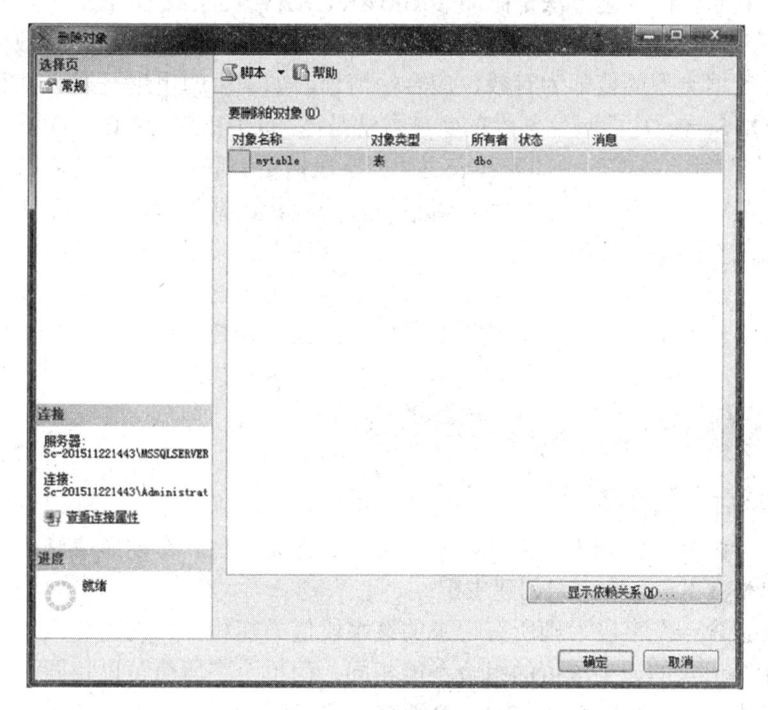


图 3.6　【删除对象】对话框

### 2. 在查询编辑器中删除表

可以使用 DROP TABLE 语句删除表。

DROP TABLE 语句的语法格式如下：

```
DROP TABLE table_name [ , …n ]
```

其中，参数 table_name 的含义是被删除的表名称。

【实例 3.6】从当前数据库中删除表 mytable。

```
DROP TABLE mytable
```

## 3.4　数据完整性

### 3.4.1　数据完整性的分类

数据库中的数据必须是真实可信、准确无误的。对数据库表中的记录强制实施数据完整性，可保证数据库表中各字段数据完整而且合理。

数据完整性分为以下几类：实体完整性、域完整性和引用完整性。

(1) 实体完整性。是指通过表中字段或字段组合能将表中各记录唯一区别开来。例如，学生表中，学生之间可能姓名相同，班级编号相同，但每个学生的学生编号必然不同。SQL Server 中实体完整性的实施方法是添加 PRIMARY KEY 约束或 UNIQUE 约束。

(2) 域完整性。是指表中特定字段的值的有效取值。虽然每个字段都有数据类型，但实际并非满足该数据类型的值即为有效，应合乎情理，如学生的出生日期不可能比今天的日期还要迟。SQL Server 中，域完整性的实施方法是添加 CHECK 约束或 DEFAULT 定义。

(3) 引用完整性。数据库中的表和表之间的字段值是有联系的，甚至表自身的字段值也是有联系的，其中一个表中的某个字段值不但要符合其数据类型，而且必须是引用另一个表中某个字段现有的值。在输入或删除记录时，这种引用关系也不能被破坏。这正是引用完整性的作用。引用完整性可以确保在所有表中具有相同意义的字段值一致，不能引用不存在的值。SQL Server 中，引用完整性的实施方法是 FOREIGN KEY 约束。

## 3.4.2 PRIMARY KEY 约束

一个表由若干字段构成，其中的一个或一组字段值可以用来唯一标识表中的每一行，这样的一个或一组字段称为表的主键，用于实施实体完整性。在创建或修改表时，可以通过定义 PRIMARY KEY 约束来创建主键。

如果主键包含一个字段，则所有记录的该字段值不能相同和为空值；如果主键包含多个字段，则所有记录的该字段值的组合不能相同，而单个字段值可以相同。一个表只能有一个主键，也就是说只能有一个 PRIMARY KEY 约束。例如，在学生表的所有记录中，每个学生的学生编号都不相同，而且不能为空，学生编号就是学生表的主键。在成绩表的所有记录中，学生编号可能会相同，课程编号可能会相同，但学生编号和课程编号的组合不可能相同。这也就是说，一个学生一门课程只有一条成绩记录。

创建主键有两种途径：一种是在创建表时创建主键；另一种是修改现有表来创建主键。创建主键时，SQL Server 自动为表建立聚集索引。如果删除该聚集索引，则主键也被删除。

### 1. 创建表时创建主键

可以在对象资源管理器中右击选定数据库下的表节点，在弹出的快捷菜单中选择【新建表】命令，打开表设计器。在表设计器中建立字段时，右击要定义为主键的字段，在弹出的快捷菜单中选择【设置主键】命令，完成创建主键的操作。主键设置结束后，表设计器如图 3.7 所示。此时主键字段左侧有主键标识出现。

可以使用 CREATE TABLE 语句在创建表时创建主键。

CREATE TABLE 语句的语法格式如下：

```
CREATE TABLE table_name
    ({ column_name <data_type>
    [NOT NULL ] | [ IDENTITY [ ( seed ,increment ) ] ]}
CONSTRAINT [constraint_name] PRIMARY KEY CLUSTERED
([column_name] [ASC | DESC] [ , …n ]))
```

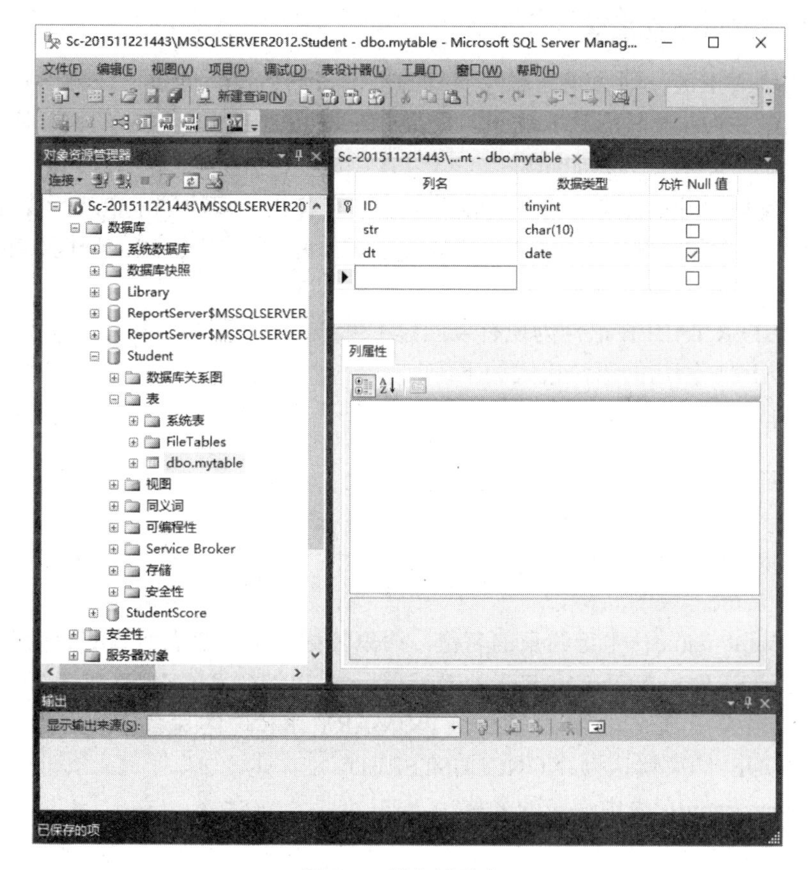


图 3.7　带主键的表

其中各参数的含义说明如下。

- table_name：新表的名称。
- column_name：表中字段的名称。
- data_type：表中字段的数据类型。
- NOT NULL：字段中不允许使用空值。
- IDENTITY：标识列标志。
- seed：标识种子值。
- increment：标识增量值。
- constraint_name：主键约束的名称。约束名称必须在该表所属的架构中唯一。
- ASC：指该字段的排序方式为升序，是默认值。
- DESC：指该字段的排序方式为降序。

**【实例 3.7】**创建表 mytable，该表中有 3 个字段，分别是：ID，tinyint 型，不可为空；str，char 型，长度为 10，不可为空；dt，date 型，可为空。在 ID 字段上添加主键，该主键约束的名称是 PK_mytable。

```
CREATE TABLE mytable
(ID tinyint NOT NULL, str char(10) NOT NULL,dt date NULL,
CONSTRAINT PK_mytable PRIMARY KEY CLUSTERED (ID ASC))
```

#### 2. 修改现有表来创建主键

如果需要修改主键，则必须先删除现有的主键，然后重新创建。在为已有记录的表添加主键时，SQL Server 会检查现有记录。如果存在与 PRIMARY KEY 约束相违背的字段值时，SQL Server 会提示无法添加约束。

可以在对象资源管理器中右击需要修改的表，在弹出的快捷菜单中选择【设计】命令，打开表设计器，界面如图 3.7 所示。然后选择所需字段并右击，在弹出的快捷菜单中选择【设置主键】命令来设置主键。

可以用 ALTER TABLE 语句为现有表创建主键。

ALTER TABLE 语句的语法格式如下：

```
ALTER TABLE table_name
ADD CONSTRAINT [constraint_name]
PRIMARY KEY [CLUSTERED | NONCLUSTERED]
([column_name] [ASC | DESC] [ , …n ])
```

其中各参数的含义说明如下。

- table_name：表的名称。
- constraint_name：主键约束的名称。约束名称必须在该表所属的架构中唯一。
- CLUSTERED | NONCLUSTERED：指示为 PRIMARY KEY 或 UNIQUE 约束创建聚集索引还是非聚集索引。PRIMARY KEY 约束默认为 CLUSTERED，UNIQUE 约束默认为 NONCLUSTERED。
- column_name：表中字段的名称。
- ASC：指该字段的排序方式为升序，是默认值。
- DESC：指该字段的排序方式为降序。

**【实例 3.8】**已创建表 mytable，该表中有 3 个字段，分别是：ID，tinyint 型，不可为空；str，char 型，长度为 10，不可为空；dt，date 型，可为空。在 ID 字段上添加主键。

```
ALTER TABLE mytable ADD CONSTRAINT
PK_mytable PRIMARY KEY CLUSTERED  (ID ASC)
```

现在若在表 mytable 中插入记录(null, 'abcd', '2008-11-3')，会成功吗？

不会成功，因为主键字段值不能为空。

若在表 mytable 中插入记录(100,'dcba','2008-5-5')，再插入记录(100,'abcd', ' 2009-4-5')，会成功吗？

不会成功，因为表中各记录的主键字段值不能相同。

### 3.4.3 UNIQUE 约束

当表中除主键列之外，还有其他字段需要保证取值不重复时，可以使用 UNIQUE 约束。尽管 UNIQUE 约束和 PRIMARY KEY 约束都强制唯一性，但对于非主键字段应使用 UNIQUE 约束而不是 PRIMARY KEY 约束。

一个表只能有一个主键，但可以对一个表定义多个 UNIQUE 约束。UNIQUE 约束允许 NULL 值，但因为使用 UNIQUE 约束的字段值强制唯一性，因此该字段值同一时刻只能有一个空值。例如，在学生表的所有记录中，每个学生编号都不相同，而且不能为空，学生编号就是学生表的主键。如果还要求学生表的所有记录中身份证号也不相同，这时可以在身份证号字段上创建 UNIQUE 约束。

创建 UNIQUE 约束有两种途径：一种是在创建表时创建 UNIQUE 约束；另一种是修改现有表来创建 UNIQUE 约束。

### 1. 创建表时创建 UNIQUE 约束

在表设计器中右击，在弹出的快捷菜单中选择【索引/键】命令，弹出【索引/键】对话框，如图 3.8 所示。

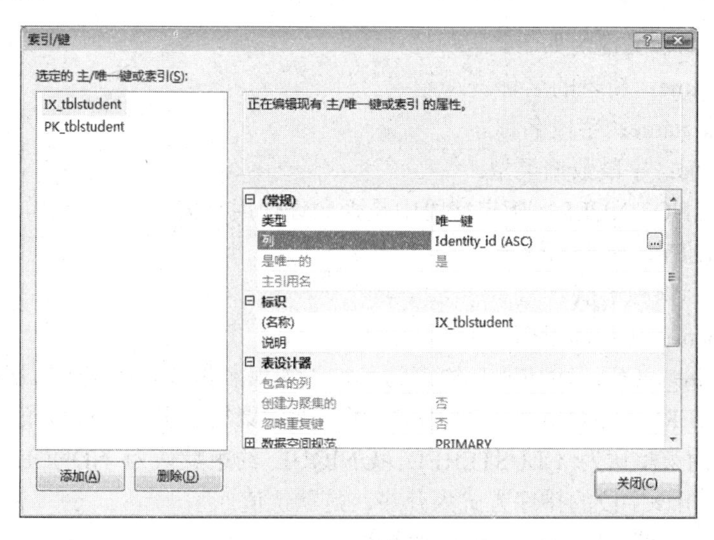


图 3.8 【索引/键】对话框

在【索引/键】对话框中可以添加、编辑和删除主键、唯一约束和唯一索引。选定左侧列表框中的约束名称，然后在右侧进行该约束的设置。通常唯一约束的名称以 IX 开头。

对于 UNIQUE 约束，需要设置与其相关的字段。在【索引/键】对话框中，将【类型】改为“唯一键”。单击“列”右侧的值域，则会弹出【索引列】对话框，如图 3.9 所示。

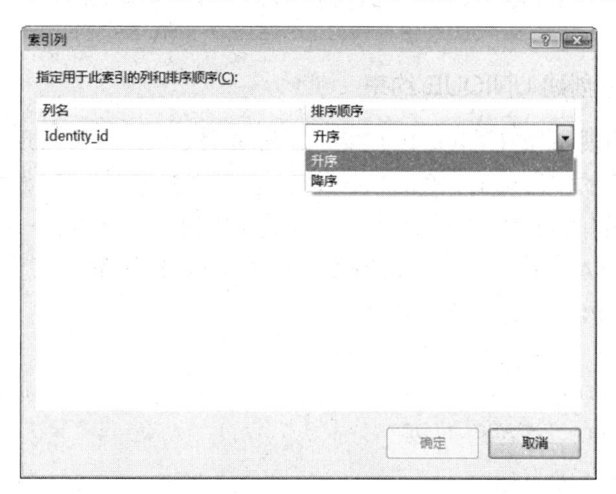


图 3.9 【索引列】对话框

在【索引列】对话框中完成 UNIQUE 约束的字段和排序顺序设置后，单击【确定】按钮，返回【索引/键】对话框。单击【关闭】按钮，关闭【索引/键】对话框，即可完成创建 UNIQUE 约束的操作。创建 UNIQUE 约束结束后，对象资源管理器中该表的索引将添加一个唯一键。

可以用 CREATE TABLE 语句在创建表时创建 UNIQUE 约束。

CREATE TABLE 语句的语法格式如下：

```
CREATE TABLE table_name ({ column_name <data_type>
    [ NULL | NOT NULL ] | [ IDENTITY [ ( seed ,increment ) ] ]}
CONSTRAINT [constraint_name] UNIQUE [CLUSTERED | NONCLUSTERED]
([column_name] [ASC | DESC] [ , …n ]))
```

其中各参数的含义说明如下。

- table_name：新表的名称。
- column_name：字段名称。
- data_type：字段数据类型。
- NULL | NOT NULL：确定字段中是否允许使用空值。
- IDENTITY：标识列标志。
- seed：标识种子值。
- increment：标识增量值。
- constraint_name：UNIQUE 约束的名称。约束名称必须在该表所属的架构中唯一。
- CLUSTERED | NONCLUSTERED：指示创建聚集索引还是非聚集索引。PRIMARY KEY 约束默认为 CLUSTERED，UNIQUE 约束默认为 NONCLUSTERED。
- ASC：指该字段的排序方式为升序，是默认值。
- DESC：指该字段的排序方式为降序。

**【实例 3.9】**创建表 mytable，该表中有 3 个字段，分别是：ID，tinyint 型，可为空；str，char 型，长度为 10，不可为空；dt，date 型，可为空。在 ID 字段上添加 UNIQUE 约束，该 UNIQUE 约束的名称是 IX_mytable。

```
CREATE TABLE mytable
(ID tinyint NOT NULL, str char(10) NULL, dt date NULL,
CONSTRAINT IX_mytable UNIQUE NONCLUSTERED (ID ASC))
```

### 2. 修改现有表来创建 UNIQUE 约束

在为已有记录的表添加 UNIQUE 约束时，SQL Server 会检查现有记录。如果存在与 UNIQUE 约束相违背的字段值时，SQL Server 会提示无法添加约束。如果需要修改 UNIQUE 约束，必须先删除现有的 UNIQUE 约束，然后重新创建。

可以用 ALTER TABLE 语句修改现有表创建 UNIQUE 约束。

ALTER TABLE 语句的语法格式如下：

```
ALTER TABLE table_name
ADD CONSTRAINT [constraint_name] UNIQUE [CLUSTERED | NONCLUSTERED]
    ([column_name] [ASC | DESC] [ , …n ])
```

其中各参数的含义说明如下。

- table_name：表的名称。

- constraint_name：UNIQUE 约束的名称。约束名称必须在该表所属的架构中唯一。
- column_name：表中字段的名称。
- ASC：指该字段的排序方式为升序，是默认值。
- DESC：指该字段的排序方式为降序。

**【实例 3.10】**已创建表 mytable，该表中有 3 个字段，分别是：ID，tinyint 型，可为空；str，char 型，长度为 10，不可为空；dt，date 型，可为空。在 ID 字段上添加 UNIQUE 约束。

```
ALTER TABLE mytable ADD CONSTRAINT
IX_mytable UNIQUE NONCLUSTERED (ID ASC)
```

若在表 mytable 中插入记录(100,'dcba','2008-5-5')，再插入记录(100,'abcd','2009-4-5')，会成功吗？

不会成功，因为表中各记录的 UNIQUE 约束字段值不能相同。

若在表 mytable 中插入记录(101,'abcd','2008-5-5')，再插入记录(100,'abcd','2009-4-5')，会成功吗？

不会成功，因为表中各记录的 UNIQUE 约束字段值相同。

## 3.4.4　DEFAULT 定义

在实际业务中，往往希望系统能为某些没有确定值的字段赋予一个默认值，而不是设为 NULL。比如，录入学生信息时，如果没有录入学生性别，则将该记录的性别字段值默认设置为“男”，这样可以减少录入时间。这时，可以为学生性别字段设置 DEFAULT 定义。一个字段只有在不可为空的时候才能设置 DEFAULT 定义。

创建 DEFAULT 定义有两种途径：一种是在创建表时创建 DEFAULT 定义；另一种是修改现有表来创建 DEFAULT 定义。

### 1. 创建表时创建 DEFAULT 定义

在表设计器中建立字段时，单击要创建 DEFAULT 定义的字段。在所设置字段的【列属性】选项卡中的【默认值或绑定】栏中设置默认值，注意要与该字段的数据类型一致，如图 3.10 所示。

可以用 CREATE TABLE 语句在创建表时创建 DEFAULT 定义。

CREATE TABLE 语句的语法格式如下：

```
CREATE TABLE table_name ({ column_name <data_type> [NOT NULL ]
CONSTRAINT [constraint_name] DEFAULT constant_expression })
```

其中各参数的含义说明如下。

- table_name：新表的名称。
- column_name：字段的名称。
- data_type：字段的数据类型。
- NOT NULL：字段中不允许使用空值。
- constraint_name：DEFAULT 定义的名称。DEFAULT 定义名称必须在该表所属的架构中唯一。

● constant_expression：字段默认值常量表达式。

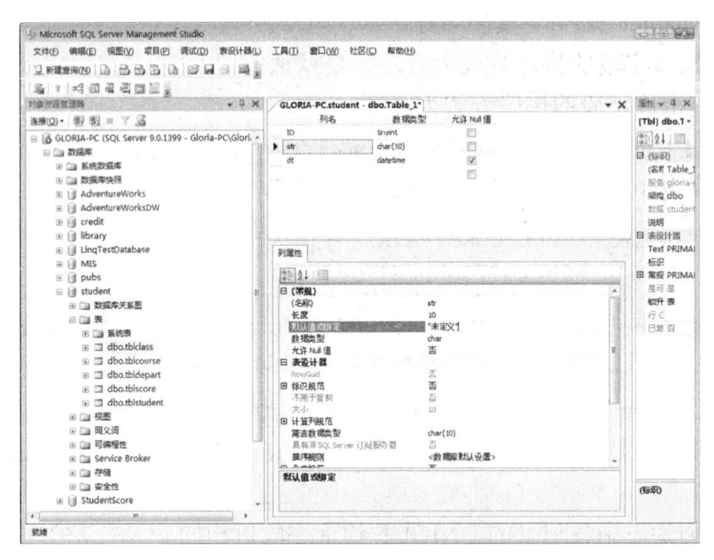

图 3.10 创建 DEFAULT 定义

【实例 3.11】创建表 mytable，该表中有 3 个字段，分别是：ID，tinyint 型，不可为空；str，char 型，长度为 10，不可为空，默认值为 undefined，名称为 DF_mytable_str；dt，date 型，可为空。

```
CREATE TABLE mytable
(ID tinyint NOT NULL,
str char(10) NOT NULL CONSTRAINT DF_mytable_str DEFAULT ' undefined',
dt date NULL)
```

### 2. 修改现有表来创建 DEFAULT 定义

添加 DEFAULT 定义对原有记录的字段数据不做处理，仅作用于之后添加记录的字段。如果要修改现有的 DEFAULT 定义，则必须先删除该 DEFAULT 定义再添加。

可以在对象资源管理器中右击需要修改的表，在弹出的快捷菜单中选择【设计】命令，打开表设计器。单击要创建 DEFAULT 定义的字段，在所设置字段的【列属性】选项卡中的【默认值或绑定】栏中设置默认值，如图 3.10 所示。

可以用 ALTER TABLE 语句为现有表创建 DEFAULT 定义。

ALTER TABLE 语句的语法格式如下：

```
ALTER TABLE table_name
ADD CONSTRAINT [constraint_name] DEFAULT constant_expression FOR column_name
```

其中各参数的含义说明如下。

- table_name：表的名称。
- constraint_name：主键约束的名称。约束名称必须在该表所属的架构中唯一。
- constant_expression：字段默认值常量表达式。
- column_name：字段的名称。

【实例 3.12】已有表 mytable，该表中有 3 个字段，分别是：ID，tinyint 型，不可为空；

str，char 型，长度为 10，不可为空；dt，date 型，可为空。在 str 字段上添加 DEFAULT 定义，名称为 DF_mytable_str，值为字符串“undefined”。

```
ALTER TABLE mytable ADD CONSTRAINT DF_mytable_str
DEFAULT (' undefined ') FOR str
```

若现在在表 mytable 中插入记录(100, 2008-11-3')，会成功吗？str 字段值为多少？
会成功，str 字段值为“undefined”。

## 3.4.5　CHECK 约束

表中的字段值不仅必须与该字段的数据类型相一致，还应具备合理的意义。比如，学生的出生日期如果显示该生当前年龄大于 100 岁或小于 10 岁，显然是不合理的。这种对字段值的进一步限制称为域的完整性，可以通过 CHECK 约束来完成。

CHECK 约束用包含所属字段值的一个逻辑表达式来限定有效值范围，返回值为 TRUE 或 FALSE。这一点与后面提到的触发器有着本质的区别。只有使该逻辑表达式为 TRUE 的字段值才能被 SQL Server 认可。CHECK 约束只在添加和更新记录时才起作用，删除记录时不起作用。

创建 CHECK 约束有两种途径：一种是在创建表时创建 CHECK 约束；另一种是修改现有表来创建 CHECK 约束。

### 1. 创建表时创建 CHECK 约束

在表设计器中右击，在弹出的快捷菜单中选择【CHECK 约束】命令，弹出【CHECK 约束】对话框，如图 3.11 所示。

在【CHECK 约束】对话框中，需要设置名称和表达式。单击表达式栏后，弹出【CHECK 约束表达式】对话框，如图 3.12 所示。

添加表达式后，单击【确定】按钮，关闭【CHECK 约束表达式】对话框。单击【关闭】按钮，关闭【CHECK 约束】对话框，完成添加 CHECK 约束的操作。

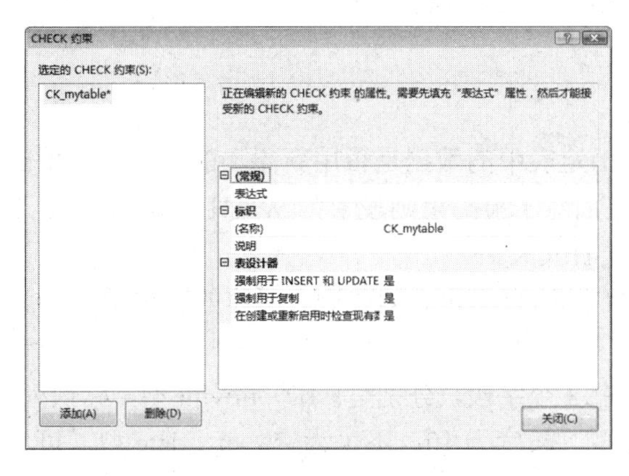

图 3.11　【CHECK 约束】对话框

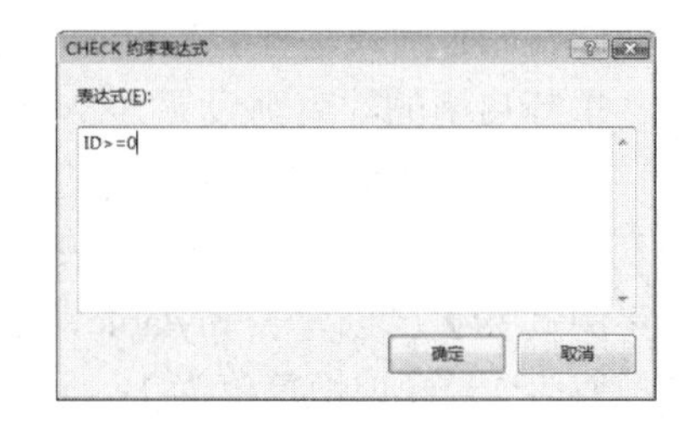

图 3.12　【CHECK 约束表达式】对话框

可以用 CREATE TABLE 语句在创建表时创建 CHECK 约束。

CREATE TABLE 语句的语法格式如下：

```
CREATE TABLE table_name ({ column_name <data_type> [NULL | NOT NULL ]},
CONSTRAINT [constraint_name] CHECK logical_expression )
```

其中各参数的含义说明如下。

- table_name：新表的名称。
- column_name：字段的名称。
- data_type：字段的数据类型。
- NULL | NOT NULL：字段中是否允许使用空值。
- constraint_name：CHECK 约束的名称。CHECK 约束名称必须在该表所属的架构中唯一。
- logical_expression：结果为 TRUE 或 FALSE 的逻辑表达式。

【实例 3.13】创建表 mytable，该表中有 3 个字段，分别是：ID，tinyint 型，不可为空；str，char 型，长度为 10，不可为空；dt，date 型，可为空。创建 CHECK 约束 CK_mytable，内容是 ID 字段值大于等于 0。

```
CREATE TABLE mytable
(ID tinyint NOT NULL, str char(10) NOT NULL , dt date NULL,
CONSTRAINT CK_mytable CHECK (ID>=0))
```

### 2. 修改现有表来创建 CHECK 约束

如果在已有记录的表中添加 CHECK 约束，可以设置 CHECK 约束是否应用于已有的记录。如果要修改现有的 CHECK 约束，则必须先删除该 CHECK 约束再添加。

可以在对象资源管理器中右击需要修改的表，在弹出的快捷菜单中选择【设计】命令，打开表设计器。在表设计器中右击，在弹出的快捷菜单中选择【CHECK 约束】命令，弹出【CHECK 约束】对话框，如图 3.11 所示。

可以用 ALTER TABLE 语句修改现有表创建 CHECK 约束。

ALTER TABLE 语句的语法格式如下：

```
ALTER TABLE table_name WITH [CHECK | NOCHECK]
ADD CONSTRAINT [constraint_name] CHECK (expression)
```

其中各参数的含义说明如下。

- table_name：表的名称。
- WITH CHECK | WITH NOCHECK：指定表中的数据是否用新添加的或重新启用的 CHECK 约束进行验证。如果未指定，对于新约束则设置为 WITH CHECK，对于重新启用的约束则设置为 WITH NOCHECK。
- constraint_name：CHECK 约束的名称。约束名称必须在该表所属的架构中唯一。
- expression：用做列的条件表达式。

【实例 3.14】已创建表 mytable，该表中有 3 个字段，分别是：ID，tinyint 型，标识列，标识种子值为 1，标识增量值为 1；str，char 型，长度为 10，不可为空；dt，date 型，可为空。在 ID 字段上添加 CHECK 约束，名称为 CK_mytable，内容是 ID 值大于等于 0。

```
ALTER TABLE dbo.mytable WITH CHECK
ADD CONSTRAINT CK_mytable CHECK (ID>=0)
```

若在表 mytable 中插入记录(-100,'dcba','2008-5-5')，会成功吗？

不会成功，因为 CHECK 约束要求 ID≥0。

若在表 mytable 中插入记录(100,'dcba','2008-5-5')，会成功吗？

会成功。因为符合了表 mytable 的 CHECK 约束。

### 3.4.6 FOREIGN KEY 约束

数据库中，表和表之间的字段存在着联系，这是因为不同表中的字段具有相同的意义。例如，学生信息表中的学生编号字段和成绩表中的学生编号字段均指学生的编号，如果两表中两条记录的学生编号字段值相同，就意味着学生信息表中该条记录和成绩表中该条学生的成绩记录属于同一个学生。两个表中，学生信息表中各记录的学生编号字段值应各不相同，而成绩表中各记录的学生编号字段值可以相同，但必须引用学生信息表中已经存在的学生编号字段值。

外键用于建立一个或多个表的字段之间的引用联系。首先，被引用表的关联字段上应该创建 PRIMARY KEY 约束或 UNIQUE 约束；然后，在引用表的字段上创建 FOREIGN KEY 约束，从而创建外键。

创建 FOREIGN KEY 约束有两种途径：一种是在创建表时创建 FOREIGN KEY 约束；另一种是修改现有表来创建 FOREIGN KEY 约束。

#### 1. 创建表时创建 FOREIGN KEY 约束

在表设计器中右击，在弹出的快捷菜单中选择【关系】命令，弹出【外键关系】对话框，如图 3.13 所示。

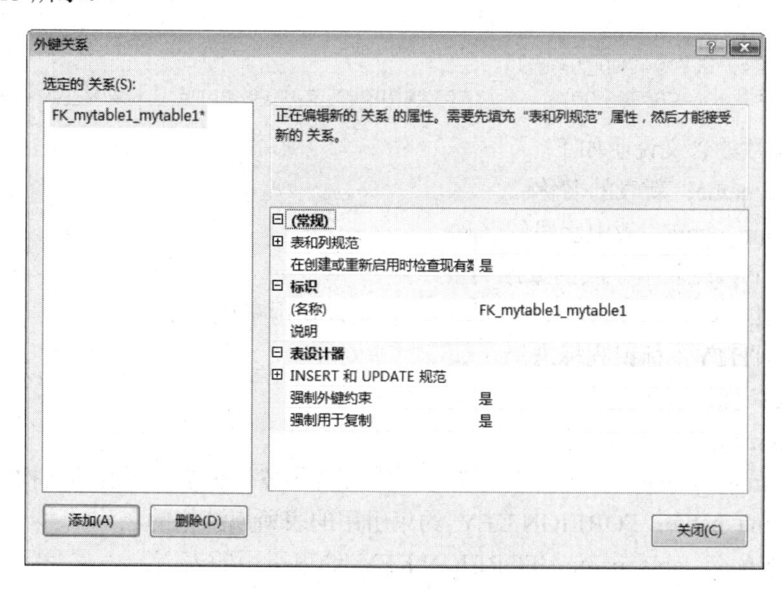


图 3.13　【外键关系】对话框

在【外键关系】对话框中，可以添加、修改和删除外键。对新添加的外键，SQL Server 会给出一个默认的外键名，可以在【名称】栏中设置外键名称。【表和列规范】栏用于设置主键表、主键字段和外键字段，单击后打开【表和列】对话框，如图 3.14 所示。

设置完成后，单击【确定】按钮，关闭【表和列】对话框。单击【关闭】按钮，关闭【外键关系】对话框，完成添加 FOREIGN 约束的操作。

可以用 CREATE TABLE 语句在创建表时创建主键。

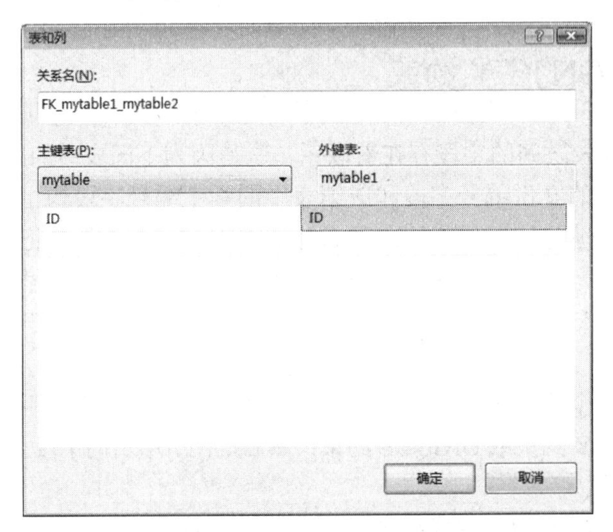


图 3.14 【表和列】对话框

CREATE TABLE 语句的语法格式如下：

```
CREATE TABLE table_name
    ({ column_name <data_type>
    [ NULL | NOT NULL ] | [ IDENTITY [ ( seed ,increment ) ] ]}
CONSTRAINT [constraint_name]
FOREIGN KEY ([column_name])
REFERENCES [ schema_name . ] referenced_table_name [( ref_column ) ])
```

其中各参数的含义说明如下。

- table_name：新表的名称。
- column_name：表中字段的名称。
- data_type：表中字段的数据类型。
- NULL | NOT NULL：确定字段中是否允许使用空值。
- IDENTITY：标识列标志。
- seed：标识种子值。
- increment：标识增量值。
- constraint_name：外键约束的名称。约束名称必须在该表所属的架构中唯一。
- schema_name：FOREIGN KEY 约束引用的表所属架构的名称。
- referenced_table_name：FOREIGN KEY 约束引用的表。
- ref_column：FOREIGN KEY 约束引用的字段。

**【实例 3.15】**已有表 mytable，该表中有 3 个字段，分别是：ID，tinyint 型，主键；str，char 型，长度为 10，不可为空；dt，date 型，可为空。创建表 mytable1，该表中有 3 个字段，分别是：ID，tinyint 型，不可为空；str，char 型，长度为 10，不可为空；dt，date 型，可为空。在 ID 字段上创建外键 FK_mytable1_mytable，表明 ID 字段对 mytable 表的 ID 字段的引用。

```
CREATE TABLE dbo.mytable1
(ID tinyint NOT NULL, str char(10) NOT NULL,dt date NULL
CONSTRAINT FK_mytable1_mytable FOREIGN KEY(ID)
REFERENCES dbo.mytable (ID))
```

### 2. 修改现有表来创建 FOREIGN KEY 约束

可以在对象资源管理器中右击需要修改的表，在弹出的快捷菜单中选择【设计】命令，打开表设计器。在表设计器中右击，在弹出的快捷菜单中选择【关系】命令，弹出【外键关系】对话框，如图 3.13 所示。

可以用 ALTER TABLE 语句修改现有表创建 FOREIGN 约束。

ALTER TABLE 语句的语法格式如下：

```
ALTER TABLE table_name WITH [CHECK | NOCHECK]
ADD CONSTRAINT [constraint_name] FOREIGN KEY(column_name)
REFERENCES [ schema_name . ] referenced_table_name [( ref_column ) ]
```

其中各参数的含义说明如下。

- table_name：表的名称。
- WITH CHECK | WITH NOCHECK：指定表中的数据是否用新添加的或重新启用的 FOREIGN 约束进行验证。如果未指定，对于新约束则设置为 WITH CHECK，对于重新启用的约束则设置为 WITH NOCHECK。
- constraint_name：CHECK 约束的名称。约束名称必须在该表所属的架构中唯一。
- column_name：表中字段的名称。
- schema_name：FOREIGN KEY 约束引用的表所属架构的名称。
- referenced_table_name：FOREIGN KEY 约束引用的表。
- ref_column：FOREIGN KEY 约束引用的字段。

**【实例 3.16】**已有表 mytable，该表中有 3 个字段，分别是：ID，tinyint 型，主键；str，char 型，长度为 10，不可为空；dt，datetime 型，可为空。已有表 mytable1，该表中有 3 个字段，分别是：ID，tinyint 型，不可为空；str，char 型，长度为 10，不可为空；dt，date 型，可为空。在 ID 字段上创建外键 FK_mytable1_mytable，表明 ID 字段对 mytable 表的 ID 字段的引用。

```
ALTER TABLE dbo.mytable1 WITH CHECK
ADD CONSTRAINT FK_mytable1_mytable FOREIGN KEY(ID)
REFERENCES dbo.mytable (ID)
```

若表 mytable 的记录全部删除后插入记录(1,'dcba','2008-5-5')，会成功吗？

会成功，满足主键约束。

若在表 mytable1 中插入记录(2,'dcba',2008-5-5')，会成功吗？

不会成功，因为违背了表 mytable1 的外键约束。

若在表 mytable1 中插入记录(1,'dcba','2008-5-5')，会成功吗？

会成功，因为符合了表 mytable1 的外键约束。

## 3.5 回到工作场景

通过对 3.2～3.4 节内容的学习，已经掌握了创建表的方法，创建用户定义数据类型的方法；掌握了数据完整性的概念和分类；掌握了创建和使用 PRIMARY KEY 约束、DEFAULT 约束、CHECK 约束、UNIQUE 约束、FOREIGN KEY 约束的方法。下面回到前面介绍的工作场景中，完成工作任务。

**【工作过程一】**

创建用户定义数据类型 zipcode，用于设置所有表中的邮编为长度是 6 的字符串。

在对象资源管理器中打开 StudentScore 数据库的【可编程性】|【类型】，右击【用户定义数据类型】节点，在弹出的快捷菜单中选择【新建用户定义数据类型】命令，弹出【新建用户定义数据类型】对话框。设置名称为 zipcode，数据类型为 char，长度为 6，允许为 NULL 值，如图 3.15 所示。设置完成后单击【确定】按钮，完成用户定义数据类型的创建。

本工作过程的 T-SQL 语句如下：

```
USE StudentScore
GO
CREATE TYPE zipcode FROM char(6) NULL
GO
```

图 3.15 【新建用户定义数据类型】对话框

**【工作过程二】**

创建系别表 Department、班级表 Class 和学生表 Student，表结构如表 3.1～表 3.3 所示。

以创建系别表 Department 为例。在对象资源管理器中打开 StudentScore 数据库，右击

【表】节点，在弹出的快捷菜单中选择【新建表】命令。按表 3.1 所示将各字段录入，分别设置列名、数据类型和是否允许 NULL 值。设置后界面如图 3.16 所示。

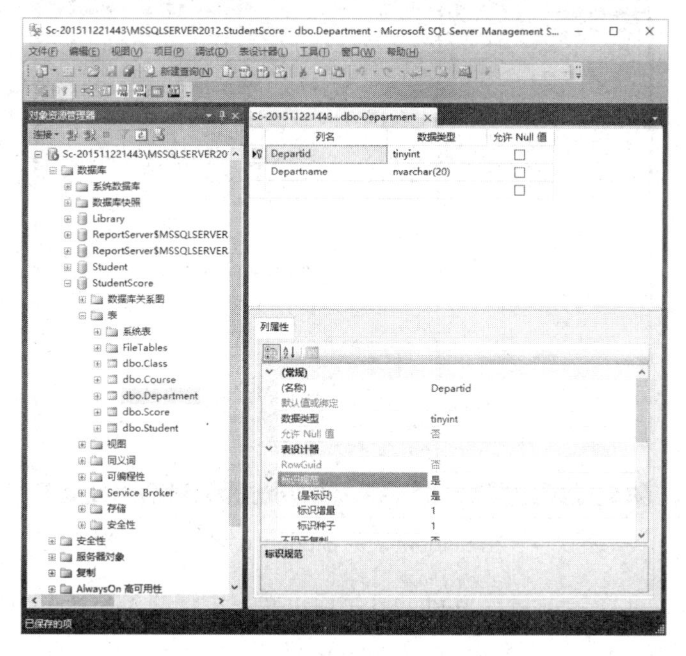

图 3.16　添加字段后的【新建表】界面

> 提示：单击字段，下面的【列属性】选项卡则显示单击字段的详细设置。例如，系别表中的 Departid 字段须设置为系统自动生成序号。设置方法为将该字段的【列属性】选项卡中的【标识规范】下的“(是标识)”设置为“是”。

完成设置后，选择【文件】|【保存】命令，弹出【选择名称】对话框，输入表名称，完成一个表的创建。

创建表 Department 的 T-SQL 语句如下：

```
USE StudentScore
GO
CREATE TABLE Department(Departid tinyint IDENTITY(1,1) NOT NULL,
Departname nvarchar(20) NOT NULL)
GO
```

**【工作过程三】**

为学生表和班级表添加约束。内容是：学生表中，学生编号不能为空而且各学生的学生编号不能相同；班级表中，班级编号不能为空而且各班级的班级编号不能相同。

需要为学生表 Student 在学生编号 Studentid 字段上建立主键，为班级表 Class 在班级编号 Classid 字段上建立主键。

在对象资源管理器中右击学生表 Student，在弹出的快捷菜单中选择【设计】命令，打开表设计器，右击字段 Studentid 后，在弹出的快捷菜单中选择【设置主键】命令，完成主键设置。主键设置结束后，表设计器界面如图 3.17 所示。

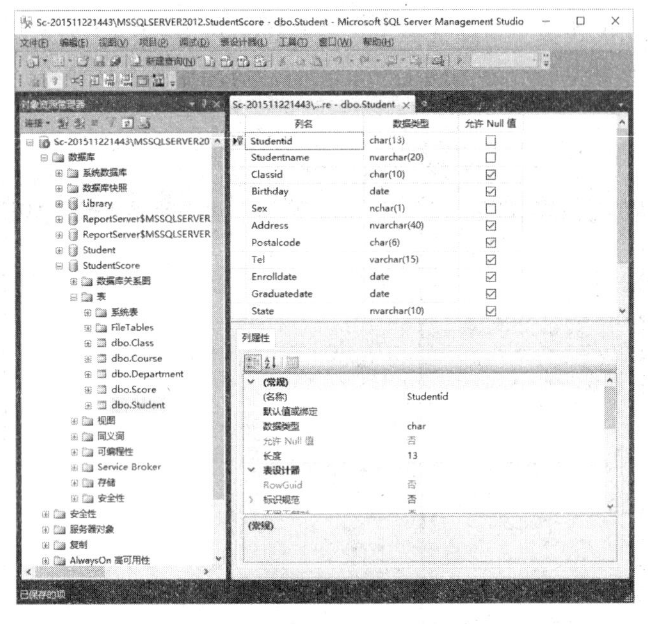


图 3.17　在 Student 表的 Studentid 字段设置主键

为学生表 Student 在学生编号 Studentid 字段上建立主键的 T-SQL 语句如下：

```
ALTER TABLE Student ADD CONSTRAINT PK_Student
PRIMARY KEY CLUSTERED (Studentid ASC)
```

## 【工作过程四】

为班级表添加约束。内容是：班级表中，要求各班级的名称也不相同。

因为班级表 Class 在 Classid 字段上已经有主键，所以只能在班级名称 Classname 字段上建立 UNIQUE 约束。

在对象资源管理器中单击班级表 Class，打开表设计器，右击【索引】节点，在弹出的快捷菜单中选择【新建索引】命令，打开【索引/键】对话框，设置【索引名称】和【索引类型】，添加索引字段，并且选中【唯一】复选框。设置 UNIQUE 约束后，界面如图 3.18 所示。

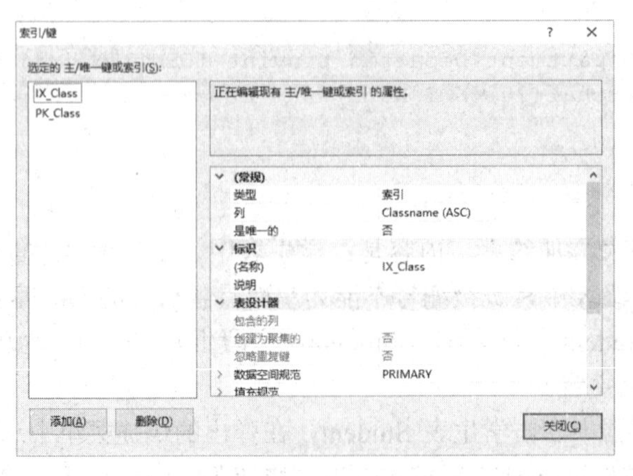


图 3.18　在 Class 表的 Classname 字段设置 UNIQUE 约束

上述过程的 T-SQL 语句如下：

```
ALTER TABLE Class ADD CONSTRAINT
IX_Class UNIQUE NONCLUSTERED (Classname ASC)
```

### 【工作过程五】

为学生表添加约束。内容是：学生表中，各学生的性别在录入时如果为空则为“男”。

需要为学生表 Student 在性别 Sex 字段上建立 DEFAULT 约束。

在对象资源管理器中右击学生表 Student，在弹出的快捷菜单中选择【设计】命令，打开表设计器，单击字段 Studentid 后在【列属性】选项卡的【默认值或绑定】栏中填入“男”，完成 DEFAULT 约束设置。DEFAULT 设置结束后，表设计器界面如图 3.19 所示。

上述过程的 T-SQL 语句如下：

```
ALTER TABLE Student ADD  CONSTRAINT DF_Student_Sex
DEFAULT ('男') FOR Sex
```

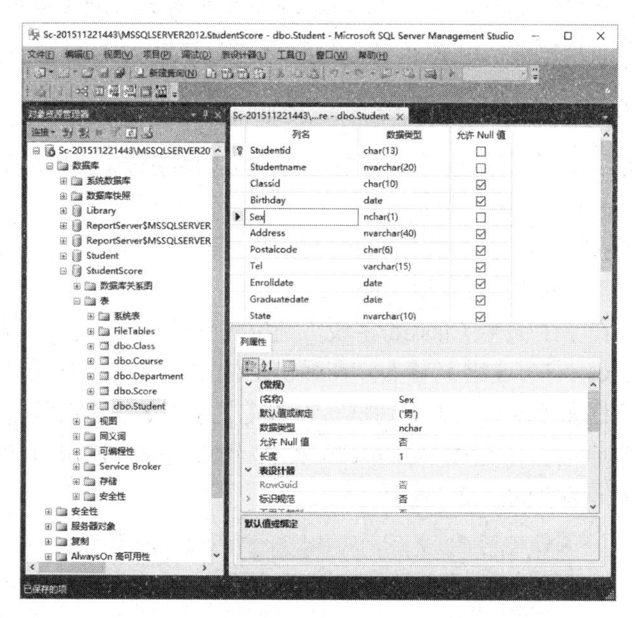

图 3.19 在 Student 表的 Sex 字段设置 DEFAULT 约束

### 【工作过程六】

为学生表添加约束。内容是：学生表中，学生的年龄必须大于等于 15 岁。

需要为学生表 Student 在生日 Birthday 字段上建立 CHECK 约束。

可以在对象资源管理器中单击学生表 Student，打开列表，右击【约束】节点，在弹出的快捷菜单中选择【新建约束】命令，打开【CHECK 约束】对话框，设置【名称】和【表达式】，完成 CHECK 约束设置。CHECK 设置结束后，【CHECK 约束】对话框如图 3.20 所示。

上述过程的 T-SQL 语句如下：

```
ALTER TABLE [dbo].[Student]  WITH CHECK ADD  CONSTRAINT [CK_Student]
CHECK  (((datepart(year,getdate())-datepart(year,[birthday]))>=(15)))
```

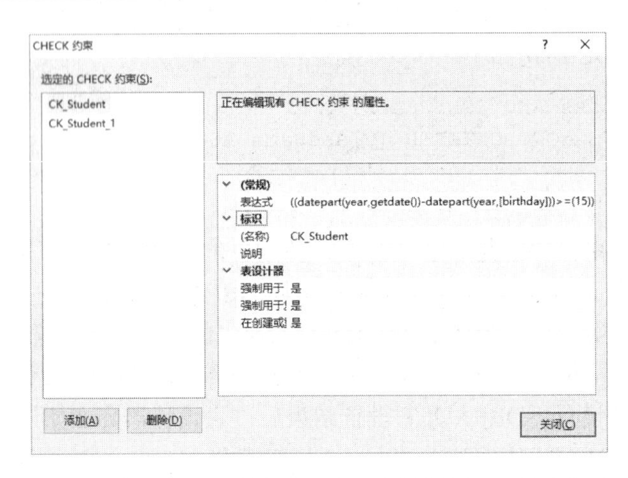


图 3.20　在 Student 表的 Birthday 字段设置 CHECK 约束

提示：getdate()是 SQL Server 的系统函数，作用是取系统当前日期。datepart()是 SQL Server 的系统函数，作用是取日期的特定部分值。

**【工作过程七】**

为学生表添加约束。内容是：学生表中，各学生的班级编号必须是班级表中已出现过的班级编号。

需要先为班级表 Class 在学生编号 Classid 字段上建立主键，再为学生表 Student 在学生编号 Classid 字段上建立 FOREIGN KEY 约束。

为班级表 Class 在学生编号 Classid 字段上建立主键后，在对象资源管理器中单击学生表 Student，打开列表，右击【键】节点，在弹出的快捷菜单中选择【新建外键】命令，打开【外键关系】对话框和【表和列】对话框，设置【关系名】、【主键表】、【主键字段】、【外键表】和【外键字段】，完成 FOREIGN KEY 约束设置。FOREIGN KEY 约束设置结束后，【表和列】对话框如图 3.21 所示。

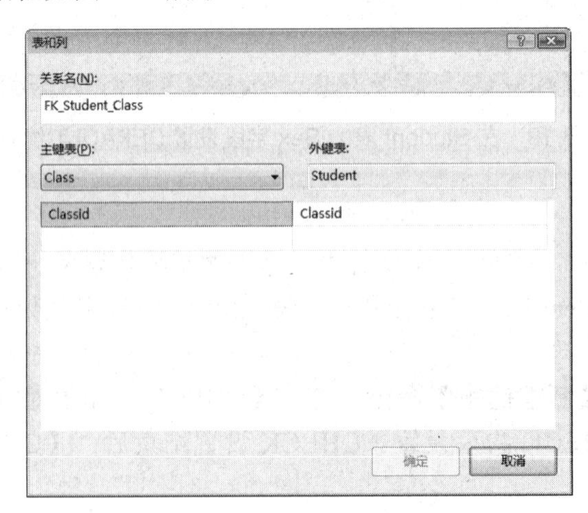


图 3.21　在 Student 表的 Classid 字段设置 FOREIGN KEY 约束

上述过程的 T-SQL 语句如下：

```
ALTER TABLE Student WITH CHECK
ADD CONSTRAINT FK_Student_Class FOREIGN KEY(Classid)
REFERENCES Class (Classid)
```

## 3.6 工作实训营

### 3.6.1 训练实例

#### 1. 训练内容

(1) 创建用户定义数据类型 scoretype，基于整数，用于保存成绩，范围是 0～100。

(2) 创建课程表 Course，其结构如表 3.4 所示。

(3) 创建成绩表 Score，其结构如表 3.5 所示。

(4) 班级表中，班级编号必须不为空而且各班级编号不相同。

(5) 班级表中，专业在录入时如果为空则为“待定”。

(6) 班级表中，班级编号必须为 5 个数字。

(7) 班级表中，除班级编号不同外，班级名称也不能相同。

(8) 班级表中，系编号必须是系别表中已出现过的系编号。

#### 2. 训练目的

(1) 掌握创建数据类型的方法。

(2) 掌握创建表的方法。

(3) 掌握创建 PRIMARY KEY 约束、UNIQUE 约束、DEFAULT 约束、NOT NULL 定义、CHECK 约束和 FOREIGN KEY 约束的方法。

#### 3. 训练过程

参照 3.5 节中的操作步骤。

#### 4. 技术要点

对于(1)～(6)步，应训练使用对象资源管理器和 T-SQL 语句两种方法完成操作。

### 3.6.2 工作实践常见问题解析

【常见问题 1】为什么输入的 T-SQL 语句无法运行？

【答】选择主菜单中的【查询】|【分析】命令，保证输入的 T-SQL 语句正确。确认正确后，请查看工具栏中的当前数据库下拉列表框中是否是 StudentScore。如果 T-SQL 语句中省略了数据库名称，那么需将该数据库作为当前数据库。如果不是，请单击该下拉按钮，选择 StudentScore 选项。或者在当前查询窗口中开头加入以下语句，同样完成当前数据库的

切换。

```
USE StudentScore
GO
```

【常见问题2】对表设置数据完整性后，为什么没有马上起作用？

【答】数据完整性设置的调整和表结构修改后一样，在保存后才能起作用。

【常见问题3】对表设置数据完整性后，为什么不能保存？

【答】在保存时，SQL Server 会根据调整后的数据完整性设置对现有记录进行检查，如果有冲突，则不能保存调整后的数据完整性设置。

## 3.7 习题

### 一、填空题

(1) SQL Server 的数据类型分为____________和____________两类。

(2) 精确数字数据类型中，tinyint 的数值范围在____________和____________之间。

(3) char 和 varchar 的区别在于____________，char 和 nchar 的区别在于____________。

(4) 创建表使用的 T-SQL 语句是____________。修改表使用的 T-SQL 语句是____________。删除表使用的 T-SQL 语句是____________。

(5) 标识列的值是由____________生成的，其依据是____________和____________。

(6) null 的含义是____________。

(7) 数据完整性是指____________，分为____________、____________和____________。

(8) 实体完整性是指____________，域完整性是指____________，引用完整性是指____________。

(9) SQL Server 的约束中，实现实体完整性的是____________和____________，实现域完整性的是____________和____________，实现引用完整性的是____________。

### 二、操作题

第 2 章中创建的图书管理数据库 Library，该数据库中包含图书馆所需要管理的书籍和读者信息。数据库中包含的表包含读者表 Reader、读者分类表 Readertype、图书表 Book、图书分类表 Booktype 和借阅记录表 Record。

操作项目如下。

(1) 创建用户定义数据类型 Bookidtype，用于设置所有表中的图书编号为长度是 20 的字符串。

(2) 创建读者表 Reader、读者分类表 Readertype、图书表 Book、图书分类表 Booktype、借阅记录表 Record。其中，读者表 Reader 的结构如表 3.7 所示，读者分类表 Readertype 的结构如表 3.8 所示，图书表 Book 的结构如表 3.9 所示，图书分类表 Booktype 的结构如表 3.10 所示，借阅记录表 Record 的结构如表 3.11 所示。

表 3.7　读者表 Reader 的结构

| 字段名称 | 字段内容 | 数据类型 | 长　度 | 说　明 |
|---|---|---|---|---|
| Readerid | 读者编号 | 文本(数字，定长) | 13 | 不可为空，不可相同 |
| Readername | 读者姓名 | 文本(汉字，变长) | 20 | 不可为空 |
| Typeid | 类别编号 | 整数 | 1 | 可为空，引用读者分类表中的类别编号 |
| Birthday | 生日 | 日期 | | 可为空 |
| ex | 性别 | 文本(汉字，定长) | 1 | 不可为空 |
| Address | 住址 | 文本(汉字，变长) | 40 | 可为空 |
| Postalcode | 邮编 | 文本(数字，定长) | 6 | 可为空 |
| Tel | 电话 | 文本(数字，变长) | 15 | 可为空 |
| Enrolldate | 注册日期 | 日期 | | 不可为空 |
| State | 当前状态 | 文本(汉字，变长) | 10 | 可为空 |
| Memo | 备注 | 文本(汉字，变长) | 200 | 可为空 |

表 3.8　读者分类表 Readertype 的结构

| 字段名称 | 字段内容 | 数据类型 | 长　度 | 说　明 |
|---|---|---|---|---|
| Typeid | 类别编号 | 整数 | 1 | 不可为空，标识列 |
| Typename | 类别名称 | 文本(汉字，变长) | 20 | 不可为空 |
| Booksum | 借书最大数量 | 整数 | 1 | 不可为空 |
| Bookday | 借书期限 | 整数 | 1 | 不可为空 |

表 3.9　图书表 Book 的结构

| 字段名称 | 字段内容 | 数据类型 | 长　度 | 说　明 |
|---|---|---|---|---|
| Bookid | 图书编号 | Bookidtype | | 不可为空，不可相同 |
| Booktitle | 图书名称 | 文本(汉字，变长) | 40 | 不可为空 |
| ISBN | ISBN 号 | 文本(数字，定长) | 21 | 可为空 |
| Typeid | 图书类别 | 整数 | 1 | 可为空，引用图书分类表的类别编号 |
| Author | 作者 | 文本(汉字，变长) | 30 | 可为空 |
| Press | 出版社 | 文本(汉字，定长) | 30 | 可为空 |

续表

| 字段名称 | 字段内容 | 数据类型 | 长　度 | 说　明 |
| --- | --- | --- | --- | --- |
| Pubdate | 出版日期 | 日期 | | 可为空 |
| Price | 价格 | 货币 | | 可为空 |
| Regdate | 入库日期 | 日期 | | 可为空 |
| State | 当前状态 | 文本(汉字，变长) | 10 | 可为空 |
| Memo | 备注 | 文本(汉字，变长) | 200 | 可为空 |

表 3.10　图书分类表 Booktype 的结构

| 字段名称 | 字段内容 | 数据类型 | 长　度 | 说　明 |
| --- | --- | --- | --- | --- |
| Typeid | 类别编号 | 整数 | 1 | 不可为空，标识列 |
| Typename | 类别名称 | 文本(汉字，变长) | 20 | 不可为空 |

表 3.11　借阅记录表 Record 的结构

| 字段名称 | 字段内容 | 数据类型 | 长　度 | 说　明 |
| --- | --- | --- | --- | --- |
| Recordid | 记录编号 | 整数 | 4 | 不可为空，不可相同 |
| Readerid | 读者编号 | 文本(数字，定长) | 13 | 不可为空，引用读者表的读者编号 |
| Bookid | 图书编号 | Bookidtype | | 不可为空，引用图书表的图书编号 |
| Outdate | 借出日期 | 日期 | | 不可为空 |
| Indate | 还入日期 | 日期 | | 可为空 |
| State | 状态 | 文本(汉字，变长) | 10 | 不可为空 |

(3) 读者表中，读者编号必须不为空而且各读者编号不能相同。

(4) 读者表中，性别默认值为“男”，值必须为“男”或“女”。

(5) 读者表中，注册日期在录入时如果为空则为系统当前日期。

(6) 读者表中，类别编号必须是读者分类表中已出现过的类别编号。

(7) 图书表中，图书编号必须是图书分类表中已出现过的类别编号。

(8) 借阅记录表中，读者编号必须是读者表中已出现过的读者编号，图书编号必须是图书表中已出现过的图书编号。

# 第 4 章

## 插入、更新和删除记录

本章要点

- 插入记录。
- 更新记录。
- 删除记录。

技能目标

- 掌握插入单个记录和多个记录的方法。
- 掌握更新记录的方法，包括根据子查询更新记录的方法。
- 掌握删除记录的方法，包括根据子查询删除记录的方法。
- 掌握清空表的方法。

## 4.1 工作场景导入

**【工作场景】**

信息管理员小孙已创建了学生成绩数据库和数据库中的表，并且完成了所有表的数据完整性的设置。接下来，需要完成所有表中记录的录入。其中，系别表 Department 中的记录如表 4.1 所示；班级表 Class 中的记录如表 4.2 所示；学生表 Student 中的记录如表 4.3 所示。

表 4.1 系别表 Department 中的记录

| Departid | Departname |
|---|---|
| 1 | 电子信息系 |
| 2 | 机电系 |

表 4.2 班级表 Class 中的记录

| Classid | Classname | Specialty | Departid |
|---|---|---|---|
| 11401 | 电子 201401 | 电子信息工程技术 | 1 |
| 11402 | 电子 201402 | 电子信息工程技术 | 1 |
| 11501 | 电子 201501 | 电子信息工程技术 | 1 |
| 11502 | 电子 201502 | 电子信息工程技术 | 1 |
| 21401 | 机电 201401 | 机电一体化 | 2 |
| 21402 | 机电 201402 | 机电一体化 | 2 |
| 21501 | 机电 201501 | 机电一体化 | 2 |
| 21502 | 机电 201502 | 机电一体化 | 2 |

完成以上录入工作后，教务处工作人员小周又分别对现有记录进行了新的操作，具体内容如下。

(1) 小周需要添加一个新的班级记录，班级编号是 21503，班级名称是“机电 201503”，专业是“机电一体化”，系编号是 2。

(2) 小周需要添加一个新的班级记录，班级编号是 21504，班级名称是“机电 201504”，专业待定，系编号是 2。

(3) 小周将班级表中系编号是 1 的记录复制到新建表 FirstClass 表中。

(4) 小周需要将所有班级名称是“电子信息工程技术”的班级更名为“电子信息工程”。

(5) 小周需要将所有系名称是“机电系”的班级名称更新成“机电技术”。

(6) 小周需要删除所有班级编号是 21502 的女同学记录。

(7) 小周需要删除班级名称是“机电 201502”的学生记录。

(8) 小周需要清空 FirstClass 表。

**【引导问题】**

(1) 如何插入单个记录或多个记录？

(2) 如何更新记录？

(3) 如何删除记录？

表 4.3　学生表 Student 中的记录

| Studentid | Studentname | Classid | Birthday | Sex | Address | Postalcode | Tel | Enrolldate | Graduatedate | State | Memo |
|---|---|---|---|---|---|---|---|---|---|---|---|
| 11401001 | 郭玉娇 | 11401 | 1995-03-04 | 女 | 江苏省南京市 | 210038 | 13802748383 | 2014-09-03 | NULL | 在校 | |
| 11401002 | 张蓓蕾 | 11401 | 1995-02-25 | 女 | 湖北省武汉市 | 430042 | 13894749384 | 2014-09-03 | NULL | 在校 | |
| 11401003 | 姜鑫锋 | 11401 | 1996-03-06 | 男 | 湖北省襄樊市 | 441054 | 13904030284 | 2014-09-03 | NULL | 在校 | |
| 11402001 | 姜祝进 | 11402 | 1995-05-14 | 男 | 江苏省苏州市 | 215021 | | 2014-09-03 | NULL | 在校 | |
| 11402002 | 李大春 | 11402 | 1995-02-07 | 男 | 江苏省常州市 | 213003 | | 2014-09-03 | NULL | 在校 | |
| 11402003 | 陆杭轲 | 11402 | 1995-02-15 | 男 | 山东省济南市 | 250021 | 13905403050 | 2014-09-03 | NULL | 在校 | |
| 11501001 | 许杰 | 11501 | 1996-04-15 | 男 | 浙江省杭州市 | 310020 | 13907040600 | 2015-09-01 | NULL | 在校 | |
| 11501002 | 胡伟伟 | 11501 | 1996-02-05 | 男 | 浙江省杭州市 | 310020 | | 2015-09-01 | NULL | 休学 | |
| 11501003 | 缪广林 | 11501 | 1996-02-27 | 男 | 安徽省黄山市 | 245900 | | 2015-09-10 | NULL | 在校 | |
| 11502001 | 陈华明 | 11502 | 1996-08-12 | 男 | 吉林省长春市 | 130032 | 13865094948 | 2015-09-01 | NULL | 在校 | |
| 11502002 | 宋金龙 | 11502 | 1996-10-04 | 男 | 湖南省长沙市 | 410013 | 13985839374 | 2015-09-01 | NULL | 在校 | |
| 11502003 | 张赛峰 | 11502 | 1996-04-06 | 男 | 北京市 | 100081 | 13958493859 | 2015-09-01 | NULL | 在校 | |
| 21401001 | 闻翠萍 | 21401 | 1995-05-12 | 女 | 江苏省南京市 | 210056 | | 2014-09-03 | NULL | 在校 | |
| 21401002 | 李亮 | 21401 | 1995-06-26 | 男 | 江苏省连云港市 | 222062 | | 2014-09-03 | NULL | 在校 | |
| 21401003 | 祁强 | 21401 | 1995-07-04 | 男 | 江苏省淮安市 | 223321 | 13892747201 | 2014-09-03 | NULL | 在校 | |
| 21402001 | 黄晓琳 | 21402 | 1995-04-16 | 女 | 上海市 | 200061 | 13869305809 | 2014-09-03 | NULL | 在校 | |
| 21402002 | 张芳 | 21402 | 1996-07-17 | 女 | 江苏省常州市 | 213003 | | 2014-09-03 | NULL | 在校 | |
| 21402003 | 徐海东 | 21402 | 1995-01-07 | 男 | 安徽省合肥市 | 230022 | 13905039583 | 2014-09-03 | NULL | 退学 | |
| 21501001 | 滕荣莉 | 21501 | 1995-04-07 | 女 | 安徽省马鞍山市 | 243061 | 13705020989 | 2015-09-01 | 2016-09-01 | 退学 | |
| 21501002 | 奚东梅 | 21501 | 1996-03-08 | 女 | 浙江省杭州市 | 320032 | | 2015-09-02 | NULL | 在校 | |
| 21501003 | 毕志成 | 21501 | 1996-07-25 | 男 | 江苏省无锡市 | 214107 | 13982620500 | 2015-09-01 | NULL | 在校 | |
| 21502001 | 王甲寅 | 21502 | 1996-07-03 | 男 | 江苏省淮安市 | 223324 | 13984503988 | 2015-09-01 | NULL | 在校 | |

## 4.2 插入记录

关系数据库中的表用来存储数据，并用表格的形式显示，每一行称为一个记录。用户可以像使用电子表格一样插入、更新和删除记录。在对象资源管理器中右击所选中的表，在弹出的快捷菜单中选择【编辑前 200 行】命令，即可开始对表中记录进行操作。

不过，通常更多的是使用 T-SQL 语句来完成插入、删除和更新记录。使用 T-SQL 语句可以批量完成插入、删除和更新记录的任务，而且可以添加特定条件。

INSERT 语句可以在表中或视图中插入单个或多个记录。语法格式如下：

```
INSERT [INTO] table_or_view_name [(column_list)] data_values
```

其中各参数的含义说明如下。

- table_or_view_name：插入记录的表或视图的名称。
- column_list：插入记录的字段列表。
- data_values：要插入的记录的字段值列表。

### 4.2.1 插入单个记录

使用 INSERT 语句向表中插入一行记录时，如果按表中各列的顺序给出新记录的所有字段值，那么在表名后不必指定字段列表；如果没有按表中各列的顺序给出新记录的字段值，或是只给出新记录的部分字段值时，在表名后必须指定字段列表。

【实例 4.1】向 Student 表中插入一条记录，学生学号是 21502002，姓名是王良娣，班级编号是 21502，生日是 1996 年 1 月 30 日，性别是女，地址是江苏省南京市，邮编是 210006，电话是 13230394930，入学日期是 2015 年 9 月 1 日，毕业日期空缺，状态是在校，备注空缺。

```
INSERT INTO Student VALUES('21502002','王良娣','21502','1996-1-30','女','
江苏省南京市','210006','13230394930','2015-9-1',null,'在校',null)
```

【实例 4.2】向 Student 表中插入一条记录，学生编号是 21502003，姓名是张秋雷，班级编号是 21502，性别是男。

```
INSERT INTO Student(Studentid,Studentname,Classid,Sex)
VALUES('21502003','张秋雷','21502','男')
```

### 4.2.2 插入多个记录

#### 1. 向表中添加来自其他查询结果的记录

可以使用 INSERT 和 SELECT 子查询配合使用，将查询结果的记录插入表中。INSERT 语句中，目标表后的字段列表必须和 SELECT 子查询中的字段列表数目相同，数据类型按顺序一一对应。

【实例 4.3】现有表 OldStudent，结构与 Student 完全一样。现要求将 OldStudent 表中的所有记录复制到 Student 表中，仅复制 OldStudent 表中的学生编号、姓名、班级编号和性别字段。

```
INSERT INTO Student(Studentid,Studentname,Classid,Sex)
SELECT Studentid,Studentname,Classid,Sex FROM OldStudent
```

2. 将查询结果生成新表

可以使用 SELECT 和 INTO，用一个表中的记录来创建一个新表。使用 SELECT 和 INTO 生成的新表的结构是由 SELECT 后面所跟的字段列表确定的。

【实例 4.4】要求将 Student 表中的所有记录复制到尚未创建的 NewStudent 表中，仅复制 Student 表中的学生编号、姓名、班级编号和性别字段。

```
SELECT Studentid,Studentname,Classid,Sex INTO NewStudent FROM Student
```

## 4.3　更新记录

### 4.3.1　单表更新记录

UPDATE 语句可以更新表或视图中单行、多行或所有行的记录，语法格式如下：

```
UPDATE   table_or_view_name
SET { column_name = { expression | DEFAULT | NULL }[ , …n ]
[WHERE { <search_condition>}]
```

其中各参数的含义说明如下。

- table_or_view_name：更新数据的表或视图的名称。
- column_name：更新的字段名。
- expression：字段的更新值，可以是常量、变量和表达式。
- search_condition：更新的记录所必须满足的条件。

【实例 4.5】将 Student 表中所有的备注内容更新为“待定”。

```
UPDATE Student SET memo='待定'
```

【实例 4.6】将 Student 表中学生编号是 21502003 的学生记录的姓名更新为李刚，生日更新为 1996 年 2 月 5 日。

```
UPDATE Student SET Studentname='李刚',Birthday='1996-2-5'
WHERE Studentid='21502003'
```

### 4.3.2　跨表更新记录

有时需要根据其他表中的记录来控制本表中记录的更新，这时就要使用连接或子查询来更新记录。连接的语法格式如下：

```
From table_or_view [INNER] JOIN table_or_view ON search_condition
```

其中各参数的含义说明如下。

- table_or_view：表或者视图的名字。
- search_condition：指定连接中表或者视图之间业务含义相对应的字段条件。

**【实例 4.7】**表 OldStudent 与表 Student 结构完全相同，将 Student 表中的学生编号在 OldStudent 表中也存在的记录的班级编号修改为 21502。

连接的表示方法如下：

```
UPDATE Student SET Classid ='21502' FROM Student
JOIN OldStudent ON Student.Studentid=OldStudent.Studentid
```

子查询的表示方法如下：

```
UPDATE Student SET Classid ='21502'
WHERE Studendid IN (SELECT Studentid FROM OldStudent)
```

# 4.4 删除记录

## 4.4.1 单表删除记录

DELETE 语句可删除表或视图中的一行或多行记录，语法格式如下：

```
DELETE <FROM> < table_or_view_name > [ , …n ] [ WHERE { <search_condition>}]
```

其中各参数的含义说明如下。

- table_or_view_name：删除记录的表或视图的名称。
- search_condition：删除的记录所必须满足的条件。

**【实例 4.8】**删除 Student 表中学生编号是 21502003 的记录。

```
DELETE FROM Student WHERE Studentid='21502003'
```

**【实例 4.9】**删除 Student 表中所有记录。

```
DELETE FROM Student
```

## 4.4.2 清空记录

如果要删除表中的所有记录，除了可以用 DELETE 语句外，还可以用 TRUNCATE TABLE 语句来完成。TRUNCATE TABLE 与不含 WHERE 子句的 DELETE 语句类似。但是，TRUNCATE TABLE 速度更快，并且使用更少的系统资源和事务日志资源。

与 DELETE 语句相比，TRUNCATE TABLE 具有以下几个优点。

(1) 所用的事务日志空间较少。DELETE 语句每次删除一行，会在事务日志中为所删除的每行记录一个项。TRUNCATE TABLE 释放用于存储表数据的数据页，在事务日志中只记录页释放。

(2) 锁的粒度不同。DELETE 语句使用行锁锁定表中各行，而 TRUNCATE TABLE 始终锁定表和页。

(3) 表中空页存在。执行 DELETE 语句后，表仍会包含空页。但 TRUNCATE TABLE 不会使表中存在空页。

**【实例 4.10】**清空 Student 表中所有记录。

```
TRUNCATE TABLE Student
```

### 4.4.3 跨表删除记录

有时需要根据其他表中的记录来控制本表中记录的删除，这时就要使用连接或子查询来删除记录。连接的语法格式如下：

```
From table_or_view [INNER] JOIN table_or_view ON search_condition
```

其中各参数的含义说明如下。

- table_or_view：表或者视图的名字。
- search_condition：指定子查询中表或者视图之间业务含义相对应的字段条件。

**【实例 4.11】**删除 Student 表中所有学生编号在 OldStudent 表中出现过的记录。

连接的表示方法如下：

```
DELETE FROM Student FROM Student JOIN OldStudent
ON Student.Studentid=OldStudent.Studentid
```

子查询的表示方法如下：

```
DELETE FROM Student WHERE Studentid IN (SELECT Studentid FROM OldStudent)
```

## 4.5 回到工作场景

通过对 4.2～4.4 节内容的学习，已经掌握了如何插入、更新和删除记录。下面将回到前面介绍的工作场景中，完成工作任务。

**【工作过程一】**

小周需要添加一个新的班级记录，班级编号是 21503，班级名称是“机电 201503”，专业是“机电一体化”，系编号是 2。

上述过程的 T-SQL 语句如下：

```
INSERT INTO Class VALUES('21503','机电201503','机电一体化',2)
```

**【工作过程二】**

小周需要添加一个新的班级记录，班级编号是 21504，班级名称是“机电 201504”，专业待定，系编号是 2。

上述过程的 T-SQL 语句如下：

```
INSERT INTO Class(Classid,Classname,Departid)
VALUES('21504','机电201504',2)
```

**【工作过程三】**

小周将班级表中系编号是 1 的记录复制到新建表 FirstClass 表中。

下面用两种方法完成。

一种是先创建表 FirstClass，然后将记录复制到表 FirstClass 中。

上述过程的 T-SQL 语句如下：

```
CREATE TABLE FirstClass ( Classid char(10) NOT NULL,
Classname nvarchar(20) NOT NULL, Specialty nvarchar(20) NULL,
Departid tinyint NOT NULL)
GO
INSERT INTO FirstClass(Classid,Classname,Specialty,Departid)
SELECT  Classid,Classname,Specialty,Departid FROM Class
GO
```

另一种是直接将记录复制到同时创建的表 FirstClass 中。

上述过程的 T-SQL 语句如下：

```
SELECT Classid,Classname,Specialty,Departid INTO FirstClass FROM Class
```

**【工作过程四】**

小周需要将所有班级名称是“电子信息工程技术”的班级更名为“电子信息工程”。

上述过程的 T-SQL 语句如下：

```
UPDATE Class SET Classname='电子信息工程' WHERE Classname='电子信息工程技术'
```

**【工作过程五】**

小周需要将所有系名称是“机电系”的班级的名称更新成“机电技术”。

上述过程的 T-SQL 语句如下：

```
UPDATE Class SET Classname='机电技术' FROM Class JOIN Department
ON Class.Departid=Department.Departid WHERE Departname='机电系'
```

或者

```
UPDATE Class SET Classname='机电技术' WHERE Departid =
(SELECT Departid FROM Department WHERE Departname='机电系')
```

**【工作过程六】**

小周需要删除所有班级编号是 21502 的女同学记录。

上述过程的 T-SQL 语句如下：

```
DELETE FROM Student WHERE Classid='21502' AND Sex='女'
```

**【工作过程七】**

小周需要删除所在班级名称是“机电 201502”的学生记录。

上述过程的 T-SQL 语句如下：

```
DELETE FROM Student FROM Student JOIN Class ON Student.Classid=Class.Classid
WHERE Classname='机电 201502'
```

或者

```
DELETE FROM Student WHERE Classid =
(SELECT Classid FROM Class WHERE Classname='机电 201502')
```

**【工作过程八】**

小周需要清空 FirstClass 表。

上述过程的 T-SQL 语句如下：

```
DELETE FirstClass
```

或者

```
TRUNCATE TABLE FirstClass
```

## 4.6　工作实训营

### 4.6.1　训练实例

#### 1. 训练内容

(1) 插入课程表 Course 和成绩表 Score 中的记录。其中，课程表 Course 中的记录如表 4.4 所示，成绩表 Score 中的记录如表 4.5 所示。

表 4.4　课程表 Course 中的记录

| Courseid | Coursename | Type | Mark |
|---|---|---|---|
| 00100001 | 高等数学 | 基础课 | 4 |
| 00100002 | 马克思主义 | 基础课 | 3 |
| 00200101 | 数字电路 | 专业课 | 4 |
| 00200102 | 电子产品结构 | 专业课 | 4 |
| 00200201 | 表面组装技术 | 专业课 | 4 |
| 00200202 | 机电产品维修 | 专业课 | 4 |

表 4.5　成绩表 Score 中的记录

| Studentid | Courseid | Score |
|---|---|---|
| 11401001 | 00100001 | 94 |
| 11401002 | 00100001 | 47 |
| 11401003 | 00100001 | 86 |
| 11402001 | 00100001 | 75 |
| 11402002 | 00100001 | 87 |

续表

| Studentid | Courseid | Score |
| --- | --- | --- |
| 11402003 | 00100001 | 64 |
| 21401001 | 00100001 | 86 |
| 21401002 | 00100001 | 59 |
| 21401003 | 00100001 | 97 |
| 21402001 | 00100001 | 87 |
| 21402002 | 00100001 | 84 |
| 21402003 | 00100001 | 76 |
| 11401001 | 00100002 | 94 |
| 11401002 | 00100002 | 47 |
| 11401003 | 00100002 | 48 |
| 11402001 | 00100002 | 75 |
| 11402002 | 00100002 | 87 |
| 11402003 | 00100002 | 64 |
| 21401001 | 00100002 | 86 |
| 21401002 | 00100002 | 60 |
| 21401003 | 00100002 | 97 |
| 21402001 | 00100002 | 87 |
| 21402002 | 00100002 | 95 |
| 21402003 | 00100002 | 75 |
| 11401001 | 00200101 | 94 |
| 11401002 | 00200101 | 48 |
| 11401003 | 00200101 | 86 |
| 11402001 | 00200101 | 98 |
| 11402002 | 00200101 | 87 |
| 11402003 | 00200101 | 96 |
| 21401001 | 00200201 | 84 |
| 21401002 | 00200201 | 85 |
| 21401003 | 00200201 | 38 |
| 21402001 | 00200201 | 87 |
| 21402002 | 00200201 | 84 |
| 21402003 | 00200201 | 76 |
| 11401001 | 00200102 | 94 |
| 11401002 | 00200102 | 84 |

续表

| Studentid | Courseid | Score |
|---|---|---|
| 11401003 | 00200102 | 86 |
| 11402001 | 00200102 | 76 |
| 11402002 | 00200102 | 87 |
| 11402003 | 00200102 | 64 |
| 21401001 | 00200202 | 86 |
| 21401002 | 00200202 | 49 |
| 21401003 | 00200202 | 97 |
| 21402001 | 00200202 | 87 |
| 21402002 | 00200202 | 75 |
| 21402003 | 00200202 | 97 |

(2) 小吴需要添加一门新课程，课程编号是 00300101，课程名称是“移动通信”，类型是“专业课”，学分是 4。

(3) 小吴需要将课程表中所有专业课的课程记录复制到一个新建的 FirstCourse 表中。

(4) 小吴需要将所有专业课的学分加 1。

(5) 小吴需要将所有课程名称是“高等数学”的成绩减 5 分。

(6) 小吴需要删除学生编号是 21402 的成绩记录。

(7) 小吴需要删除姓名是“李大春”的学生的成绩记录。

(8) 小吴需要清空 FirstCourse 表。

#### 2. 训练目的

(1) 掌握插入单个和多个记录的方法。

(2) 掌握更新单表记录的方法。

(3) 掌握跨表更新记录的方法。

(4) 掌握删除单表记录的方法。

(5) 掌握清空记录的方法。

(6) 掌握跨表删除记录的方法。

#### 3. 训练过程

参照 4.5 节中的操作步骤。

#### 4. 技术要点

根据任务来判断需要操作的表和字段。

### 4.6.2　工作实践常见问题解析

【常见问题】T-SQL 语句运行成功，但为什么切换到原有的表记录窗口时没有看到变化？

【答】原有的表记录窗口只有被刷新才能显示当前的记录，方法是选择主菜单中的【查询】|【执行】命令或单击工具栏中的【执行】按钮。

## 4.7 习题

### 一、填空题

(1) 关系数据库中的＿＿＿＿＿＿＿＿＿＿＿＿＿＿＿＿＿用来存储数据，并用＿＿＿＿＿＿＿＿＿＿＿＿的形式显示数据，每一行称为＿＿＿＿＿＿＿＿＿＿＿＿。

(2) 修改表中记录的操作包括＿＿＿＿＿＿＿＿＿＿、＿＿＿＿＿＿＿＿＿＿和＿＿＿＿＿＿＿＿＿＿＿＿＿＿＿＿。

(3) 清空表中记录，可以使用语句＿＿＿＿＿＿＿，也可以使用语句＿＿＿＿＿＿＿，其中＿＿＿＿＿＿＿＿＿＿速度更快，并且使用更少的系统资源和事务日志资源。

### 二、操作题

第 3 章中使用的图书管理数据库 Library，该数据库中包含图书馆所需要管理的书籍和读者信息。数据库中包含的表包含读者表 Reader、读者分类表 Readertype、图书表 Book、图书分类表 Booktype、借阅记录表 Record，如表 4.6～表 4.10 所示。

操作项目如下。

(1) 录入读者表 Reader、读者分类表 Readertype、图书表 Book、图书分类表 Booktype、借阅记录表 Record 中的记录。其中，读者分类表 Readertype 中的记录如表 4.6 所示，图书分类表 Booktype 中的记录如表 4.7 所示，读者表 Reader 中的记录如表 4.8 所示，图书表 Book 中的记录如表 4.9 所示，借阅记录表 Record 中的记录如表 4.10 所示。

表 4.6　读者分类表 Readertype 中的记录

| Typeid | Typename | Booksum | Bookday |
|---|---|---|---|
| 1 | 普通 | 10 | 60 |
| 2 | VIP | 20 | 90 |

表 4.7　图书分类表 Booktype 中的记录

| Typeid | Typename |
|---|---|
| 1 | 文学 |
| 2 | 生活 |
| 3 | 教育 |
| 4 | 经济 |
| 5 | 技术 |

表 4.8 读者表 Reader 中的记录

| Readerid | Readername | Typeid | Birthday | Sex | Address | Postalcode | Tel | Enrolldate | State | Memo |
|---|---|---|---|---|---|---|---|---|---|---|
| 3872-3423-001 | 郭玉娇 | 1 | 1988-3-4 | 女 | 江苏省南京市 | 210038 | 13802748383 | 2007-9-3 | 有效 | |
| 3872-3423-002 | 张蓓蕾 | 1 | 1988-2-25 | 女 | 湖北省武汉市 | 430042 | 13894749384 | 2007-9-3 | 有效 | |
| 3872-3423-003 | 姜鑫锋 | 1 | 1989-3-6 | 男 | 湖北省襄樊市 | 441054 | 13904030284 | 2007-9-3 | 有效 | |
| 3872-3423-004 | 姜祝进 | 1 | 1988-5-14 | 男 | 江苏省苏州市 | 215021 | NULL | 2007-9-3 | 有效 | |
| 3872-3423-005 | 李大春 | 1 | 1988-2-7 | 男 | 江苏省常州市 | 213003 | NULL | 2007-9-3 | 有效 | |
| 3872-3423-006 | 陆杭轲 | 1 | 1988-2-15 | 男 | 山东省济南市 | 250021 | 13905403050 | 2007-9-3 | 有效 | |
| 3872-3423-007 | 许杰 | 2 | 1989-4-15 | 男 | 浙江省杭州市 | 310020 | 13907040600 | 2008-9-1 | 有效 | |
| 3872-3423-008 | 胡伟伟 | 2 | 1989-2-5 | 男 | 浙江省杭州市 | 310020 | NULL | 2008-9-1 | 有效 | |
| 3872-3423-009 | 缪广林 | 1 | 1989-2-27 | 男 | 安徽省黄山市 | 245900 | NULL | 2008-9-10 | 有效 | |
| 3872-3423-010 | 陈华明 | 1 | 1989-8-12 | 男 | 吉林省长春市 | 130032 | 13865094948 | 2008-9-1 | 有效 | |
| 3872-3423-011 | 宋金龙 | 1 | 1989-10-4 | 男 | 湖南省长沙市 | 410013 | 13985839374 | 2008-9-1 | 有效 | |
| 3872-3423-012 | 张赛峰 | 2 | 1989-4-6 | 男 | 北京市 | 100081 | 13958493859 | 2008-9-1 | 有效 | |
| 3872-3423-013 | 闻翠萍 | 1 | 1988-5-12 | 女 | 江苏省南京市 | 210056 | NULL | 2007-9-3 | 有效 | |
| 3872-3423-014 | 李亮 | 1 | 1988-6-26 | 男 | 江苏省连云港市 | 222062 | NULL | 2007-9-3 | 有效 | |
| 3872-3423-015 | 祁强 | 1 | 1988-7-4 | 男 | 江苏省淮安市 | 223321 | 13892747201 | 2007-9-3 | 有效 | |
| 3872-3423-016 | 黄晓琳 | 1 | 1988-4-16 | 女 | 上海市 | 200061 | 13869305809 | 2007-9-3 | 有效 | |
| 3872-3423-017 | 张芳 | 2 | 1989-7-17 | 女 | 江苏省常州市 | 213003 | NULL | 2007-9-3 | 有效 | |
| 3872-3423-018 | 徐海东 | 1 | 1988-1-7 | 男 | 安徽省合肥市 | 230022 | 13905039583 | 2007-9-3 | 有效 | |
| 3872-3423-019 | 滕荣莉 | 2 | 1988-4-7 | 女 | 安徽省马鞍山市 | 243061 | 13705020989 | 2008-9-1 | 有效 | |
| 3872-3423-020 | 奚东梅 | 1 | 1989-3-8 | 女 | 浙江省杭州市 | 320032 | NULL | 2008-9-2 | 有效 | |
| 3872-3423-021 | 毕志成 | 1 | 1989-7-25 | 男 | 江苏省无锡市 | 214107 | 13982620500 | 2008-9-1 | 无效 | |
| 3872-3423-022 | 王甲寅 | 1 | 1989-7-3 | 男 | 江苏省淮安市 | 223324 | 13984503988 | 2008-9-1 | 有效 | |

表 4.9　图书表 Book 中的记录

| Bookid | Bookname | ISBN | Typeid | Author | Press | Pubdate | Price | Regdate | State | Memo |
|---|---|---|---|---|---|---|---|---|---|---|
| 39845-23847-00193447 | 李开复自传 | 9787508616780 | 1 | 李开复 | 中信出版社 | 2009-9-1 | 29.8 | 2009-10-1 | 借出 | |
| 90394-49345-83708295 | 好妈妈胜过好老师 | 9787506345040 | 3 | 尹建莉 | 作家出版社 | 2009-1-4 | 19.6 | 2009-4-4 | 可借 | |
| 39305-84748-38547898 | 每天懂一点色彩心理学 | 9787561345467 | 2 | 原田玲仁 | 陕西师范大学出版社 | 2009-6-16 | 32.0 | 2009-9-2 | 可借 | |
| 92654-82762-81673837 | 不抱怨的世界 | 9787561345948 | 4 | Will Bowen | 陕西师范大学出版社 | 2009-4-6 | 24.0 | 2009-12-4 | 借出 | |
| 39587-95729-38347397 | 没有悲伤的城市 | 9787561347676 | 1 | Lrani Anosh | 陕西师范大学出版社 | 2009-9-26 | 25.0 | 2009-12-4 | 借出 | |
| 87628-38473-43957397 | 杜拉拉升职记 | 9787561339121 | 1 | 李可 | 陕西师范大学出版社 | 2008-1-5 | 26.0 | 2008-5-31 | 可借 | |
| 23879-48373-96725789 | 手到病自除 | 9787214059413 | 2 | 杨奕 | 江苏人民出版社 | 2009-9-3 | 29.0 | 2009-12-4 | 可借 | |
| 95930-96629-57392589 | 丽江之恋 | 9787229008994 | 1 | 点坑木 | 重庆出版社 | 2009-8-3 | 16.0 | 2009-12-7 | 借出 | |
| 02284-28571-28927481 | 老子十八讲 | 9787108033055 | 3 | 王蒙 | 三联书店 | 2009-9-8 | 28.0 | 2009-12-25 | 可借 | |
| 38573-28475-92756258 | 代码揭秘 | 9787121093104 | 5 | 左飞 | 电子工业出版社 | 2009-9-16 | 56.0 | 2009-10-5 | 借出 | |
| 82712-34859-27396826 | 程序员实用算法 | 9787111272960 | 5 | Andrew Binstock | 机械工业出版社 | 2009-9-18 | 65.0 | 2009-12-6 | 可借 | |

表 4.10　借阅记录表 Record 中的记录

| Recordid | Readerid | Bookid | Outdate | Indate | State |
| --- | --- | --- | --- | --- | --- |
| 1 | 3872-3423-001 | 39845-23847-00193447 | 2009-10-2 | | 借出 |
| 2 | 3872-3423-002 | 92654-82762-81673837 | 2009-4-5 | 2009-5-5 | 已还 |
| 3 | 3872-3423-001 | 92654-82762-81673837 | 2009-9-2 | 2009-11-2 | 已还 |
| 4 | 3872-3423-002 | 92654-82762-81673837 | 2009-12-4 | | 借出 |
| 5 | 3872-3423-005 | 39587-95729-38347397 | 2009-12-4 | 2009-12-10 | 已还 |
| 6 | 3872-3423-006 | 87628-38473-43957397 | 2010-5-31 | 2010-7-31 | 已还 |
| 7 | 3872-3423-001 | 39587-95729-38347397 | 2010-3-4 | 2010-12-4 | 已还 |
| 8 | 3872-3423-006 | 95930-96629-57392589 | 2010-4-7 | | 借出 |
| 9 | 3872-3423-009 | 39587-95729-38347397 | 2010-12-25 | | 借出 |
| 10 | 3872-3423-010 | 38573-28475-92756258 | 2009-10-5 | | 借出 |
| 11 | 3872-3423-011 | 82712-34859-27396826 | 2009-12-6 | 2010-3-6 | 已还 |

(2) 在图书表中插入一条记录，图书编号是“98374-19837-64383563”，图书名称是“一个人的欢喜与忧伤”，ISBN 号是“9787802205093”，类型是 1，作者是“笙离”，出版社是“中国画报出版社”，出版日期是 2009 年 10 月 3 日，价格是 24.0 元，入库日期是 2009 年 12 月 12 日，状态是“可借”。

(3) 将所有女读者记录插入新建表 FemaleReader 中，该表的结构与读者表相同。

(4) 将所有价格大于 50 元的书的状态改为“不可借”。

(5) 将所有文学书的状态改为“不可借”。

(6) 删除第(2)项添加的图书记录。

(7) 删除所有状态是无效的读者的借阅记录。

(8) 清空表 FemaleReader 中的记录。

# 第5章

# 查　　询

- 简单查询。
- 多表连接。
- 子查询。

- 掌握简单查询语句 SELECT 中各部分的使用方法。
- 掌握使用多表连接的方法。
- 掌握使用子查询的方法。

## 5.1 工作场景导入

**【工作场景】**

信息管理员小孙已创建了学生成绩数据库，创建了数据库中的表，完成了所有表的数据完整性的设置，并录入了所有表中的记录。其中，系别表 Department 中的记录如表 5.1 所示，班级表 Class 中的记录如表 5.2 所示，学生表 Student 中的记录如表 5.3 所示，课程表 Course 中的记录如表 5.4 所示，成绩表 Score 中的记录如表 5.5 所示。

表 5.1 系别表 Department 中的记录

| Departid | Departname |
|---|---|
| 1 | 电子信息系 |
| 2 | 机电系 |

表 5.2 班级表 Class 中的记录

| Classid | Classname | Specialty | Departid |
|---|---|---|---|
| 11401 | 电子 201401 | 电子信息工程技术 | 1 |
| 11402 | 电子 201402 | 电子信息工程技术 | 1 |
| 11501 | 电子 201501 | 电子信息工程技术 | 1 |
| 11502 | 电子 201502 | 电子信息工程技术 | 1 |
| 21401 | 机电 201401 | 机电一体化 | 2 |
| 21402 | 机电 201402 | 机电一体化 | 2 |
| 21501 | 机电 201501 | 机电一体化 | 2 |
| 21502 | 机电 201502 | 机电一体化 | 2 |

表 5.3　学生表 Student 中的记录

| Studentid | Studentname | Classid | Birthday | Sex | Address | Postalcode | Tel | Enrolldate | Graduatedate | State | Memo |
|---|---|---|---|---|---|---|---|---|---|---|---|
| 11401001 | 郭玉娇 | 11401 | 1995-03-04 | 女 | 江苏省南京市 | 210038 | 13802748383 | 2014-09-03 | NULL | 在校 | |
| 11401002 | 张蓓蕾 | 11401 | 1995-02-25 | 女 | 湖北省武汉市 | 430042 | 13894749384 | 2014-09-03 | NULL | 在校 | |
| 11401003 | 姜鑫锋 | 11401 | 1996-03-06 | 男 | 湖北省襄樊市 | 441054 | 13904030284 | 2014-09-03 | NULL | 在校 | |
| 11402001 | 姜祝进 | 11402 | 1995-05-14 | 男 | 江苏省苏州市 | 215021 | NULL | 2014-09-03 | NULL | 在校 | |
| 11402002 | 李大春 | 11402 | 1995-02-07 | 男 | 江苏省常州市 | 213003 | NULL | 2014-09-03 | NULL | 在校 | |
| 11402003 | 陆杭轲 | 11402 | 1995-02-15 | 男 | 山东省济南市 | 250021 | 13905403050 | 2014-09-03 | NULL | 在校 | |
| 11501001 | 许杰 | 11501 | 1996-04-15 | 男 | 浙江省杭州市 | 310020 | 13907040600 | 2015-09-01 | NULL | 在校 | |
| 11501002 | 胡伟伟 | 11501 | 1996-02-05 | 男 | 浙江省杭州市 | 310020 | NULL | 2015-09-01 | NULL | 休学 | |
| 11501003 | 缪广林 | 11501 | 1996-02-27 | 男 | 安徽省黄山市 | 245900 | NULL | 2015-09-10 | NULL | 在校 | |
| 11502001 | 陈华明 | 11502 | 1996-08-12 | 男 | 吉林省长春市 | 130032 | 13865094948 | 2015-09-01 | NULL | 在校 | |
| 11502002 | 宋金龙 | 11502 | 1996-10-04 | 男 | 湖南省长沙市 | 410013 | 13985839374 | 2015-09-01 | NULL | 在校 | |
| 11502003 | 张赛峰 | 11502 | 1996-04-06 | 男 | 北京市 | 100081 | 13958493859 | 2015-09-01 | NULL | 在校 | |
| 21401001 | 闻翠萍 | 21401 | 1995-05-12 | 女 | 江苏省南京市 | 210056 | NULL | 2014-09-03 | NULL | 在校 | |
| 21401002 | 李亮 | 21401 | 1995-06-26 | 男 | 江苏省连云港市 | 222062 | NULL | 2014-09-03 | NULL | 在校 | |
| 21401003 | 祁强 | 21401 | 1995-07-04 | 男 | 江苏省淮安市 | 223321 | 13892747201 | 2014-09-03 | NULL | 在校 | |
| 21402001 | 黄晓琳 | 21402 | 1995-04-16 | 女 | 上海市 | 200061 | 13869305809 | 2014-09-03 | NULL | 在校 | |
| 21402002 | 张芳 | 21402 | 1996-07-17 | 女 | 江苏省常州市 | 213003 | NULL | 2014-09-03 | NULL | 在校 | |
| 21402003 | 徐海东 | 21402 | 1995-01-07 | 男 | 安徽省合肥市 | 230022 | 13905039583 | 2014-09-03 | NULL | 退学 | |
| 21501001 | 滕荣莉 | 21501 | 1995-04-07 | 女 | 安徽省马鞍山市 | 243061 | 13705020989 | 2015-09-01 | 2016-09-01 | 退学 | |
| 21501002 | 奚东梅 | 21501 | 1996-03-08 | 女 | 浙江省杭州市 | 320032 | NULL | 2015-09-02 | NULL | 在校 | |
| 21501003 | 毕志成 | 21501 | 1996-07-25 | 男 | 江苏省无锡市 | 214107 | 13982620500 | 2015-09-01 | NULL | 在校 | |
| 21502001 | 王甲寅 | 21502 | 1996-07-03 | 男 | 江苏省淮安市 | 223324 | 13984503988 | 2015-09-01 | NULL | 在校 | |

表 5.4　课程表 Course 中的记录

| Courseid | Coursename | Type | Mark |
|---|---|---|---|
| 00100001 | 高等数学 | 基础课 | 4 |
| 00100002 | 马克思主义 | 基础课 | 3 |
| 00200101 | 数字电路 | 专业课 | 4 |
| 00200102 | 电子产品结构 | 专业课 | 4 |
| 00200201 | 表面组装技术 | 专业课 | 4 |
| 00200202 | 机电产品维修 | 专业课 | 4 |

表 5.5　成绩表 Score 中的记录

| Studentid | Courseid | Score |
|---|---|---|
| 11401001 | 00100001 | 94 |
| 11401002 | 00100001 | 47 |
| 11401003 | 00100001 | 86 |
| 11402001 | 00100001 | 75 |
| 11402002 | 00100001 | 87 |
| 11402003 | 00100001 | 64 |
| 21401001 | 00100001 | 86 |
| 21401002 | 00100001 | 59 |
| 21401003 | 00100001 | 97 |
| 21402001 | 00100001 | 87 |
| 21402002 | 00100001 | 84 |
| 21402003 | 00100001 | 76 |
| 11401001 | 00100002 | 94 |
| 11401002 | 00100002 | 47 |
| 11401003 | 00100002 | 48 |
| 11402001 | 00100002 | 75 |
| 11402002 | 00100002 | 87 |
| 11402003 | 00100002 | 64 |
| 21401001 | 00100002 | 86 |
| 21401002 | 00100002 | 60 |
| 21401003 | 00100002 | 97 |
| 21402001 | 00100002 | 87 |
| 21402002 | 00100002 | 95 |
| 21402003 | 00100002 | 75 |
| 11401001 | 00200101 | 94 |
| 11401002 | 00200101 | 48 |

续表

| Studentid | Courseid | Score |
| --- | --- | --- |
| 11401003 | 00200101 | 86 |
| 11402001 | 00200101 | 98 |
| 11402002 | 00200101 | 87 |
| 11402003 | 00200101 | 96 |
| 21401001 | 00200201 | 84 |
| 21401002 | 00200201 | 85 |
| 21401003 | 00200201 | 38 |
| 21402001 | 00200201 | 87 |
| 21402002 | 00200201 | 84 |
| 21402003 | 00200201 | 76 |
| 11401001 | 00200102 | 94 |
| 11401002 | 00200102 | 84 |
| 11401003 | 00200102 | 86 |
| 11402001 | 00200102 | 76 |
| 11402002 | 00200102 | 87 |
| 11402003 | 00200102 | 64 |
| 21401001 | 00200202 | 86 |
| 21401002 | 00200202 | 49 |
| 21401003 | 00200202 | 97 |
| 21402001 | 00200202 | 87 |
| 21402002 | 00200202 | 75 |
| 21402003 | 00200202 | 97 |

教务处工作人员小吴在工作中需要查询数据库中的数据。现有以下的查询需求。

(1) 查询学生表中所有学生的学生学号、姓名和班级编号。

(2) 查询学生表中所有学生的学生学号、姓名和年龄。

(3) 查询学生表班级编号为 11501 的学生学号和姓名。

(4) 查询所有姓“李”并且名字为两个字的学生学号、姓名和班级编号。

(5) 查询班级编号为 21402 的学生或所有班级的女学生的学生学号、姓名和班级编号。

(6) 查询所有不姓“李”的学生学号、姓名和班级编号。

(7) 查询所有出生日期早于 1996 年 4 月 1 日或晚于 1996 年 7 月 31 日的学生学号、姓名、出生日期和班级编号。

(8) 查询所有电话号码不为空的学生学号、姓名、电话号码和班级编号。

(9) 查询班级编号不为 11401 的所有学生的学生学号、姓名、出生日期和班级编号，结果按班级编号升序和出生日期降序排列。

(10) 查询课程编号为 00100001 的所有成绩，取前 5%。

(11) 查询课程编号为 00100001 的所有成绩，取前 5 名(含并列名次)。

(12) 查询各班级的人数。

(13) 查询总人数大于 2 人的各班级人数。

(14) 查询所有与学生编号为 11401001 的学生同班的学生学号和学生姓名。

(15) 查询平均成绩高于学生学号为 11402001 的学生的学生学号和平均成绩。

(16) 查询班级名称不是“电子 201401”“电子 201402”“机电 201401”“机电 201402”的学生学号、姓名和班级编号。

(17) 查询所在系名称不是“电子信息系”的学生的学生学号、姓名和班级编号。

(18) 查询与学生学号为“11401001”的学生同班的学生的学生学号、姓名和班级编号。

(19) 查询成绩低于该门课程平均成绩的学生编号、课程编号和成绩。

**【引导问题】**

(1) 如何查询存储在数据库表中的记录?

(2) 如何对原始记录进行分组统计?

(3) 如何对来自多个表的数据进行查询?

(4) 如何动态设置选择记录的条件?

## 5.2 简单查询

将信息放入数据库是为了查询信息。查询信息可以通过 SELECT 语句来实现。

SELECT 语句由以下几部分组成。

- SELECT 子句：设置查询结果集字段列表。
- FROM 子句：用于查询的源表和视图。
- WHERE 子句：定义源表和视图中记录的筛选条件。只有符合筛选条件的记录才能为结果集提供数据；否则将不入选结果集。
- GROUP 子句：将结果集中的记录进行分组。
- HAVING 子句：将结果集记录分组后再进行筛选。只有符合筛选条件的分组结果才能为结果集提供数据；否则将不入选结果集。
- ORDER BY 子句：将结果集中的记录按字段列表进行排序。

### 5.2.1 结果集字段列表

查询语句的结果集字段列表用 SELECT 子句来设置。

SELECT 子句在 SELECT 语句中必须出现，用法为在 SELECT 后面加上一个字段列表，用于定义 SELECT 语句的结果集字段。

字段列表按排列顺序表示结果集中的所有字段，字段之间以逗号分隔。结果集中的字段可以是来自源表和视图的字段，也可以是一个表达式。结果集字段的值由结果集中记录的对应字段或表达式计算得到。

如果返回源表和视图中的所有字段，可以在结果集字段列表中使用“*”。

【实例 5.1】查询学生表中所有学生的信息。

```
SELECT
Studentid,Studentname,Classid,Birthday,Sex,Address,Postalcode,Tel,Enroll
date,Graduatedate,State,Memo FROM Student
```

或者

```
SELECT * FROM Student
GO
```

运行结果如下：

```
Studentid    Studentname Classid Birthday    Sex Address      Postalcode
Tel          Enrolldate  Graduatedate    State
11401001     郭玉娇      11401   1995-03-04  女  江苏省南京市 210038
13802748383 2014-09-03  NULL            在校
11401002     张蓓蕾      11401   1995-02-25  女  湖北省武汉市 430042
13894749384 2014-09-03  NULL            在校
11401003     姜鑫锋      11401   1996-03-06  男  湖北省襄樊市 441054
13904030284 2014-09-03  NULL            在校
…
```

提示：最好指定选择列表中的所有列，而不是指定一个星号，这样源表和视图的结构变化不会影响到查询结果。

## 5.2.2 查询的筛选条件

WHERE 子句用于给出源表和视图中记录的筛选条件。只有符合筛选条件的记录才能为结果集提供数据；否则将不入选结果集。WHERE 子句中的筛选条件由一个或多个条件表达式组成。

Microsoft SQL Server 在条件表达式中使用的比较运算符如表 5.6 所示。比较字符串数据时，字符的逻辑顺序由字符数据的排序规则来定义。系统将从两个字符串的第一个字符自左至右进行对比，直至对比出两个字符串的大小。

表 5.6 比较运算符表

| 运 算 符 | 含 义 |
|---|---|
| = | 等于 |
| > | 大于 |
| < | 小于 |
| >= | 大于或等于 |
| <= | 小于或等于 |
| <> | 不等于(ISO 兼容) |
| !> | 不大于 |
| !< | 不小于 |

续表

| 运 算 符 | 含 义 |
| --- | --- |
| != | 不等于 |
| LIKE | 部分匹配 |

在进行部分字符串比较时，可以采用 LIKE 关键字。LIKE 关键字使用常规表达式指定所要匹配的模式。模式包含要搜索的字符串，首尾有单引号，其中可以使用 4 种通配符，如表 5.7 所示。

表 5.7 LIKE 通配符表

| 通配符 | 含 义 |
| --- | --- |
| % | 包含零个或多个字符的任意字符串 |
| _ | 任何单个字符 |
| [ ] | 指定范围(如 [a-f])或集合(如 [abcdef])内的任何单个字符 |
| [^] | 不在指定范围(如 [^a - f])或集合(如 [^abcdef])内的任何单个字符 |

Microsoft SQL Server 在 WHERE 子句中使用的逻辑运算符如表 5.8 所示。当一个语句中使用了多个逻辑运算符时，计算顺序依次为 NOT、AND 和 OR。算术运算符和位运算符优先于逻辑运算符处理。如果运算的顺序与规定不一致，可以使用括号调整运算的顺序。

表 5.8 逻辑运算符表

| 运 算 符 | 含 义 |
| --- | --- |
| AND | 选取同时满足两个条件表达式的记录 |
| OR | 选取满足两个条件表达式之一的记录 |
| NOT | 选取不满足条件表达式的记录 |

【实例 5.2】查询所有女学生的姓名和出生日期。

```
SELECT Studentname,Birthday FROM Student WHERE Sex='女'
```

运行结果如下：

```
Studentname Birthday
郭玉娇        1995-03-04
张蓓蕾        1995-02-25
闻翠萍        1995-05-12
...
```

【实例 5.3】查询所有姓“李”的学生的姓名和班级编号。

```
SELECT Studentname,Classid FROM Student WHERE Studentname LIKE '李%'
```

运行结果如下：

```
Studentname Classid
李大春        10702
李亮          20701
```

【实例 5.4】查询班级编号为 21402 的所有女学生的姓名和电话号码。

```
SELECT Studentname,Tel FROM Student WHERE Classid='21402' AND Sex='女'
```

运行结果如下：

```
Studentname Tel
黄晓琳       13869305809
张芳         NULL
```

在 WHERE 子句中，还可以使用关键字 BETWEEN 和 IN 来指定记录的搜索范围。

BETWEEN 关键字指定搜索范围。NOT BETWEEN 可以指定搜索范围在给定范围之外。使用 BETWEEN 的查询语句也可以用含大于或等于运算符和小于或等于运算符的条件表达式来表示。

IN 关键字给定一个值的集合，值与值之间用逗号分隔，筛选条件为字段值与该集合中任意值匹配的记录。使用 IN 的查询语句也可以用 AND 连接一系列含等于运算符的条件表达式语句来表示。

当判断数据值为空时，可以将数据与 NULL 进行比较。Microsoft SQL Server 的空值即 NULL，含义为未知或不可用，与零、零长度的字符串或空格字符的含义不同。如果字段值为 NULL，则是指该字段当前无确切值。在 WHERE 子句中使用 IS NULL 或 IS NOT NULL 子句可以筛选数据为 NULL 值或不为 NULL 值的记录。

【实例 5.5】查询所有出生日期在 1996 年 4 月 1 日到 1996 年 7 月 31 日之间的学生的姓名、学生编号和出生日期。

```
SELECT Studentname,Studentid,Birthday FROM Student WHERE Birthday BETWEEN
'1996-4-1' AND '1996-7-31'
GO
```

也可以使用以下查询语句。

```
SELECT Studentname,Studentid,Birthday FROM Student WHERE
Birthday>='1988-4-1' AND Birthday<='1988-7-31'
```

运行结果如下：

```
Studentname Studentid   Birthday
许杰         11501001    1996-04-15
张赛峰       11502003    1996-04-06
张芳         21402002    1996-07-17
…
```

【实例 5.6】查询班级编号为 11401、11402、11501 和 11502 的学生的姓名、学生编号和班级编号。

```
SELECT Studentname,Studentid,Classid FROM Student WHERE Classid IN
('11401','11402','11501','11502')
```

也可以使用以下查询语句。

```
SELECT Studentname,Studentid,Classid FROM Student WHERE Classid='11401' OR
Classid='11402' OR Classid='11501' OR Classid='11502'
```

运行结果如下：

```
Studentname Studentid   Classid
郭玉娇       11401001    11401
张蓓蕾       11401002    11401
姜鑫锋       11401003    11401
…
```

**【实例 5.7】**查询所有电话号码为空的学生的姓名、班级编号和电话号码。

```
SELECT Studentname,Classid,Tel FROM Student WHERE Tel IS NULL
```

运行结果如下：

```
Studentname     Classid     Tel
姜祝进           11402       NULL
李大春           11402       NULL
胡伟伟           11501       NULL
…
```

## 5.2.3 结果集格式

### 1. 排序

使用 ORDER BY 子句可以将查询结果按一个或多个字段进行排序，排序的字段应出现在 SELECT 子句中的字段列表中。当 ORDER BY 子句中有多个字段时，应按该字段列表的顺序对结果集进行排序。

ORDER BY 子句的语法格式如下。

```
ORDER BY order_list [ ASC | DESC ]
```

其中各参数的含义说明如下。

- order_list：组成排序列表的结果集列。
- ASC 和 DESC：指定排序行的排列顺序是升序还是降序。ASC 是升序，DESC 是降序。

**【实例 5.8】**查询班级编号为 11401 的所有学生的姓名、学生编号和出生日期，结果按出生日期升序排列。

```
SELECT Studentname,Studentid,Birthday FROM Student WHERE Classid='11401'
ORDER BY Birthday
```

运行结果如下：

```
Studentname Studentid   Birthday
张蓓蕾       11401002    1995-02-25
郭玉娇       11401001    1995-03-04
姜鑫锋       11401003    1996-03-06
…
```

### 2. 排序的部分结果

如果只需要在排序的结果集中选取前面给定数量的记录而不是全部，可以使用 TOP 子句来指定结果集中返回的记录数。

TOP 子句的语法格式如下：

```
TOP ( expression ) [ PERCENT ] [ WITH TIES ]
```

其中各参数的含义说明如下。

- expression：指定返回行数的数值表达式。
- PERCENT：指定返回的结果集行的百分比(值由 expression 指定)。
- WITH TIES：排序结果集末尾的并列记录包含在结果集内，而不管是否结果集中的记录数量超出 Expression 的给定值。

**【实例 5.9】**查询课程编号为 00100001 的所有成绩，取前 5 名，不包含并列的成绩记录。

```
SELECT TOP(5) Studentid,Courseid,Score FROM Score WHERE Courseid='00100001'
ORDER BY Score DESC
```

运行结果如下：

```
Studentid        Courseid     Score
21401003         00100001     97
11401001         00100001     94
11402002         00100001     87
…
```

### 3. 消除重复记录

DISTINCT 关键字可从 SELECT 语句的结果中消除重复的行。如果没有指定 DISTINCT 关键字，将返回所有行，包括重复的行。

DISTINCT 关键字的语法格式如下：

```
DISTINCT column_list
```

其中，参数 column_list 的含义是结果集字段列表。

**【实例 5.10】**查询学生表中所有的班级编号，要求无重复。

```
SELECT DISTINCT Classid FROM Student
```

运行结果如下：

```
Classid
11401
11402
11501
…
```

### 4. 设置字段别名

如果不设置查询结果集的格式，结果集会以数据源的字段名或系统定义的方式给出结果集的列名称。为了增强结果集的可读性，便于理解各列数据的含义，可以使用 AS 子句来设置结果集列的名称。

AS 子句的语法格式如下：

```
AS alien_name
```

其中，参数 alien_name 的含义是结果集字段别名。

**【实例 5.11】** 查询班级编号为 21401 的学生的学生学号和姓名，结果集中另加两列，标题分别为“学号”和“姓名”，内容分别为学生学号和姓名。

```
SELECT Studentid, Studentname, Studentid AS 学号, Studentname AS 姓名 FROM
Student WHERE Classid='21401'
```

运行结果如下：

```
Studentid       Studentname 学号           姓名
21401001        闻翠萍       21401001      闻翠萍
21401002        李亮         21401002      李亮
21401003        祁强         21401003      祁强
```

### 5. 合并多个结果集

UNION 运算符将两个或多个 SELECT 语句的结果集合并成一个结果集。能够合并的 SELECT 语句的结果集都必须具有相同的结构，即列数必须相同，各列的数据类型必须兼容。合并后的结果集将使用产生第一个结果集的 SELECT 语句的字段列表，并删除重复的记录。

UNION 的语法格式如下：

```
SELECT 语句
UNION
SELECT 语句
[UNION …]
```

**【实例 5.12】** 查询班级编号为 11401 的学生的姓名和电话，查询班级编号为 21502 的学生的姓名和电话，合并两次查询的结果集。

```
SELECT Studentname, Tel FROM Student WHERE Classid='11401'
UNION
SELECT Studentname, Tel FROM Student WHERE Classid='21502'
```

运行结果如下：

```
郭玉娇    13802748383
姜鑫锋    13904030284
王甲寅    13984503988
…
```

## 5.2.4 分组汇总

在对数据库中的数据进行查询时，往往需要进行分组统计。聚合函数可对一组值执行特定的计算，并返回单个值。在 SELECT 语句中使用聚合函数，可以对记录进行统计。Microsoft SQL Server 中使用的聚合函数如表 5.9 所示。

表 5.9 聚合函数表

| 函 数 | 含 义 |
| --- | --- |
| AVG | 平均值 |
| COUNT | 计数 |
| MAX | 最大值 |
| MIN | 最小值 |
| SUM | 和 |

GROUP BY 子句将结果集中的记录根据一个或多个列或表达式的值组合成一个个组，每一组生成一条结果集记录。GROUP BY 子句中的字段列表就是分组的字段列表，排列顺序默认为升序。SELECT 子句中的字段列表中可以使用聚合函数对各分组进行统计。

GROUP BY 子句的语法格式如下：

```
GROUP BY column_list
```

其中，参数 column_list 的含义是分组字段列表。

HAVING 子句为分组统计的结果设置筛选条件，使用 HAVING 子句时必须同时使用 GROUP BY 子句。

HAVING 子句和 WHERE 子句的筛选作用不同，两者作用于不同的对象。WHERE 子句是对原始记录进行筛选。HAVING 子句是对分组统计的结果进行筛选，因此 HAVING 子句中可以出现聚合函数。

HAVING 子句的语法格式如下：

```
HAVING search_condition
```

其中，参数 search_condition 的含义是分组统计的条件表达式。

**【实例 5.13】**查询各班学生最晚的出生日期。

```
SELECT Classid, MAX(Birthday) FROM Student GROUP BY Classid
```

运行结果如下：

```
Classid      (无列名)
11401        1996-03-06
11402        1995-05-14
11501        1996-04-15
…
```

**【实例 5.14】**查询各班学生最晚的出生日期，要求晚于 1996 年 1 月 1 日。

```
SELECT Classid, MAX(Birthday) FROM Student
GROUP BY Classid HAVING MAX(Birthday)>'1996-1-1'
```

运行结果如下：

```
Classid      (无列名)
11401        1996-03-06
11501        1996-04-15
11502        1996-10-04
…
```

## 5.3 多表连接

实际的查询往往要涉及两个甚至多个数据源。这时，就要使用连接来完成查询。通过连接，可以从两个或多个表中根据各个表之间的逻辑关系来查询记录。这里主要讲解两个表的连接。

根据连接的方式不同，可以将多表连接分成：内连接、外连接、交叉连接和自连接。

除自连接外，多表连接都要有连接条件，所谓连接条件是指两个表中的连接字段具有相同的业务内容。

### 5.3.1 表的别名

多表连接的 SELECT 语句中，各字段分别来自不同的表，因此在语句中对字段的描述要么采用完整或部分完整的命名方式，要么为表指定别名来提高语句的可读性。

完整的数据库对象名称包括 4 个组成部分：服务器名称、数据库名称、架构名称和对象名称，其语法格式为：[服务器名称].[数据库名称].[架构名称].[对象名称]。这样的命名方法适用于远程调用数据和同时使用不同数据库的情况。

例如，StudentScore 数据库中的 Student 表可以用以下方法来指示：

```
MyServerName.StudentScore.dbo.Student
StudentScore.dbo.Student
dbo.Student
Student
```

其中，MyServerName 是数据库所在服务器的名称。

当使用的数据库位于本机时，可以将服务器名称省略。当使用本机的当前数据库时，可以将服务器名称和数据库名称同时省略。当使用本机的当前数据库中的当前用户的架构时，可以只使用对象名称。前面的 SELECT 语句就是这样使用的。

另外，在多表连接时，SELECT 语句中的 FROM 子句里的数据源后可以使用 AS 关键字加表别名，这样也可以减少代码的长度。这样处理后，在该 SELECT 语句中凡与该表相关的字段前均用该表别名来代替该表名，不能再使用原有的表名。

**【实例 5.15】**查询所有女学生的姓名和学生编号。

```
SELECT Studentname, Studentid FROM Student WHERE Sex='女'
```

也可以使用以下查询语句：

```
SELECT StudentScore.dbo.Student.Studentname,
StudentScore.dbo.Student.Studentid
FROM StudentScore.dbo.Student
WHERE StudentScore.dbo.Student.Sex='女'
```

还可以使用以下查询语句：

```
SELECT St.Studentname, Sr.Studentid FROM StudentScore.dbo.Student AS St
WHERE St.Sex='女'
```

## 5.3.2　内连接

在多表连接中，内连接的使用频率最高。内连接是指返回两个表中完全符合连接条件的记录的连接查询。

在写内连接的 SELECT 语句时，FROM 子句中应包括所有连接的表，表与表之间应写两个表各自用于连接的字段。SELECT 子句的字段列表中，如果某个字段在不止一个被连接的表中存在，那么应该在字段前面加上其来源的表名字，如果该字段只在一个被连接的表中出现，则可以不写其来源的表名字。

内连接中，最常用的是两个表进行内连接。语法格式如下：

```
SELECT  table_or_view1.column_list, table_or_view2.column_list
FROM table_or_view1 IINER JOIN table_or_view2
ON table1_or_view.column_name1=table_or_view2.column_name2
[WHERE { <search_condition>}]
```

其中，各参数的含义说明如下。

- table_or_view1：第一个内连接的表或视图的名称。
- table_or_view2：第二个内连接的表或视图的名称。
- column_list：内连接的表或视图的字段列表。
- column_name1：第一个内连接的表或视图的连接字段。
- column_name2：第二个内连接的表或视图的连接字段。
- search_condition：内连接的记录所必须满足的条件。

**【实例 5.16】**查询班级名称为“电子 201401”班的所有学生的学生编号、姓名和班级编号。

```
SELECT Studentid, Studentname, Student.Classid FROM Student
INNER JOIN Class ON Student.Classid=Class.Classid WHERE Classname='电子
201401'
```

也可以使用以下查询语句：

```
SELECT Studentid, Studentname, S.Classid FROM Student AS S
INNER JOIN Class AS C ON S.Classid=C.Classid WHERE Classname='电子201401'
```

运行结果如下：

```
Studentid   Studentname Classid
11401001    郭玉娇        11401
11401002    张蓓蕾        11401
11401003    姜鑫锋        11401
```

### 5.3.3 外连接

内连接选取的是两个表中在连接字段中都具有相同值的记录。如果希望其中某个表中的记录——甚至是两个表中的记录——即使不符合连接条件也要返回，这时就要使用外连接。

外连接分为 3 类：左外连接、右外连接和完全外连接。左外连接是指所连接的第一个表中的记录必须全部进入结果集，即使该记录在第二个表中没有与之连接字段值相同的记录。右外连接是指所连接的第二个表中的记录必须全部进入结果集，即使该记录在第一个表中没有与之连接字段值相同的记录。完全外连接是指所连接的两个表中的记录必须全部进入结果集，即使该记录在另一个表中没有与之连接字段值相同的记录。在使用左外连接和右外连接时，所连接的表的书写顺序不可颠倒。一个左外连接也可以使用一个同样的右外连接来代替，但必须将所连接的表的书写顺序进行颠倒。

外连接的语法格式如下：

```
SELECT  table_or_view1.column_list, table_or_view2.column_list FROM
table_or_view1 LEFT | RIGHT | FULL OUTER JOIN table_or_view2 ON
table1_or_view.column_name1=table_or_view2.column_name2 [WHERE
{ <search_condition>}]
```

其中，各参数的含义说明如下。

- table_or_view1：第一个外连接的表或视图的名称。
- table_or_view2：第二个外连接的表或视图的名称。
- LEFT | RIGHT | FULL OUTER JOIN：设置左外连接、右外连接或完全外连接。
- column_list：外连接的表或视图的字段列表。
- column_name1：第一个外连接的表或视图的连接字段。
- column_name2：第二个外连接的表或视图的连接字段。
- search_condition：外连接的记录所必须满足的条件。

下面首先将 StudentScore 数据库中 Student 表的外键约束删除，并为 Student 表和 Class 表添加记录。

为 Student 表添加记录如下：

```
Studentid   Studentname Classid Birthday    Sex Address      Postalcode
Tel       Enrolldate  Graduatedate    State    Memo
21504001     万进         21504   1996-03-25  男  江苏省南京市  210060
NULL      2015-09-01  NULL            在校     NULL
```

上面添加的记录的班级编号在 Class 表中不存在。

为 Class 表添加记录如下：

```
Classid Classname   Specialty   Departid
21503   机电 201503  机电一体化    2
```

上面添加的记录的班级编号在 Student 表中未出现过。

**【实例 5.17】**查询所有学生的班级编号、学生学号和姓名，所有的学生都必须在结果集中存在。

```
SELECT Class.Classid, Studentid, Studentname FROM Student
LEFT OUTER JOIN Class ON Student.Classid=Class.Classid
```

运行结果如下：

```
Classid      Studentid    Studentname
11401        11401001     郭玉娇
11401        11401002     张蓓蕾
…
NULL         21504001     万进
```

**【实例 5.18】**查询所有学生的班级编号、学生学号和姓名，所有的学生和班级都必须在结果集中存在。

```
SELECT Class.Classid, Studentid, Studentname FROM  Student
FULL OUTER JOIN Class ON Student.Classid=Class.Classid
```

运行结果如下：

```
Classid      Studentid    Studentname
10701        10701001     郭玉娇
10701        10701002     张蓓蕾
10701        10701003     姜鑫锋
…
NULL         21504001     万进
21503        NULL         NULL
```

### 5.3.4 交叉连接

可以使用交叉连接来生成连接的源表的笛卡儿积，结果集的记录数是第一个表的记录数乘以第二个表的记录数。

交叉连接的语法格式如下：

```
SELECT  table_or_view1.column_list, table_or_view2.column_list FROM
table_or_view1 CROSS JOIN table_or_view2  [WHERE { <search_condition>}]
```

其中各参数的含义说明如下。

- table_or_view1：第一个交叉连接的表或视图的名称。
- table_or_view2：第二个交叉连接的表或视图的名称。
- column_list：交叉连接的表或视图的字段列表。
- search_condition：交叉连接的记录所必须满足的条件。

**【实例 5.19】**查询所有学生的学生学号和所有班级的班级编号的交叉连接。

```
SELECT Student.Studentname,Class.Classid FROM Student CROSS JOIN Class
```

运行结果如下：

```
Studentname Classid
郭玉娇        11401
张蓓蕾        11401
姜鑫锋        11401
…
```

提示：结果集的记录是对 Student 表中的记录和 Class 表中的记录进行笛卡儿积的结果。

## 5.3.5 自连接

在某些查询中，虽然查询内容只与一个表有关，但需要对表中不同的记录进行对比，这时就要采用自连接查询，将该表与自身的副本连接。

自连接的语法格式如下：

```
SELECT  table_or_view1.column_list, table_or_view2.column_list FROM
table_or_view1 LEFT | RIGHT | FULL OUTER JOIN table_or_view2 ON
table1_or_view.column_name1=table_or_view2.column_name2 [WHERE
{ <search_condition>}]
```

其中各参数的含义说明如下。

- table_or_view1：第一个自连接的表或视图的名称。
- table_or_view2：第二个自连接的表或视图的名称。
- column_list：自连接的表或视图的字段列表。
- column_name1：第一个自连接的表或视图的连接字段。
- column_name2：第二个自连接的表或视图的连接字段。
- search_condition：自连接的记录所必须满足的条件。

**【实例 5.20】**查询学生学号为 11401001 的学生的同班同学的姓名和学生学号。

```
SELECT A.Studentid, A.Studentname, B.Studentid, B.Studentname
FROM Student AS A INNER JOIN Student AS B ON A.Classid=B.Classid
WHERE B.Studentid='11401001' AND A.Studentid!=B.Studentid
```

运行结果如下：

```
Studentid   Studentname Studentid   Studentname
11401002      张蓓蕾     11401001       郭玉娇
11401003      姜鑫锋     11401001       郭玉娇
```

## 5.3.6 多表连接

使用 3 个或 3 个以上的表进行多表连接时，在连接部分先写连接的表名，再写连接条件，依次将所有表写入语句。

**【实例 5.21】**查询系名称为“电子信息系”的所有学生的学生学号、姓名和班级编号。

```
SELECT Studentid, Studentname, Student.Classid FROM Student
INNER JOIN Class ON Student.Classid=Class.Classid
INNER JOIN Department ON Class.Departid=Department.Departid
WHERE Departname='电子信息系'
```

运行结果如下：

```
Studentid   Studentname Classid
11401001      郭玉娇     11401
11401002      张蓓蕾     11401
11401003      姜鑫锋     11401
...
```

# 5.4 子查询

SELECT 语句的各子句中可以嵌入 SELECT 语句，大大增强了查询语句的复杂程度，适用于各种复杂条件的查询，这就是子查询。除了 SELECT 语句，在 INSERT、UPDATE 和 DELETE 语句中都可以嵌入 SELECT 语句。子查询的嵌入层次最多可以达到 32 层。连接查询也可以用子查询语句来替代，但子查询语句并不都可以用连接查询替代。子查询相对于连接查询来说，书写复杂程度更强，适用范围更广。

## 5.4.1 子查询用作单个值

返回单个值的子查询可以用于 SELECT 语句中所有使用单个值的地方，使用的前提是此处的数据类型与使用的子查询的返回值的数据类型相同。子查询用作单个值时，往往在比较运算符之后。

**【实例 5.22】**查询班级名称为“电子 201401”的所有学生的学生学号、姓名和班级编号。

```
SELECT Studentid, Studentname, Classid FROM Student
WHERE Classid=(SELECT Classid FROM Class WHERE ClassName='电子201401')
```

运行结果如下：

```
Studentid   Studentname Classid
11401001        郭玉娇     11401
11401002        张蓓蕾     11401
11401003        姜鑫锋     11401
```

**提示：**本例也可以使用多表连接来查询，见 5.3.2 节。

## 5.4.2 子查询用作集合

子查询的结果集可以用于 SELECT 语句中的 FROM 子句，即其外层查询语句的数据源。

### 1. 使用 IN 和 NOT IN 的子查询

在 WHERE 子句中使用 IN(或 NOT IN) 子查询，可以将字段值与包含零个值或多个值的集合进行比较。

**【实例 5.23】**查询班级名称为“电子 201401”“电子 201402”“机电 201401”“机电 201402”的学生学号、姓名和出生日期。

```
SELECT Studentid, Studentname, Birthday FROM Student
WHERE Classid IN (SELECT Classid FROM Class
WHERE Classname IN('电子201401','电子201402','机电201401','机电201402'))
```

运行结果如下：

```
Studentid   Studentname Birthday
11401001        郭玉娇    1995-03-04
11401002        张蓓蕾    1995-02-25
11401003        姜鑫锋    1996-03-06
…
```

### 2. 使用 ANY 和 ALL 的子查询

在 WHERE 子句中使用 ANY(或 ALL)的子查询，也是将字段值与包含零个值或多个值的子查询结果集进行比较。例如，>ALL(子查询)的用法表示大于子查询结果集中所有的值，往往用于求最大值；<ANY(子查询)的用法表示小于子查询中所有的值，往往用于求最小值。

**【实例 5.24】**查询班级编号为 21402 的学生，而且年龄比班级编号为 21401 的所有学生都小的学生学号、姓名和出生日期。

```
SELECT Studentid, Studentname, Birthday FROM Student
WHERE Classid='21402' AND Birthday>ALL(
SELECT Birthday FROM Student WHERE Classid='21401')
```

运行结果如下：

```
Studentid   Studentname Birthday
21402002        张芳      1996-07-17
```

**【实例 5.25】**查询班级编号为 21402 学生，而且年龄在班级编号为 21401 的学生中不是最小的学生学号、姓名和出生日期。

```
SELECT Studentid, Studentname, Birthday FROM Student
WHERE Classid='21402' AND Birthday<ANY(
SELECT Birthday FROM Student WHERE Classid='21401')
```

运行结果如下：

```
Studentid   Studentname Birthday
21402001        黄晓琳    1995-04-16
21402003        徐海东    1995-01-07
```

### 3. 使用 EXISTS 和 NOT EXISTS 的子查询

在 WHERE 子句中使用 EXISTS(或 NOT EXISTS) 关键字和子查询，就是用子查询的结果集中是否有记录来判断是否满足条件。子查询实际上不产生任何数据，它只返回 TRUE 或 FALSE 值。

**【实例 5.26】**查询所在系名称为“电子信息系”的学生学号、姓名和出生日期。

```
SELECT Studentid, Studentname, Birthday FROM Student
WHERE EXISTS(SELECT Classid FROM Class
WHERE Student.Classid=Class.Classid AND EXISTS(
SELECT Departid FROM Department
WHERE Class.Departid=Department.Departid AND Departname='电子信息系'))
```

运行结果如下：

```
Studentid   Studentname Birthday
11401001        郭玉娇    1995-03-04
11401002        张蓓蕾    1995-02-25
11401003        姜鑫锋    1996-03-06
…
```

子查询和外部查询语句之间的联系有两种：一种是子查询不依靠外部查询而执行，这类查询语句的执行顺序是先执行子查询，再将子查询的结果代入外部查询来执行；另一种是子查询必须依靠外部查询而执行，因为其语句中有外部查询的表中字段，这类子查询就称为相关子查询。相关子查询的执行顺序是先执行外部查询，每次选择外部查询的一行记录，然后将该记录的字段值代入子查询执行，子查询的结果最后返回外部查询而得到最终结果。实例 5.26 中的子查询就是相关子查询。

## 5.5　回到工作场景

通过对 5.2～5.4 节的学习，应该掌握了设置查询结果集字段列表、查询的筛选条件、查询结果集格式，对查询结果分组汇总，设置表的别名，使用内连接、外连接、交叉连接、自连接和多表连接，将子查询用作派生表和表达式，子查询关联数据等内容。此时足以完成工作场景中各项查询任务。下面将回到前面介绍的工作场景中完成工作任务。

**【工作过程一】**

查询学生表中所有学生的学生学号、姓名和班级编号。

```
SELECT Studentid,Studentname,Classid FROM Student
```

运行结果如下：

```
Studentid   Studentname Classid
11401001        郭玉娇    11401
11401002        张蓓蕾    11401
11401003        姜鑫锋    11401
…
```

**【工作过程二】**

查询学生表中所有学生的学生学号、姓名和年龄。

```
SELECT DATEPART(yy,GETDATE())-DATEPART(yy,Birthday) FROM Student
SELECT Studentid,Studentname,DATEPART(yy,GETDATE())-DATEPART(yy,Birthday)
AS '年龄' FROM Student
```

运行结果如下：

```
  Studentid     Studentname 年龄
   11401001     郭玉娇    21
   11401002     张蓓蕾    21
   11401003     姜鑫锋    20
…
```

> 提示：GETDATE 和 DATEPART 是 SQL Server 的两个系统函数，GETDATE 函数的功能是获取系统当前日期，DATEPART 函数的功能是取出日期数据中所需的年、月或日的数值。

**【工作过程三】**

查询学生表中班级编号为 11501 的学生学号和姓名。

```
SELECT Studentid, Studentname FROM Student WHERE Classid='11501'
```

运行结果如下:

```
Studentid   Studentname
11501001        许杰
11501002        胡伟伟
11501003        缪广林
```

**【工作过程四】**

查询所有姓“李”并且名字为两个字的学生学号、姓名和班级编号。

```
SELECT Studentid,Studentname,Classid FROM Student
WHERE Studentname LIKE '李_'
```

运行结果如下:

```
Studentid   Studentname Classid
21401002        李亮      21401
```

**【工作过程五】**

查询班级编号为 21402 的学生或所有班级的女学生的学生学号、姓名和班级编号。

```
SELECT Studentid,Studentname,Classid FROM Student
WHERE Classid='21402' OR Sex='女'
```

运行结果如下:

```
Studentid   Studentname Classid
11401001        郭玉娇    11401
11401002        张蓓蕾    11401
21401001        闻翠萍    21401
…
```

**【工作过程六】**

查询所有不姓“李”的学生学号、姓名和班级编号。

```
SELECT Studentid,Studentname,Classid FROM Student
WHERE Studentname NOT LIKE '李%'
```

运行结果如下:

```
Studentid   Studentname Classid
11401001        郭玉娇    11401
11401002        张蓓蕾    11401
11401003        姜鑫锋    11401
…
```

**【工作过程七】**

查询所有出生日期早于 1996 年 4 月 1 日或晚于 1996 年 7 月 31 日的学生学号、姓名、出生日期和班级编号。

```
SELECT Studentid,Studentname,Birthday,Classid FROM Student
WHERE Birthday NOT BETWEEN '1996-4-1' AND '1996-7-31'
```

运行结果如下：

```
Studentid    Studentname Birthday     Classid
11401001         郭玉娇   1995-03-04  11401
11401002         张蓓蕾   1995-02-25  11401
11401003         姜鑫锋   1996-03-06  11401
…
```

也可以使用以下查询语句。

```
SELECT Studentid,Studentname,Birthday,Classid FROM Student
WHERE Birthday<'1996-4-1' OR Birthday> '1996-7-31'
```

**【工作过程八】**

查询所有电话号码不为空的学生学号、姓名、电话号码和班级编号。

```
SELECT Studentname,Classid,Tel FROM Student WHERE Tel IS NOT NULL
SELECT Studentid,Studentname,Tel,Classid FROM Student
WHERE Tel IS NOT NULL
```

运行结果如下：

```
Studentid    Studentname      Tel              Classid
11401001         郭玉娇       13802748383      11401
11401002         张蓓蕾       13894749384      11401
11401003         姜鑫锋       13904030284      11401
…
```

**【工作过程九】**

查询班级编号不为11401的所有学生的学生学号、姓名、出生日期和班级编号，结果按班级编号升序和出生日期降序排列。

```
SELECT Studentid,Studentname,Birthday,Classid FROM Student
WHERE Classid!='11401' ORDER BY Classid ASC, Birthday DESC
```

运行结果如下：

```
Studentid    Studentname      Birthday         Classid
11402001         姜祝进       1995-05-14       11402
11402003         陆杭轲       1995-02-15       11402
11402002         李大春       1995-02-07       11402
11501001         许杰         1996-04-15       11501
11501003         缪广林       1996-02-27       11501
…
```

**【工作过程十】**

查询课程编号为00100001的所有成绩，取前5%。

```
SELECT TOP(5) PERCENT Studentid,Courseid,Score FROM Score
WHERE Courseid='00100001' ORDER BY Score DESC
```

运行结果如下：

```
Studentid   Courseid    Score
21401003    00100001    97
```

**【工作过程十一】**

查询课程编号为 00100001 的所有成绩，取前 5 名(含并列名次)。

```
SELECT TOP(5) WITH TIES Studentid,Courseid,Score FROM Score
WHERE Courseid='00100001' ORDER BY Score DESC
```

运行结果如下：

```
Studentid       Courseid    Score
21401003        00100001    97
11401001        00100001    94
11402002        00100001    87
21402001        00100001    87
21401001        00100001    86
11401003        00100001    86
```

**【工作过程十二】**

查询各班级的人数。

```
SELECT Classid, COUNT(*) AS '人数' FROM Student GROUP BY Classid
```

运行结果如下：

```
Classid     人数
11401       3
11402       3
11501       3
...
```

**【工作过程十三】**

查询总人数大于 2 人的各班级人数。

```
SELECT Classid, COUNT(*) AS '人数' FROM Student
GROUP BY Classid HAVING COUNT(*)>2
```

运行结果如下：

```
Classid     人数
11401       3
11402       3
11501       3
...
```

**【工作过程十四】**

查询所有与学生编号为 11401001 的学生同班的学生学号和学生姓名。

```
SELECT A.Studentid, A.Studentname
```

```
FROM Student AS A INNER JOIN Student AS B ON A.Classid=B.Classid
WHERE B.Studentid='11401001' AND A.Studentid!=B.Studentid
```

也可以使用以下查询语句。

```
SELECT Studentid,Studentname FROM Student WHERE Classid=
(SELECT Classid FROM Student WHERE Studentid='11401001')
AND Studentid!='11401001'
```

运行结果如下：

```
Studentid   Studentname
11401002        张蓓蕾
11401003        姜鑫锋
…
```

提示：本题第一种写法是自连接查询，第二种写法是子查询。

【工作过程十五】

查询平均成绩高于学生学号为11402001的学生的学生学号和平均成绩。

```
SELECT Studentid, AVG(Score) AS '平均成绩'FROM dbo.Score GROUP BY Studentid
HAVING AVG(Score)>(SELECT AVG(Score) FROM Score WHERE Studentid='11402001')
```

运行结果如下：

```
Studentid   平均成绩
11401001    94
11402002    87
21401001    85
…
```

【工作过程十六】

查询班级名称不是“电子201401”“电子201402”“机电201401”“机电201402”的学生学号、姓名和班级编号。

```
SELECT Studentid, Studentname, Classid FROM Student
WHERE Classid NOT IN (SELECT Classid FROM Class
WHERE Classname IN('电子201401','电子201402','机电201401','机电201402'))
```

也可以使用以下查询语句。

```
SELECT Studentid, Studentname, Student.Classid
FROM Student INNER JOIN Class ON Student.Classid=Class.Classid
WHERE Classname NOT IN ('电子201401','电子201402','机电201401','机电201402')
```

运行结果如下：

```
Studentid   Studentname Classid
11501001        许杰      11501
11501002        胡伟伟    11501
11501003        缪广林    11501
…
```

**【工作过程十七】**

查询所在系名称不是“电子信息系”的学生的学生学号、姓名和班级编号。

```
SELECT Studentid, Studentname, Student.Classid
FROM Student INNER JOIN Class ON Student.Classid=Class.Classid
INNER JOIN Department ON Class.Departid=Department.Departid
WHERE Departname!='电子信息系'
```

也可以使用以下查询语句。

```
SELECT Studentid, Studentname, Student.Classid FROM Student
WHERE Classid IN (SELECT Classid FROM Class WHERE Departid !=
(SELECT Departid FROM Department WHERE Departname='电子信息系'))
```

也可以使用以下查询语句。

```
SELECT Studentid, Studentname, Classid FROM Student
WHERE NOT EXISTS(SELECT Classid FROM Class
WHERE Student.Classid=Class.Classid AND EXISTS(
SELECT Departid FROM Department
WHERE Class.Departid=Department.Departid AND Departname='电子信息系'))
```

运行结果如下:

```
Studentid   Studentname Classid
21401001        闻翠萍     21401
21401002        李亮       21401
21401003        祁强       21401
…
```

**【工作过程十八】**

查询与学生学号为 11401001 的学生同班的学生学号、姓名和班级编号。

```
SELECT A.Studentid, A.Studentname, A.Classid FROM Student A
WHERE A.Classid=(SELECT B.Classid FROM Student B
WHERE B.Studentid='11401001' AND A.Studentid!=B.Studentid)
```

也可以使用以下自连接查询语句。

```
SELECT A.Studentid, A.Studentname
FROM Student A INNER JOIN Student B ON A.Classid=B.Classid
WHERE B.Studentid='11401001' AND A.Studentid!=B.Studentid
```

运行结果如下:

```
Studentid   Studentname
11401002        张蓓蕾
11401003        姜鑫锋
```

**【工作过程十九】**

查询成绩低于该门课程平均成绩的学生编号、课程编号和成绩。

```
SELECT A.Studentid, A.Courseid, A.Score FROM Score AS A
WHERE A.score<(SELECT AVG(B.score) FROM Score AS B
WHERE A.Courseid=B.Courseid)
```

运行结果如下：

```
Studentid        Courseid     Score
11401002         00100001     47
11402001         00100001     75
11402003         00100001     64
…
```

## 5.6　工作实训营

### 5.6.1　训练实例

#### 1. 训练内容

(1) 查询课程表中所有课程的课程编号和课程名称。

(2) 查询课程表中课程编号为 00100001 的名称和学分。

(3) 查询所有学分等于 4 的课程编号和课程名称。

(4) 查询所有学分等于 4 的基础课的课程编号和课程名称。

(5) 查询成绩表中小于 80 分或大于 90 分的学生编号、课程编号和成绩。

(6) 查询成绩表中课程编号为 00100001 的学生编号、课程编号和成绩，结果按成绩升序排列。

(7) 查询成绩表中学生编号为 11401001 的所有成绩，取前 3 项。

(8) 查询成绩表中学生编号为 11401001 的学生编号、课程编号和成绩，要求结果集中各栏标题分别为“学生编号”“课程编号”和“成绩”。

(9) 查询成绩表中课程编号为 00100001 的最高成绩。

(10) 查询成绩表中各门课程的最高成绩，要求大于 90 分。

(11) 查询课程名称为“高等数学”的成绩记录，包括学生编号和成绩。

(12) 查询系名称为“电子工程系”的学生的学生编号、课程编号和成绩。

(13) 查询班级名称为“电子 201401”“电子 201402”“机电 201401”“机电 201402”的学生的学生编号、课程编号和成绩。

(14) 查询班级编号为 21402 的学生中比班级编号为 21401 的所有学生都小的学生的学生编号、课程编号和成绩。

(15) 查询比所有班级编号为 11401 的学生的平均成绩高的学生的学生编号、课程编号和成绩。

#### 2. 训练目的

(1) 掌握 SELECT 基本语句的组成和各部分的作用。

(2) 掌握记录的分组统计。

(3) 掌握多表连接的分类和使用。

(4) 掌握子查询的使用。

3. 训练过程

参照 5.5 节中的工作过程。

4. 技术要点

应训练根据查询要求判断所涉及的表和字段以及查询语句的正确书写。

### 5.6.2 工作实践常见问题解析

【常见问题 1】为什么选择主菜单中的【查询】|【分析】命令后系统没有报错，而选择主菜单中的【查询】|【执行】命令后却显示错误？

【答】选择【查询】|【分析】命令后，系统只检查 T-SQL 语句的语法错误，并不检查 T-SQL 语句中的数据库各对象名称是否正确，因此会出现 T-SQL 语句通过分析，但无法执行的问题。

【常见问题 2】查询的结果集可以保存吗？

【答】在【结果】选项卡中右击鼠标，在弹出的快捷菜单中选择【将结果保存为】命令后，系统会弹出【保存结果】对话框，输入文件名称即可完成保存。

## 5.7 习题

一、填空题

(1) 查询语句中的 6 个基本组成部分是________子句、________子句、________子句、________子句、________子句和________子句。

(2) 关键字 BETWEEN … AND …的作用是________。

(3) 关键字 IN 的作用是________。

(4) 多表连接的种类包括________、________、________和________。

(5) 关键字 ANY 的作用是________。

(6) 关键字 ALL 的作用是________。

(7) 关键字 EXISTS 的作用是________。

(8) 关键字 UNION 的作用是________。

二、操作题

(1) 查询图书表中所有图书的信息。

(2) 查询所有由机械工业出版社出版的图书的图书编号和图书名称。

(3) 查询出版社名称中含“工业”二字的图书编号、图书名称和出版社名称。

(4) 查询图书表中价格在 20～25 元之间的图书编号、图书名称和价格。

(5) 查询图书表中图书编号为 02284-28571-28927481、23879-48373-96725789 和

38573-28475-92756258 的图书编号和图书名称。

(6) 查询读者编号为 3872-3423-001 的借阅记录，按借出日期降序排列。

(7) 查询借阅记录表中所有的读者编号，要求无重复。

(8) 分别查询借阅表中读者编号为 3872-3423-001 和 3872-3423-002 的借阅记录，合并两次查询的结果集。

(9) 查询图书借阅表中每种图书的图书编号和借阅次数。

(10) 查询图书借阅表中借阅次数大于 2 的读者编号和借阅次数。

(11) 查询名为“郭玉娇”的读者的借阅记录，包括图书编号和借出日期。

(12) 查询所有图书的借出记录，包括图书编号、图书名称、读者编号和借出日期，即使该图书未借出过，也要列出。

(13) 与读者编号为 3872-3423-001 的读者借过相同图书的读者的编号、图书编号。

(14) 查询尚未借出过的图书的图书编号和图书名称。

(15) 查询名为“郭玉娇”的读者所借的图书编号、图书名称和借出日期。

# 第 6 章

# 使用 T-SQL 语言

■ T-SQL 语言。
■ T-SQL 语法要素。
■ T-SQL 程序。
■ 错误信息处理。
■ 事务。

## 技能目标

■ 了解 T-SQL 语言的作用。
■ 掌握 T-SQL 语言的语法要素类型，包括标识符、数据类型、常量、变量、运算符、表达式、函数、注释语句和保留的关键字。
■ 掌握 T-SQL 程序的组成，包括控制流元素、批处理和脚本。
■ 掌握 T-SQL 语言处理错误信息的使用方法。
■ 掌握事务的概念、属性、分类和使用方法。

## 6.1 工作场景导入

【工作场景】

信息管理员小孙已创建了学生成绩数据库，创建了数据库中的表，完成了所有表的数据完整性的设置，并录入了所有表中的记录。

现在，教务处工作人员小吴在工作中需要使用 SQL Server 完成更多的操作，具体的操作需求如下。

(1) 判断 2015 年和 2016 年是否为闰年。

(2) 在学生表中插入记录，学生编号为 21402100，班级编号为 21402，如果有错误则输出错误信息。

(3) 将班级编号为 11401 的班级记录的班级编号更改为 11403，然后将该班级所有学生的班级编号也更改为 11403。如果有错误，则输出“无法更改班级编号”，并撤销所有数据更改。

【引导问题】

(1) 在 SQL Server 中能使用的编程语言是什么？有什么语法元素？

(2) 能不能在 SQL Server 中的编程语言中进行错误处理？

(3) 如果有多个 T-SQL 语句需要作为一个不可分割的执行单元，该怎么做？

## 6.2 T-SQL 语言

结构化查询语言(Structured Query Language，SQL)是一种数据库查询和程序设计语言。它不具备用户界面、文件等编程功能，而专用于存取数据以及查询、更新和管理关系数据库系统。SQL 是高级的非过程化编程语言，用户只要通过 SQL 语句提出操作要求而无须关心数据存放方法和系统如何完成操作。

美国国家标准局(ANSI)与国际标准化组织(ISO)已经制定了 SQL 标准。1992 年，ISO 和 IEC 联合发布了 SQL 国际标准，称为 SQL-92。ANSI 随之发布的相应标准是 ANSI SQL-92。不同类型的数据库只要遵循 SQL 标准，就可以使用相同的 SQL 语言来操作。

Microsoft SQL Server 使用称为 Transact-SQL(即 T-SQL) 的 SQL 变体，它遵循 ANSI 制定的 SQL-92 标准，并进一步扩展了 SQL 的功能。SQL Server 中在对象资源管理器中通过菜单操作完成的所有功能，都可以在查询编辑器中利用 T-SQL 语句来实现。

## 6.3 T-SQL 语法要素

### 6.3.1 标识符

Microsoft SQL Server 中的所有对象都有标识符。服务器、数据库和数据库对象都必须通过标识符来指示。

SQL Server 中的标识符有两类，分别是常规标识符和分隔标识符。

#### 1. 常规标识符

常规标识符要求符合标识符的格式规则。

常规标识符的格式规则是：首字符必须是字母、下划线(_)、符号@或数字符号#，后续字符必须是字母、下划线(_)、符号@、数字符号、美元符号($)或十进制数字(0～9)；不能是 T-SQL 的保留字；不允许有空格或其他特殊字符。

例如，mydatabase，_35a，@@five，@five5。

#### 2. 分隔标识符

分隔标识符可以不符合标识符的格式规则，但在使用时必须包含在双引号或者方括号内。

例如，my table 是非法的标识符，[my table]和“my table”是合法的标识符。

### 6.3.2 数据类型

T-SQL 语言的数据类型与第 3 章创建表中的数据类型内容相同，详见 3.2 节。

### 6.3.3 常量

常量又称为字面量，用于表示确定的数据，值在程序运行中不变，其格式与值的数据类型相关。

例如，'abc'，15，0x13ff，0，3.2，'12/15/2010' ，'12:30:12'，$5.5。

### 6.3.4 变量

变量用于保存数据，其值在程序运行中可以变化。

T-SQL 语言中的局部变量以一个符号@开始，在程序中必须先声明再使用。DECLARE 语句完成局部变量的声明并赋初值 null。SET 语句和 SELECT 语句对局部变量进行赋值。PRINT 语句输出用户定义的消息。

**【实例 6.1】**先声明整型局部变量@myint1 和@myint2，然后分别为其赋值 10 和 20。

```
DECLARE @myint1 tinyint,@myint2 tinyint
SET @myint1=10
SELECT @myint2=20
PRINT @myint1
PRINT @myint2
```

输出结果是：

```
10
20
```

T-SQL 语言中的全局变量以两个符号@开始，由 SQL Server 系统提供，保存了 SQL Server 系统的当前状态信息，用户只能使用，不能创建。

例如：@@error，@@rowcount。

## 6.3.5 运算符

T-SQL 语言可以使用运算符进行运算，其运算符如表 6.1 所示。

表 6.1 T-SQL 运算符

| 分 类 | 运算符名称 | 作 用 | 示 例 |
| --- | --- | --- | --- |
| 比较运算符 | > < = <= >= != <> !< !> | 比较两个数值或表达式，结果是 TRUE 或者 FALSE | 1=2<br>@a<@b<br>@str!>'c' |
| 逻辑运算符 | AND OR NOT LIKE ANY ALL IN SOME | 组合多个测试条件，结果是 TRUE 或者 FALSE | @a=15 AND @c<20<br>@str LIKE 'S%'<br>@_de IN('ab', 'cd', 'ef') |
| 算术运算符 | + - * / % | 加法、减法、乘法、除法和取模 | 5+5<br>@a/@c |
| 一元运算符 | + - | 对一个操作数执行操作，如正数、负数或补数 | +123<br>-45.6 |
| 位运算符 | & \| ~ ^ | 位(0 和 1)运算 | 1&2<br>@a^@c |
| 字符串串联运算符 | + | 将两个字符串合并为一个字符串 | @a+'abc' |
| 赋值运算符 | = | 为变量赋值 | SET @a=5<br>SELECT @a=@a+1 |

## 6.3.6 表达式

表达式由常量、变量、函数、字段和运算符等组合而成。

表达式中如果有多个运算符，将根据 SQL Server 运算符的优先级顺序由高到低分别进行运算。运算符的优先级别如表 6.2 所示。两个运算符的优先级相同时，按照书写顺序从左到右进行运算。如果表达式中的运算顺序与上述规定不一致时，可以使用括号调整运算符的优先级，表达式在括号中的部分优先级最高，括号可以嵌套使用。

表 6.2 T-SQL 运算符的优先级

| 级 别 | 运 算 符 |
| --- | --- |
| 1 | ~(位非) |
| 2 | *(乘)、/(除)、%(取模) |
| 3 | +(正)、-(负)、+(加)、(+连接)、-(减)、&(位与)、^(位异或)、\|(位或) |

续表

| 级　别 | 运 算 符 |
|---|---|
| 4 | =、>、<、>= 、<= 、<> 、!=, !> 、!<(比较运算符) |
| 5 | NOT |
| 6 | AND |
| 7 | ALL、ANY、BETWEEN、IN、LIKE、OR、SOME |
| 8 | =(赋值) |

如果用运算符对两个不同数据类型的操作数进行计算，将根据数据类型优先级将优先级较低的数据类型转换为优先级较高的数据类型。该转换是隐式转换，由 SQL Server 完成，如果不能转换则返回错误。数据类型的优先级别如表 6.3 所示。

表 6.3　数据类型的优先级

| 级　别 | 数据类型 |
|---|---|
| 1 | 用户定义数据类型 |
| 2 | datetime |
| 3 | smalldatetime |
| 4 | date |
| 5 | time |
| 6 | float |
| 7 | real |
| 8 | decimal |
| 9 | money |
| 10 | smallmoney |
| 11 | bigint |
| 12 | int |
| 13 | smallint |
| 14 | tinyint |
| 15 | bit |
| 16 | nvarchar |
| 17 | nchar |
| 18 | varchar |
| 19 | char |
| 20 | varbinary |
| 21 | binary |

### 6.3.7 函数

SQL Server 函数完成特定的功能。SQL Server 函数包括系统函数和用户自定义函数。系统函数是由 SQL Server 系统提供的，可以直接使用。用户自定义函数是由用户创建的，创建后保存在数据库中，也可以使用。关于用户自定义函数详见第 8 章。这里重点介绍系统函数。

系统函数分为以下几类。

- 聚合函数：合并多个值为单值。
- 配置函数：返回系统当前配置信息。
- 加密函数：完成加密、解密、数字签名和数字签名验证。
- 游标函数：返回游标状态信息。
- 日期和时间函数：获取和更改日期和时间的值。
- 数学函数：完成行三角、几何和其他数字运算。
- 元数据函数：返回数据库及其对象的属性信息。
- 排名函数：返回分区中每一行的排名值。
- 行集函数：返回 T-SQL 语句中表的记录集。
- 安全函数：返回用户和角色的信息。
- 字符串函数：获取和设置字符串数据。
- 系统函数：获取和设置系统级选项和对象。
- 系统统计函数：返回 SQL Server 性能信息。
- 文本和图像函数：操作文本和图像数据。

这里仅具体介绍几个常用函数。

(1) SUBSTRING 函数：返回给定字符串的一部分。

SUBSTRING 函数的语法格式如下：

```
SUBSTRING ( value_expression ,start_expression , length_expression )
```

其中各参数的含义说明如下。

- value_expression：字符串表达式，指定所操作的字符串。
- start_expression：整数表达式，表示截取字符串的起始位置。值的范围应该在 0 到字符串表达式所表示字符串的长度减 1 范围内，小于 0 将报错，大于字符串长度减 1 将返回一个零长度的表达式。
- length_expression：整数表达式，表示截取字符串的长度。值的范围应该在 0 到字符串表达式所表示字符串的长度减去 start_expression 范围内，小于 0 将报错，与 start_expression 之和大于字符串长度将返回整个字符串。

**【实例 6.2】**从第 2 个字符起，分别输出字符串“ABCDEFGHIJ”的 2 个字符和 10 个字符。

```
DECLARE @S CHAR(10)
SET @S='ABCDEFGHIJ'
PRINT SUBSTRING(@S,2,2)
```

```
PRINT SUBSTRING(@S,2,10)
```

输出结果是：

```
BC
BCDEFGHIJ
```

(2) STR 函数：将数值转换成字符串。

STR 函数的语法格式如下：

```
STR ( float_expression [ , length [ , decimal ] ] )
```

其中各参数的含义说明如下。

- float_expression：近似数字表达式。
- length：字符串的总长度，包括小数点、符号、数字及空格，默认值是 10。
- decimal：小数点后的位数，值小于或等于 16。如果值大于 16，则小数点后的位数仍然是 16。

**【实例 6.3】**按默认要求将浮点数 12345.678 转换成字符串；将浮点数 12345.678 转换成字符串，总长度是 10；将浮点数 12345.678 转换成字符串，总长度是 10，小数点后 2 位。

```
DECLARE @S char(10),@I decimal
SET @I=12345.678
SET @S=STR(@I)
PRINT @S
SET @S=STR(@I,10)
PRINT @S
SET @S=STR(@I,10,2)
PRINT @S
```

输出结果是：

```
     12346
     12346
  12346.00
```

(3) CEILING 函数：返回大于或等于指定数值表达式的最小整数。

CEILING 函数的语法格式如下：

```
CEILING ( numeric_expression )
```

其中参数 numeric_expression 的含义是指定数值的表达式。

(4) FLOOR 函数：返回小于或等于指定数值表达式的最大整数。

FLOOR 函数的语法格式如下：

```
FLOOR ( numeric_expression )
```

其中参数 numeric_expression 的含义是指定数值的表达式。

(5) RAND 函数：返回 0～1 之间的随机浮点数值。

RAND 函数的语法格式如下：

```
RAND ( [ seed ] )
```

其中参数 seed 的含义是提供种子值的整数表达式。如果未指定，则由系统随机分配种子值；如果指定了相同的种子值，则返回的结果始终相同。

### 6.3.8 注释

注释是程序代码中仅作为说明而不执行的文本字符串。使用注释主要是便于对程序代码进行维护。

T-SQL 程序中有两种注释。

- 单行注释：一行的全部或部分内容是注释，在该行注释开始位置之前使用“--”。
- 多行注释：注释范围跨行，在该注释块开始位置之前加“/*”，在该注释块结束位置之后使用“*/”。

【实例 6.4】几个注释实例。

```
USE StudentScore
GO
--切换数据库
SELECT Studentid FROM Student
GO
--查找学生表中的学号
/*
SELECT Studentid FROM Score
GO
--查找成绩表中的学号
*/
```

### 6.3.9 保留关键字

Microsoft SQL Server 保留了一些专用的关键字，这些关键字具有特定的含义。数据库中的对象名称不能与保留关键字相同。如果存在这样的名称，那么需要使用“分隔标识符”来引用对象。建议在实际应用中不要使用保留关键字作为数据库对象的名称。

## 6.4 T-SQL 程序

### 6.4.1 控制流

T-SQL 程序由 3 种结构组成，即顺序、选择和循环。T-SQL 的控制流关键字将 T-SQL 语句组织起来，成为具备一定功能的程序。

T-SQL 的控制流关键字包括 BEGIN...END、BREAK、GOTO、CONTINUE、IF...ELSE、WHILE、RETURN、WAITFOR，下面仅介绍其中的几种。

#### 1. BEGIN...END

BEGIN...END 的语法格式如下：

```
BEGIN
{sql_statement | statement_block}
END
```

其中参数{sql_statement | statement_block}的含义是 T-SQL 语句或语句块。

BEGIN 和 END 语句作为语句块的首尾，将多个 T-SQL 语句组合为一个逻辑块。在程序中，如果有两个或两个以上 T-SQL 语句需要执行时，就可以使用 BEGIN 和 END 语句。在 BEGIN...END 语句块中的语句将按照顺序依次执行。

### 2. GOTO

GOTO 的语法格式如下：

```
label: sql_statement
   …
GOTO label
```

其中各参数的含义说明如下。

- sql_statement：T-SQL 语句。
- label：T-SQL 语句的标签。

GOTO 语句使 T-SQL 程序无条件跳转至标签处继续执行。

建议尽量少使用 GOTO 语句，以避免导致程序结构混乱。

### 3. RETURN

RETURN 的语法格式如下：

```
RETURN [ integer_expression ]
```

其中参数 integer_expression 的含义是返回的整数值。

RETURN 语句用于无条件终止当前运行的程序。如果 RETURN 语句出现在被调用的语句块中，将无条件返回调用程序处。

RETURN 语句的整数参数是可选项，如果没有写出该值，则返回 0 值。

### 4. IF...ELSE

IF...ELSE 的语法格式如下：

```
IF Boolean_expression
     { sql_statement | statement_block }
[ ELSE
     { sql_statement | statement_block } ]
```

其中各参数的含义说明如下。

- Boolean_expression：条件表达式，值为 TRUE 或 FALSE。
- { sql_statement | statement_block }：T-SQL 语句或语句块。

IF…ELSE 用于选择结构。

IF 语句是条件表达式，值为 TRUE 或者 FALSE，给出测试的条件。ELSE 语句不一定出现。当 IF 语句值为 TRUE 时，执行 IF 语句后的语句或语句块；当 IF 语句值为 FALSE

时，如果有 ELSE 语句则执行 ELSE 后的语句或语句块，如果没有 ELSE 语句则直接执行 IF...ELSE 语句的语句或语句块。如果是语句块，则必须在块首尾使用控制流关键字 BEGIN 和 END。

选择结构可以嵌套使用，如在 IF 语句值为 TRUE 或 FALSE 所执行的语句块中再嵌套使用 IF...ELSE 结构。

### 5. CASE

CASE 具有两种语法格式：一种是简单的 CASE 语句；另一种是搜索的 CASE 语句。

简单的 CASE 语句的语法格式如下：

```
CASE input_expression
     WHEN when_expression THEN result_expression
    [ ...n ]
     [ ELSE else_result_expression ]
END
```

搜索的 CASE 语句的语法格式如下：

```
CASE
     WHEN Boolean_expression THEN result_expression
    [...n ]
     [ ELSE else_result_expression ]
END
```

其中各参数的含义说明如下。

- input_expression：CASE 语句的计算表达式。
- when_expression：与 input_expression 进行比较的简单表达式。
- result_expression：当 input_expression 的计算结果等于 when_expression 值时返回的表达式。
- n：WHEN 语句和 THEN 语句是可以多次出现的，n 为其出现的次数。
- else_result_expression：当 input_expression 的计算结果与所有 when_expression 值不等时返回的表达式。可以省略。
- Boolean_expression：搜索的 CASE 语句中所计算的条件表达式。
- CASE 用于选择结构。换句话说，CASE 用于多分支选择。
- CASE 语句在两种语法格式中，都是对表达式进行计算并寻找第一个符合条件的结果，然后返回相应的表达式。

### 6. WHILE

WHILE 的语法格式如下：

```
WHILE Boolean_expression
     { sql_statement | statement_block | BREAK | CONTINUE }
```

其中各参数的含义说明如下。

- Boolean_expression：条件表达式，值为 TRUE 或 FALSE。
- {sql_statement | statement_block}：T-SQL 语句或语句块。

- BREAK：循环中止语句。
- CONTINUE：本轮循环中止语句。

WHILE 用于循环结构。WHILE 语句是循环的条件。程序运行到 WHILE 语句时，先执行 WHILE 语句进行判断，根据判断的结果选择执行循环体与否。当 WHILE 语句值为 TRUE 时，重复执行循环体中的 T-SQL 语句或语句块；当 WHILE 语句值为 FALSE 时，循环结束，程序运行至循环后续语句。

循环可以采用嵌套形式。使用嵌套循环要注意内外循环的交替。

【实例 6.5】输出 3～20 之间所有数的奇偶性。

```
DECLARE @MYINT tinyint,@TESTINT tinyint
DECLARE @OSTR char(10),@PSTR char(10),@MYSTR char(10);
-- 设置循环变量和显示奇偶数的字符串
SET @MYINT=3
SET @OSTR='是奇数'
SET @PSTR='是偶数'
SET @MYSTR=@OSTR
WHILE(@MYINT<=20)
    BEGIN
        SET @TESTINT=2
        SET @MYSTR=@OSTR
/*  计算当前数字奇偶数
    @MYINT 是被除数，@TESTINT 是除数 */
        WHILE(@TESTINT<=SQRT(@MYINT))
            IF(@MYINT%@TESTINT=0)
                    BEGIN
                        SET @MYSTR=@PSTR   -- 这是偶数
                        BREAK
                    END
                ELSE
                    SET @TESTINT=@TESTINT+1
            PRINT(STR(@MYINT)+@MYSTR)
        SET @MYINT=@MYINT+1
    END
```

输出结果是：

```
3 是奇数
4 是偶数
...
```

## 6.4.2　批处理

批处理是指 T-SQL 语句的执行组合，一个批处理里有一个或多个 T-SQL 语句。在运行时，SQL Server 会对一个批处理的语句进行编译，得到一个执行计划。

在输入批处理时，SQL Server 将 GO 命令作为结束批处理的标志。GO 不是 T-SQL 语句，只是一个批处理结束的标志。在一个查询编辑窗口中有几个 GO 语句就有几个批处理。如果没有 GO 命令，那么所有的 T-SQL 语句将被处理成为一个批命令。

【实例 6.6】查询学生表中的所有学号。

```
USE StudentScore
GO
SELECT Studentid FROM Student
GO
```

> **注意：** T-SQL 程序中，局部变量的作用域从其声明处至下一个 GO 命令处为止。此后语句如果仍然使用该局部变量，就需要再次对其进行声明。因此在使用局部变量时，一定要注意作用域。

### 6.4.3 脚本

如果需要重复使用输入的 T-SQL 语句，可以先把 T-SQL 语句保存在 SQL 脚本文件中，使用时在 SQL Server Management Studio 中打开文件执行即可。保存 SQL 脚本文件的操作方法是选择菜单中的【文件】|【保存】命令，打开【另存文件为】对话框进行保存，如图 6.1 所示。SQL 脚本文件的后缀名是 sql。

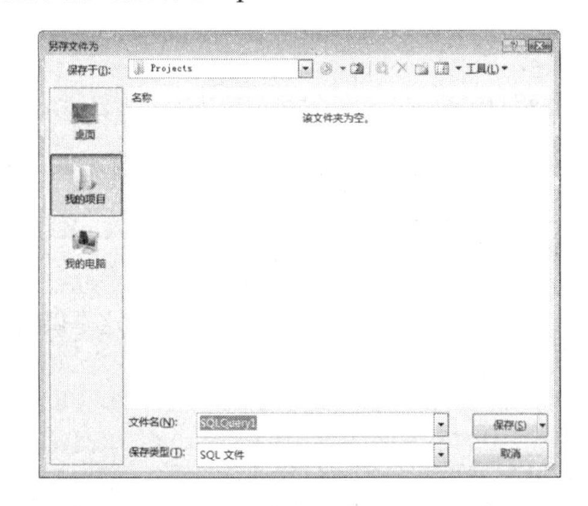


图 6.1 【另存文件为】对话框

## 6.5 错误信息处理

T-SQL 程序的运行错误可以使用 T-SQL 程序或调用 T-SQL 程序的应用程序来处理。

每个 T-SQL 程序的运行错误都包含以下属性：错误号、消息字符串、严重性、状态、过程名称和行号。要处理 T-SQL 程序的运行错误，首先要获取错误信息，然后再进行处理。具体的操作方法是使用 TRY...CATCH 语句块，或是使用@@ERROR 函数测试错误并进行处理。

### 6.5.1 TRY...CATCH

T-SQL 代码中的错误可使用 TRY...CATCH 构造进行处理，其结构类似于 JAVA 和 C++ 语言中的异常处理类。

TRY...CATCH 的语法格式如下：

```
BEGIN TRY
     { sql_statement | statement_block }
END TRY
BEGIN CATCH
     [ { sql_statement | statement_block } ]
END CATCH
[ ; ]
```

其中各参数的含义说明如下。

- sql_statement：T-SQL 语句。
- statement_block：T-SQL 语句块。

在 CATCH 语句块中可以采用下列系统函数来判断错误，然后进行处理。

- ERROR_LINE()：返回出现错误的行号。
- ERROR_MESSAGE()：返回给应用程序的错误消息文本。该文本具备可表达长度、对象名、时间等的参数。
- ERROR_NUMBER()：返回错误号。
- ERROR_PROCEDURE()：返回出现错误的存储过程或触发器的名称。
- ERROR_SEVERITY()：返回错误严重性。
- ERROR_STATE()：返回错误状态。

TRY...CATCH 构造包括一个 TRY 块和一个 CATCH 块。程序运行至 TRY...CATCH 构造，按顺序执行 TRY 块内的 T-SQL 语句。如果在 TRY 块内的 T-SQL 语句运行出现错误，则程序跳至 CATCH 块执行。CATCH 块中有针对各种错误的处理，错误处理后，程序将跳至 TRY...CATCH 构造后的语句执行。如果在 TRY 块内的 T-SQL 语句运行没有任何错误，则程序将直接跳至 TRY...CATCH 构造后的语句执行。

TRY...CATCH 结构必须位于一个批处理中。

**【实例 6.7】**计算 5/0，如果错误则输出错误号、严重性、状态、过程名称、行号和错误消息。

```
BEGIN TRY
    -- 不可用作除数
    SELECT 5/0;
END TRY
BEGIN CATCH
    PRINT('错误号：'+STR(ERROR_NUMBER())+' 严重性：'+STR(ERROR_SEVERITY())+'
状态：'+STR(ERROR_STATE()))
    IF(ERROR_PROCEDURE() IS NULL)
         PRINT(' 过程名称：'+'空过程名称')
    ELSE
         PRINT(' 过程名称：'+ERROR_PROCEDURE())
    PRINT('行号：'+STR(ERROR_LINE())+' 错误消息'+ERROR_MESSAGE())
END CATCH
GO
```

输出结果是：

```
错误号：    8134 严重性：      16 状态：      1
过程名称：空过程名称
行号：        3 错误消息遇到以零作除数错误。
```

### 6.5.2 @@ERROR 系统函数

@@ERROR 系统函数返回执行的上一个 T-SQL 语句的错误号，值为整数类型。

@@ERROR 系统函数的语法格式如下：

```
@@ERROR
```

如果上一个 T-SQL 语句执行成功，则@@ERROR 系统函数的返回值是 0；如果该语句生成错误，则@@ERROR 系统函数的返回值就是该语句的错误号。每运行一个 T-SQL 语句，@@ERROR 系统函数的值都随之更新。

**【实例 6.8】**将学生表中学号为 21402001 的学生记录的学号改成 100。

```
UPDATE Student SET Studentid='100'
   WHERE Studentid = '21402001'
PRINT @@ERROR
GO
```

输出结果为：

```
消息 547，级别 16，状态 0，第 1 行
UPDATE 语句与 REFERENCE 约束"FK_Score_Student"冲突。该冲突发生于数据库
"StudentScore"，表"dbo.Score", column 'Studentid'。
语句已终止。
547
```

## 6.6 事务

### 6.6.1 事务的概念及其属性

事务是 SQL Server 中的单个逻辑工作单元，事务中包含多个操作。事务的作用是保证数据逻辑的一致性，从而保证数据满足业务规则要求。例如，可以在学生登记注册时，在学生表中加入该学生记录，在成绩表中加入该学生所有科目的成绩记录，但成绩值为 0，这就是一个事务；在学生毕业时，从学生表中删除该学生记录，从成绩表中删除该学生所有科目的成绩记录，同样这也是一个事务。两个事务中各包含两个 T-SQL 语句，只有全部执行成功，才能完成学生的登记注册或毕业操作，否则两个语句均撤销执行，两个数据更改语句必须捆绑执行。

事务有 4 个属性，包括原子性(Atomicity)、一致性(Consistency)、隔离性(Isolation)和持久性(Durability)，简称 ACID。

#### 1. 原子性

事务必须是原子工作单元；事务有一个或者多个 T-SQL 语句，要么全都执行，要么全

都不执行。

**2．一致性**

事务在开始前和结束后，都必须保证数据的逻辑一致性。

**3．隔离性**

SQL Server 在同一时刻会有多个事务需要处理，这些事务称为并发事务。SQL Server 以串行方式来处理并发事务，也就是说对同一数据，一个事务操作结束后，另一个事务才能对其进行操作。

**4．持久性**

事务导致的系统变化是永久性的。

## 6.6.2 事务的分类及其使用

事务分成 3 类：显式事务、自动提交事务和隐式事务。

**1．显式事务**

显式事务代码中，有明确的事务启动和结束的 T-SQL 语句。用于启动事务的语句是 BEGIN TRANSACTION，用于结束事务的语句是 COMMIT TRANSACTION 和 ROLLBACK TRANSACTION。

- BEGIN TRANSACTION (BEGIN TRAN)：显式事务的起始点。
- COMMIT TRANSACTION(COMMIT TRAN)：显式事务的结束点，它的位置通常在事务结尾，作用是在事务的所有语句正确执行的情况下，执行该语句将提交该事务中的所有数据修改，使其永久保存在数据库中，并释放事务占有的资源。
- ROLLBACK TRANSACTION(ROLLBACK TRAN)：显式事务的结束点，它的位置通常在有执行错误的事务语句后，作用是从该语句开始撤销该事务前面所有已执行的 T-SQL 语句，已修改的所有数据都返回到事务开始时的状态(即回滚)，并释放事务占用的资源。

**【实例 6.9】**显式启动事务 TRANS11401001，从学生成绩数据库中删除学生编号为 11401001 的学生的所有记录。

```
BEGIN TRANSACTION TRANS11401001
DELETE FROM Score WHERE Studentid='11401001'
IF @@ERROR<>0
    BEGIN
        PRINT('DELETE FROM Score ERROR')
        ROLLBACK TRANSACTION TRANS11401001
    END
DELETE FROM Student WHERE Studentid='11401001'
IF @@ERROR<>0
    BEGIN
        PRINT('DELETE FROM Student ERROR')
        ROLLBACK TRANSACTION TRANS11401001
```

```
    END
COMMIT TRANSACTION
GO
```

### 2. 自动提交事务

自动提交事务是 SQL Server 的默认事务管理模式。每个 T-SQL 语句作为一个事务单独提交，不需要事务启动和结束语句。

**【实例 6.10】**以自动提交事务模式，从学生成绩数据库中删除学生编号为 11401001 的学生的所有记录。

```
DELETE FROM Score WHERE Studentid='11401001'
GO
DELETE FROM Student WHERE Studentid='11401001'
GO
```

### 3. 隐式事务

隐式事务使用 T-SQL 语句 SET IMPLICIT_TRANSACTIONS ON 将隐式事务模式设置为打开，之后的每一个语句将自动启动一个新事务，该事务完成后依序启动下一个 T-SQL 语句的事务。

**【实例 6.11】**以隐式事务模式，从学生成绩数据库中删除学生编号为 11401001 的学生的所有记录。

```
SET IMPLICIT_TRANSACTIONS ON;
GO
DELETE FROM Score WHERE Studentid='11401001'
GO
DELETE FROM Student WHERE Studentid='11401001'
GO
```

## 6.7 回到工作场景

通过对 6.2～6.6 节的学习，已经了解了 T-SQL 语言；掌握了 T-SQL 语法要素的使用，包括标识符、数据类型、常量、变量、运算符、表达式、函数、注释语句和保留的关键字；掌握了 T-SQL 程序的编写，包括控制流元素、批处理和脚本；掌握了使用 T-SQL 语言处理错误信息，事务的概念、属性、分类和使用等内容。下面回到前面介绍的工作场景中，完成工作任务。

**【工作过程一】**

判断 2015 年和 2016 年是否为闰年。

本工作过程的 T-SQL 语句如下：

```
DECLARE @Myint1 smallint, @Myint2 smallint, @Mystr Nvarchar(10)
SET @Myint1=2015
SELECT @Myint2=2016
IF(@Myint1%400=0 OR (@Myint1%4=0 AND @Myint1%100<>0))
```

```
        SET @MYSTR='年是闰年'
    ELSE
        SET @MYSTR='年是平年'
PRINT(STR(@Myint1)+@MYSTR)
IF(@Myint2%400=0 OR (@Myint2%4=0 AND @Myint2%100<>0))
        SET @MYSTR='年是闰年'
    ELSE
        SET @MYSTR='年是平年'
PRINT(STR(@Myint2)+@MYSTR)
GO
```

输出结果是：

```
2015 年是平年
2016 年是闰年
```

**【工作过程二】**

在学生表中插入记录，学生编号为21402100，班级编号为21402，如果有错误则输出错误信息。

本工作过程的T-SQL语句如下：

```
BEGIN TRY
    INSERT INTO Student(Studentid, Classid) VALUES('21402100','21402')
END TRY
BEGIN CATCH
        PRINT @@ERROR
    PRINT ERROR_MESSAGE()
END CATCH
GO
```

输出结果是：

```
515
不能将值 NULL 插入列'Studentname'，表'StudentScore.dbo.Student'；列不允许有空值。
INSERT 失败。
```

**【工作过程三】**

将班级编号为11401的班级记录的班级编号更改为11403，然后将该班级所有学生的班级编号也更改为11403。如果有错误，则输出“无法更改班级编号”，并撤销所有数据更改。

本工作过程的T-SQL语句如下：

```
BEGIN TRANSACTION
    UPDATE Class SET Classid='11403' WHERE Classid='11401'
    IF @@ERROR<>0
        BEGIN
            PRINT('班级表无法更改班级编号')
            ROLLBACK TRANSACTION
        END
    UPDATE Student SET Classid='11403' WHERE Classid='11401'
    IF @@ERROR<>0
        BEGIN
```

```
            PRINT('学生表无法更改班级编号')
            ROLLBACK TRANSACTION
        END
COMMIT TRANSACTION
GO
```

## 6.8 工作实训营

### 6.8.1 训练实例

1. 训练内容

(1) 输出 1+2+3+4+…+99+100 的结果。

(2) 输出字符串“ABCDEFGHIJ”中间的 6 个字符。

(3) 判断 2010 年 9 月 1 日是该年份第几天(不用系统函数)。

(4) 计算并输出 10×10、20×10、30×10 的结果，结果用 tinyint 变量@result 保存，如果有错误则输出错误号和错误信息。

(5) 用事务在系别表中添加一条系记录，系名是“通信工程系”，在班级表中添加一条班级记录，班级编号是 31601，班级名称是通信 201601，专业是通信工程，系别编号是 3。如果有错误，则输出“无法添加记录”，并撤销所有添加操作。

2. 训练目的

(1) 掌握 T-SQL 语法要素的使用，包括标识符、数据类型、常量、变量、运算符、表达式、函数、注释语句和保留的关键字。

(2) 掌握 T-SQL 程序的编写，包括控制流元素、批处理和脚本。

(3) 掌握使用 T-SQL 语言处理错误信息。

(4) 掌握事务的概念、属性、分类和使用。

3. 训练过程

参照 6.7 节中的操作步骤。

4. 技术要点

掌握 T-SQL 语句的书写规范和错误调试。

### 6.8.2 工作实践常见问题解析

【常见问题】为什么定义了局部变量后，部分代码会报错“必须声明变量”？代码如下：

```
DECLARE @I tinyint
SET @I=1
PRINT(@I)
```

```
GO
SET @I=2
PRINT(@I)
GO
```

【答】T-SQL 程序中，局部变量的作用域从其声明处至下一个 GO 命令处为止。上述程序中，@I 的作用域是从第一行到第四行，所以从第五行开始，已经不存在局部变量@I。因此，只显示第一个 GO 命令之后的局部变量@I 没有声明。在使用局部变量时，一定要注意作用域。

## 6.9 习题

### 一、填空题

(1) SQL Server 中的标识符有两类，分别是__________和__________。

(2) 常规标识符的格式规则是：首字符必须是__________，后续字符必须是__________；不能是__________；不允许有__________。

(3) 分隔标识符可以不符合标识符的格式规则，在使用时必须包含在__________或者__________内。

(4) T-SQL 语言中的局部变量以一个符号__________开始，在程序中必须__________。__________语句完成局部变量声明并赋初值 null。__________语句和__________语句对局部变量进行赋值。__________语句输出用户定义的消息。

(5) 单行注释在该行注释开始位置之前使用__________。多行注释在该注释块开始位置之前加__________，在该注释块结束位置之后使用__________。

(6) BREAK 语句的作用是__________，CONTINUE 语句的作用是__________。

(7) SQL Server 将__________命令作为结束批处理的标志。

(8) 每个 T-SQL 程序的运行错误都包含以下属性：__________。要处理 T-SQL 程序的运行错误，具体的操作方法是使用__________语句块，或是使用__________函数测试错误并进行处理。

(9) 事务是__________。事务有 4 个属性，包括__________。事务分成 3 类：__________。

(10) 用于启动事务的语句是__________语句，用于结束事务的语句是__________和__________。

### 二、操作题

第 2 章中创建的图书管理数据库 Library 中包含图书馆所需要管理的书籍和读者信息。数据库中包含的表包含读者表 Reader、读者分类表 Readertype、图书表 Book、图书分类表

Booktype、借阅记录表 Record。

操作项目如下。

(1) 输出 1×2×3×4×…×10 的结果。

(2) 查询图书表中所有图书名称的前 6 个字符。

(3) 输出 2000—2010 年中所有的闰年。

(4) 向读者表中添加一条记录，读者编号是 3872-3423-022，读者姓名是“王刚”，如果有错误则输出错误号和错误信息。

(5) 用事务处理将读者郭玉娇的所有记录删除，先删除读者表中的记录，再删除借阅记录表中的记录。如果有错误，则输出“该读者记录无法删除”，并撤销所有删除操作。

# 第7章 使用视图和索引优化查询

- 视图。
- 索引。

- 掌握视图的概念及其分类。
- 掌握创建、修改、删除和使用视图的方法。
- 掌握索引的概念及其分类。
- 掌握创建、修改、删除索引的方法。
- 了解设计和优化索引的方法。

## 7.1 工作场景导入

**【工作场景】**

信息管理员小孙已创建了学生成绩数据库，创建了数据库中的表，完成了所有表的数据完整性的设置，并录入了所有表中的记录。

现在，在工作中需要使用 SQL Server 完成更多的操作。具体的操作需求如下。

(1) 信息管理员小孙需要创建视图 Viewstudentscore，包括学生的学生编号、学生姓名、课程名称和成绩，工作人员小周使用该视图查询所有学生的姓名、课程名称和成绩。

(2) 信息管理员小孙需要修改视图 Viewstudentscore，要求添加学生的班级编号，工作人员小周使用该视图查询所有学生的姓名、班级编号、课程名称和成绩。

(3) 工作人员小吴使用视图 Viewstudentscore 修改学生成绩：学生编号是 11401001，课程名称是高等数学，成绩是 100。

(4) 信息管理员小孙需要将学生表的记录复制到新表 NewStudent 中，然后在 NewStudent 表的学生编号字段上创建聚集索引 PK_Student，在 NewStudent 表的班级编号和姓名字段上创建非聚集索引 IX_Student。

**【引导问题】**

(1) 什么是视图？视图有什么特点？
(2) 如何创建、使用、修改视图？
(3) 如何提高查询速度和优化数据库性能？
(4) 什么是索引？索引有哪些分类？
(5) 如何创建、修改、删除索引？
(6) 如何设计和优化索引？

## 7.2 视图

### 7.2.1 视图及其分类

视图在使用时如同真实的表一样，也包含字段和记录。视图和表的不同之处在于，视图是一个虚拟表，除索引视图以外，视图在数据库中仅保存其定义，其中的记录在使用视图时动态生成。视图中的记录可以来自当前数据库的一个或多个表或视图，也可以来自远程数据库的一个或多个表或视图。视图中的记录不但可以查询，而且可以进行更新。

视图功能大大方便了安全管理和用户的使用。从数据库管理的角度来看，视图只抽取用户需要使用的字段，而不让用户知道整个数据库的表结构。这样既允许用户通过视图访问表中记录，又设置了其访问记录和字段的范围。从用户的使用角度来看，不同用户可以专注于自身特定的数据和业务，而不需要搞清楚整个数据库的结构才能操作数据。数据库结构的变化被视图所屏蔽，用户完全感觉不到数据库结构的变化，有利于系统平稳运行。

视图分为 3 种，即标准视图、索引视图和分区视图。

### 1. 标准视图

标准视图选取了来自一个或多个数据库中的一个或多个表及视图中的数据，在数据库中仅保存其定义，在使用视图时系统才会根据视图的定义生成记录。

### 2. 索引视图

索引视图在数据库中不仅保存其定义，生成的记录也被保存，还可以创建唯一的聚集索引。使用索引视图可以加快查询速度，从而提高查询性能。

### 3. 分区视图

分区视图将一个或多个数据库中的一组表中的记录抽取且合并。分区视图的作用是将大量的记录按地域分开存储，使得数据安全和处理性能得到提高。

## 7.2.2　创建视图

创建视图有两种途径：一种是在对象资源管理器中通过菜单创建视图；另一种是在查询编辑器中输入创建视图的 T-SQL 语句并运行，完成创建视图的操作。

### 1. 在对象资源管理器中创建视图

右击【数据库】下的【视图】，在弹出的快捷菜单中选择【新建视图】命令，打开【添加表】对话框，如图 7.1 所示。【添加表】对话框用于设置与视图有关的表、视图、函数等。

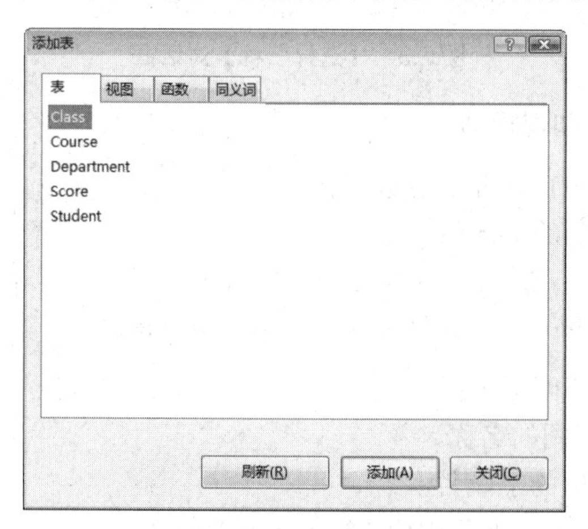


图 7.1　【添加表】对话框

选择所需的表、视图、函数等后，单击【添加】按钮，结束后单击【关闭】按钮，关闭对话框。此时界面如图 7.2 所示。

根据界面中显示的查询语句通过鼠标和快捷菜单进一步设置视图中的表、字段、排序等，直至显示的查询语句完全符合要求。选择主菜单中的【文件】|【保存】命令，弹出【选择名称】对话框，如图 7.3 所示。

在该对话框中输入视图的名称，单击【确定】按钮，关闭对话框，完成视图的创建。

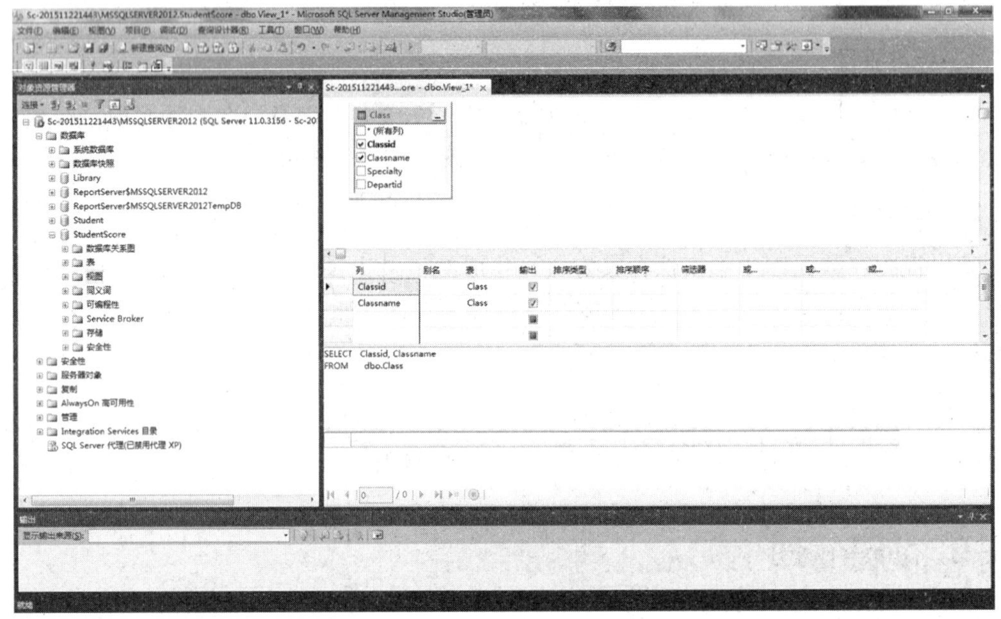


图 7.2　创建视图界面

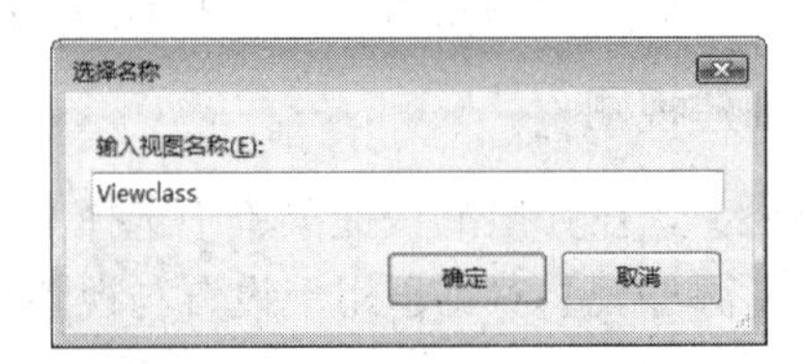


图 7.3　【选择名称】对话框

## 2. 在查询编辑器中创建视图

可以使用 CREATE VIEW 语句创建视图。

CREATE VIEW 语句的语法格式如下：

```
CREATE VIEW view_name [ (column [ ,…n ] ) ] [WITH ENCRYPTION ]
AS select_statement [WITH CHECK OPTION ] [ ; ]
```

其中各参数的含义说明如下。

- view_name：视图的名称。
- column：视图中的字段名称。
- ENCRYPTION：将创建视图的查询语句加密。
- select_statement：定义视图的 SELECT 语句。该语句的数据源可以是一个或多个表和视图。
- CHECK OPTION：强制针对视图执行的所有数据修改语句都必须符合在 select_statement 中设置的条件。通过视图修改行时，WITH CHECK OPTION 可确保提交修改后仍可通过视图看到数据。

**【实例 7.1】** 创建视图 Viewclass，只显示班级表中的班级编号、班级名称和系编号。

```
CREATE VIEW Viewclass AS SELECT Classid, Classname,Departid FROM Class
```

**【实例 7.2】** 创建视图 Viewclassencrypt，只显示班级表中的班级编号、班级名称和系编号，而且视图定义保密。

```
CREATE VIEW Viewclasscrypt  WITH ENCRYPTION
AS SELECT Classid, Classname,Departid FROM Class
```

**【实例 7.3】** 创建视图 Viewclassdept，只显示班级表中的系编号为 2 的班级编号、班级名称，而且保证对视图中的修改必须满足系编号为 2 的条件。

```
CREATE VIEW Viewclassdept
AS SELECT Classid, Classname FROM Class WHERE Departid=2
WITH CHECK OPTION
```

## 7.2.3 使用视图

视图创建后，可以如同使用表一样使用视图。在 SELECT、INSERT、UPDATE、DELETE 语句中，只要是表的位置，都可以用视图来代替。

**【实例 7.4】** 下列两个 T-SQL 语句的运行结果一样吗？

```
SELECT Classid, Classname, Departid FROM Class
SELECT Classid, Classname, Departid FROM Viewclass
```

结果是一样的。

**【实例 7.5】** 通过视图 Viewclass 向数据库中插入一条记录，班级编号是 21601，班级名称是“机电 201601”，系编号是 2。

```
INSERT INTO Viewclass(Classid,Classname,Departid) VALUES('21601','机电
201601',2)
```

**【实例 7.6】** 通过视图 Viewclass 更新一条班级记录，将班级编号是 21601 的班级的名称改为“机电 201602”。

```
UPDATE Viewclass SET Classname = '机电 201602' WHERE Classid='21601'
```

**【实例 7.7】** 通过视图 Viewclass 删除班级编号是 21601 的班级记录。

```
DELETE FROM Viewclass WHERE Classid = '21601'
```

**【实例 7.8】** 通过视图 Viewclassdept 向数据库中插入两条班级记录，一条班级编号是 21602，班级名称是“机电 201602”，系编号是 2；另一条班级编号是 11602，班级名称是“机电 201602”，系编号是 1。

```
INSERT INTO Viewclassdept(Classid,Classname,Departid)
VALUES('21602','机电 201602',2)
INSERT INTO Viewclassdept(Classid,Classname,Departid)
VALUES('11602','机电 201602',1)
```

两个语句都运行成功了吗？为什么？

第一个运行成功，第二个运行失败。第二个语句违反了视图中查询语句的 WHERE 子句条件限制。

## 7.2.4 修改视图

可以使用 ALTER VIEW 语句修改视图。在查询编辑器中输入修改视图的语句并运行，完成修改视图的操作。

ALTER VIEW 语句的语法格式如下：

```
ALTER VIEW view_name [ ( column [ , …n ] ) ] [WITH ENCRYPTION ]
[ WITH <view_attribute> [ , …n ] ]
AS select_statement
[ WITH CHECK OPTION ] [ ; ]
```

其中各参数的含义说明如下。

- view_name：视图的名称。
- column：视图中的字段名称。
- ENCRYPTION：将创建视图的查询语句加密。
- select_statement：定义视图的 SELECT 语句。该语句的数据源可以是一个或多个表和视图。
- CHECK OPTION：强制针对视图执行的所有数据修改语句都必须符合在 select_statement 中设置的条件。通过视图修改行时，WITH CHECK OPTION 可确保提交修改后仍可通过视图看到数据。

**【实例 7.9】** 修改视图 Viewclassdept，只显示班级表中的系编号为 1 的班级编号、班级名称，而且保证对视图中的修改必须满足系编号为 1 的条件。

```
ALTER VIEW Viewclassdept
AS SELECT Classid, Classname FROM Class WHERE Departid=1
WITH CHECK OPTION
```

## 7.2.5 删除视图

视图是基于表或其他视图的。删除视图后，表和视图所基于的数据并不受影响，因此被删除视图所依赖的表或者视图不受影响。但是，如果有其他视图基于被删除视图，那么删除操作将影响数据库的架构，破坏数据的关系，这样的视图是无法删除的。

因此，建议在删除视图前先查看其依赖关系，方法是在对象资源管理器中右击该视图，在弹出的快捷菜单中选择【查看依赖关系】命令，打开【对象依赖关系-Viewclass】对话框查看，如图 7.4 所示。

删除视图有两种途径：一种是在对象资源管理器中通过菜单删除视图；另一种是在查询编辑器中输入删除视图的 T-SQL 语句并运行，完成删除视图的操作。

### 1. 在对象资源管理器中删除视图

右击需要删除的表，在弹出的快捷菜单中选择【删除】命令，弹出【删除对象】对话框，如图 7.5 所示。单击【确定】按钮，可以完成表的删除。

图 7.4　【对象依赖关系-Viewclass】对话框

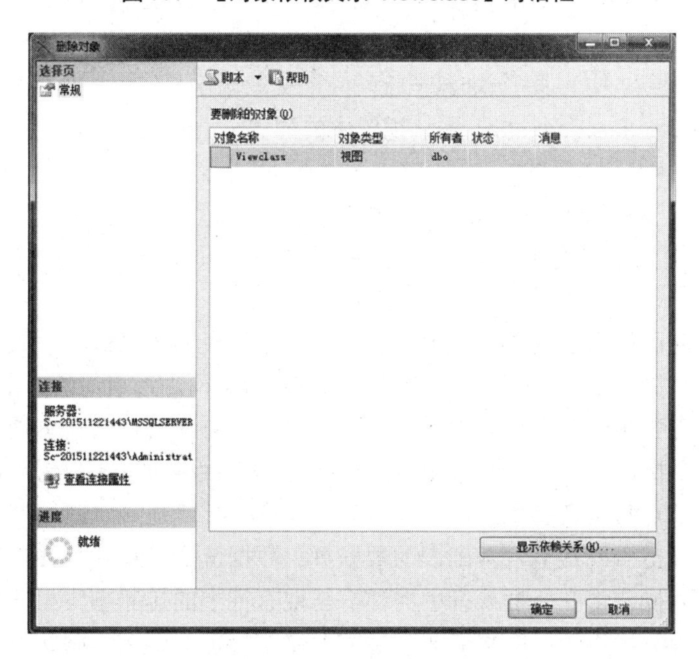


图 7.5　【删除对象】对话框

## 2. 在查询编辑器中删除视图

可以使用 DROP VIEW 语句删除视图。

DROP VIEW 语句的语法格式如下：

```
DROP VIEW view_name [ , …n ]
```

其中参数 view_name 的含义是视图的名称。

【实例 7.10】从当前数据库中删除视图 Viewclassdept。

```
DROP VIEW viewclassdept
```

# 7.3 索引

## 7.3.1 索引及其分类

实际业务中，数据库表中的记录往往数量众多，随着时间的推移数据量更加浩大，这也使得查询速度越来越慢。怎样才能提高查询速度、优化查询性能呢？这是使用数据库必须解决的问题，否则实际应用的效果将无法满足需求。

正如为厚厚的字典添加索引可以帮助尽快查找字词一样，在 SQL Server 数据库中也可以通过适当的索引帮助，减少查询工作量，提高查询特定信息的速度。

SQL Server 数据库的索引分为聚集索引和非聚集索引两类。SQL Server 数据库中的表可以创建聚集索引和非聚集索引，也可以不带任何索引。根据表是否带有可用索引，SQL Server 采用表扫描或查找索引的方式来查询记录。

对于不含聚集索引的表，SQL Server 会在堆中维护数据页。每个堆根据所含分区数目分成一个或多个堆结构，每个堆结构有一个或多个分配单元来存储和管理数据。sys.system_internals_allocation_units 系统视图中的列 first_iam_page 指向管理特定分区中堆的分配空间的一系列 IAM 页的第一页。SQL Server 使用索引分配映射表(IAM)页来维护堆。堆内的数据页和行没有任何特定的顺序，也不链接在一起。数据页之间唯一的逻辑连接是记录在 IAM 页内的信息。查询记录可以通过扫描 IAM 页对堆进行表扫描或串行读操作来进行。

聚集索引在前面创建主键的操作中已经提及，在为表创建主键时，默认会在主键字段上创建聚集索引。在 SQL Server 中，索引是按 B 树结构进行组织的。索引 B 树中的顶端节点称为根节点。中间节点称为索引节点，是包含存有索引行的索引页，每个索引行包含一个键值和一个指针，该指针指向 B 树上的某一中间级页或叶级索引中的某个数据行。根节点和中间级节点每级索引中的页使用双向链表进行相互连接。底层节点称为叶节点，在聚集索引中，叶节点就是包含基础表的数据页。数据链内的页和行将按聚集索引键值进行排序，所有插入操作都在所插入行中的键值与现有行中的排序顺序相匹配时执行，也就是说，表中记录根据聚集索引的键值排列顺序存储在物理介质上，因此一个表最多只能有一个聚集索引。

非聚集索引与聚集索引具有相同的 B 树结构，但非聚集索引的键值顺序和表中记录在物理介质上的存储位置顺序是不一致的。非聚集索引的叶节点是索引页不是数据页，非聚集索引中的每个索引行都包含非聚集键值和行定位符。此定位符指向聚集索引的键值或堆中包含该键值的数据行。在查询时，可以通过非聚集索引的键值先查询到包含该键值的记录的指针，然后再查询到该记录，因此通过非聚集索引查询的速度比通过聚集索引查询的速度慢，但一个表可以有多个非聚集索引。

SQL Server 还有一种索引，是唯一索引。所谓唯一，是指不同记录的索引键值互不相同。聚集索引和非聚集索引的键值可以是唯一的，也可以不是唯一的，因此可以设置聚集索引和非聚集索引为唯一索引或非唯一索引。

## 7.3.2　创建索引

创建索引有两种途径：一种是在对象资源管理器中通过菜单创建索引；另一种是在查询编辑器中输入创建索引的 T-SQL 语句并运行，完成创建索引的操作。

### 1. 在对象资源管理器中创建索引

可以在对象资源管理器中单击需要修改的表，右击【索引】节点，在弹出的快捷菜单中选择【新建索引】→【聚集索引】或【非聚集索引】命令，打开【新建索引】对话框，如图 7.6 所示。

图 7.6　【新建索引】对话框

设置【新建索引】对话框中【常规】选择页中所有字段的【索引名称】、【索引类型】和【唯一】。单击【添加】按钮，打开【选择列】对话框，为索引键列添加表中字段，如图 7.7 所示。添加字段结束后，单击【确定】按钮，关闭【选择列】对话框，返回【新建索引】对话框。

完成设置后，【新建索引】对话框如图 7.8 所示。单击【确定】按钮，完成创建索引。

### 2. 在查询编辑器中创建索引

可以使用 CREATE INDEX 语句创建索引。

CREATE INDEX 语句的语法格式如下：

```
CREATE [ UNIQUE ] [CLUSTERED | NONCLUSTERED ] INDEX index_name
```

```
ON ( column_name [ ASC | DESC ] [ , …n ] )
```

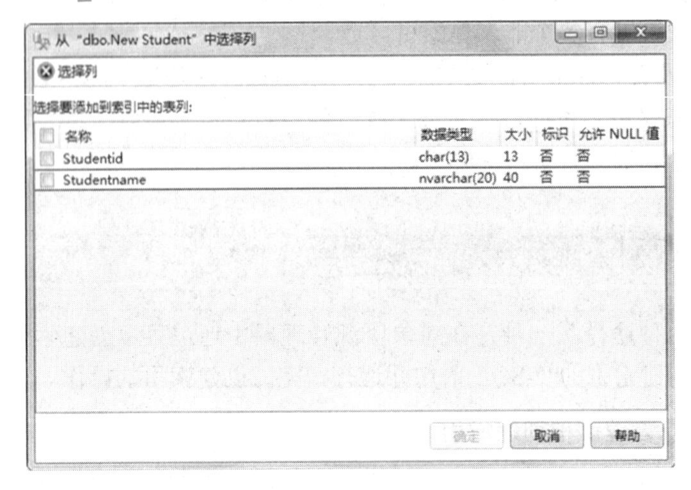


图 7.7 【选择列】对话框

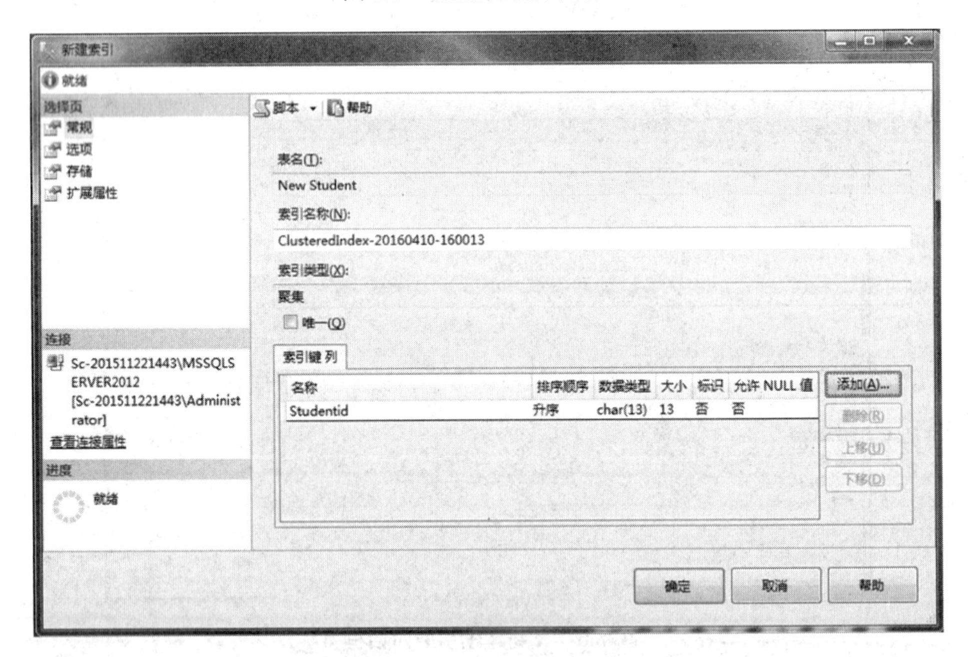


图 7.8 【新建索引】对话框

其中各参数的含义说明如下。

- UNIQUE：唯一索引。
- CLUSTERED：聚集索引。
- NONCLUSTERED：非聚集索引。
- index_name：索引的名称。
- column_name：字段的名称。
- [ ASC | DESC ]：索引字段的升序或降序排序方向。默认值为 ASC。

【实例 7.11】创建表 New Studente，该表中有 2 个字段，分别是：Studentid，char 型，长度为 13，不可为空；Studentname，nvarchar 型，长度为 20，不可为空。在 Studentid 字段

上创建升序的聚集索引 PK_New Student，在 Studentname 字段上创建降序的唯一非聚集索引 IX_New Student。

```
CREATE CLUSTERED INDEX [PK_New Student] ON [New Student]
(
    [Studentid] ASC
)
GO
CREATE UNIQUE NONCLUSTERED INDEX [IX_New Student] ON  [New Student]
(
    [Studentname] DESC
)
GO
```

## 7.3.3　修改索引

修改索引有两种途径：一种是在对象资源管理器中通过菜单修改索引；另一种是在查询编辑器中输入修改索引的 T-SQL 语句并运行，完成修改索引的操作。

### 1. 在对象资源管理器中修改索引

右击需要修改的索引，在弹出的快捷菜单中选择【属性】命令，打开【索引属性】对话框，该对话框和【新建索引】对话框一样。设置对话框中所有需要修改的内容，然后单击【确定】按钮即可。

### 2. 在查询编辑器中修改索引

如果修改索引所包含的字段，可以直接使用 CREATE INDEX 语句完成。如果需要启用或禁用索引，重新生成或重新组织索引，或者设置索引选项，可以使用 ALTER INDEX 语句。

ALTER INDEX 语句的语法格式如下：

```
ALTER INDEX { index_name | ALL } ON table_or_view_name
{ REBUILD | DISABLE | REORGANIZE | SET ( <set_index_option> [ , ...n ] ) }[ ; ]
```

其中各参数的含义说明如下。

- index_name：索引的名称。
- ALL：与表或视图相关联的所有索引。
- table_or_view_name：表或者视图的名称。
- REBUILD：重新生成索引。
- DISABLE：禁用该索引。
- REORGANIZE：重新组织索引。
- SET ( <set_index_option> [ ,...n] )：指定索引选项。

【实例 7.12】在 New Student 表中禁用索引 IX_New Student。

```
ALTER INDEX [IX_New Student] ON [New Student] DISABLE
```

【实例 7.13】在 New Student 表中重新生成索引 IX_New Student。

```
ALTER INDEX [IX_New Student] ON [New Student] REBUILD
```

【实例 7.14】在 New Student 表中重新组织索引 IX_New Student。

```
ALTER INDEX [IX_New Student] ON [New Student] REORGANIZE
```

【实例 7.15】修改 New Student 表的索引 IX_New Student，不自动重新计算过时的统计信息。

```
ALTER INDEX [IX_New Student] ON [New Student]
SET (STATISTICS_NORECOMPUTE = ON)
```

**提示：** 重新组织索引是对叶级页重新进行物理排序，使其与叶节点的逻辑顺序相匹配，从而进行碎片整理，可以提高索引扫描的性能。重新生成索引是删除该索引并创建一个新索引，将删除碎片，回收多余的磁盘空间，在连续页中对索引行重新排序，并根据需要分配新页，从而减少获取所请求数据所需的页读取数，达到提高磁盘性能的目的。

## 7.3.4 删除索引

删除无用的索引可以释放其在数据库中当前所占有的磁盘空间。在删除索引之前，必须先删除与索引有关的 PRIMARY KEY 约束。

删除索引有两种途径：一种是在对象资源管理器中通过菜单删除索引；另一种是在查询编辑器中输入删除索引的 T-SQL 语句并运行，完成删除索引的操作。

### 1. 在对象资源管理器中删除索引

右击需要删除的索引，在弹出的快捷菜单中选择【删除】命令，弹出【删除对象】对话框，如图 7.9 所示。单击【确定】按钮，可以完成索引的删除。

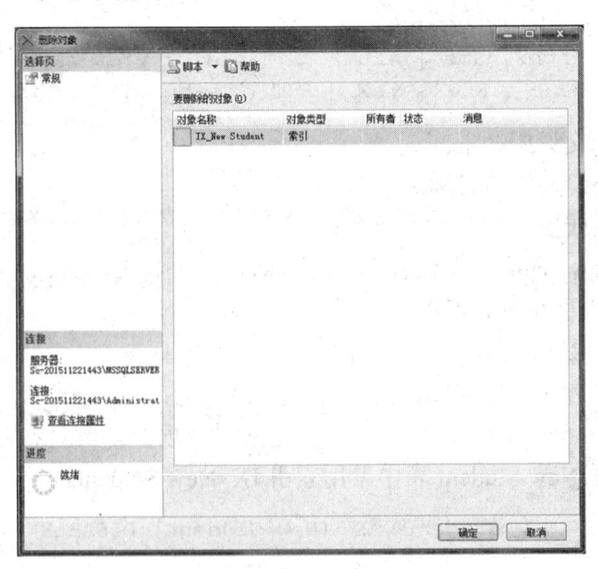


图 7.9 【删除对象】对话框

### 2. 在查询编辑器中删除索引

可以使用 DROP INDEX 语句删除索引。

DROP INDEX 语句的语法格式如下：

```
DROP INDEX index_name ON index_name
```

其中参数 index_name 的含义是被删除的索引名称。

【实例 7.16】从 New Student 表上删除索引 IX_New Student。

```
DROP INDEX [IX_New Student] ON [New Student]
```

## 7.3.5　设计和优化索引

随着表中记录数量级的增大，查询的速度也显著下降，大大影响了数据库的使用。为了提高查询速度和改善数据库性能，设计高效的索引是极其重要的。往往不能一下子找到适当的索引，需要经过设计和不断检验。

首先，在设计索引前必须完成以下任务：了解数据库的基本业务，是以大量增、删、改记录为主要操作的联机事务处理(OLTP)数据库，还是数据变化较少、主要用于查询和分析的决策支持系统(DSS)或数据仓库(OLAP)数据库；了解常用的查询所涉及的表及表中的字段；确定可用于提高查询性能的索引选项；确定索引的存储位置等。

其次，在创建索引后，随着业务的不断应用，要对现有的索引进行检验和评估。SQL Server 提供了两个工具：一个是 SQL Server Profiler；另一个是数据库引擎优化顾问。

SQL Server Profiler 可以帮助数据库管理员准确查看提交到服务器的查询语句，以跟踪的形式设置所要监视的语句运行时产生的事件，并将跟踪的结果以文件或表的形式保存下来，以供数据库引擎优化顾问分析使用。SQL Server Profiler 的界面如图 7.10 所示。

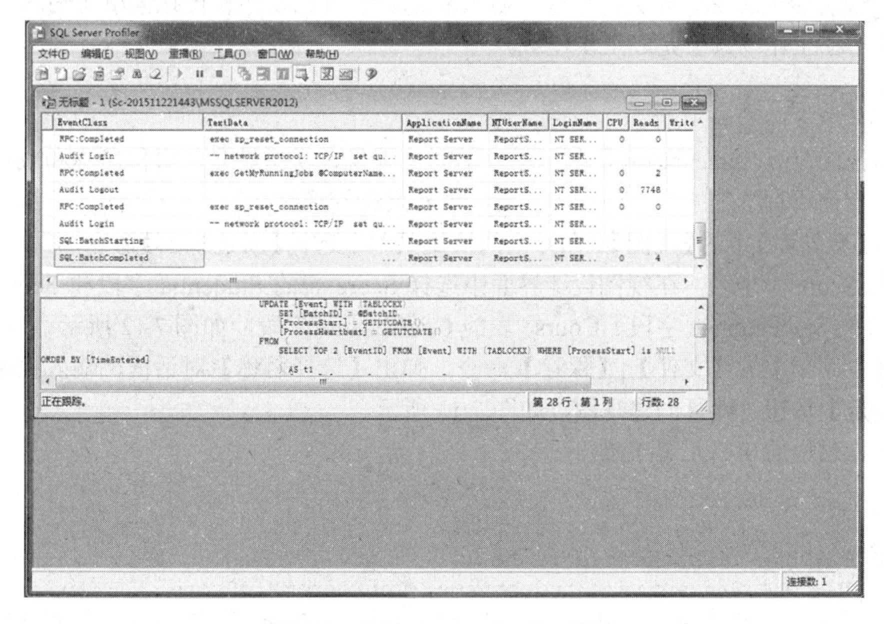


图 7.10　SQL Server Profiler 界面

数据库引擎优化顾问通过分析 SQL Server Profiler 生成的跟踪结果，可以提供对数据库的表中索引的最佳组合建议。数据库管理员可根据此建议创建、修改和删除索引，从而提高查询速度、优化数据库性能。数据库引擎优化顾问界面如图 7.11 所示。

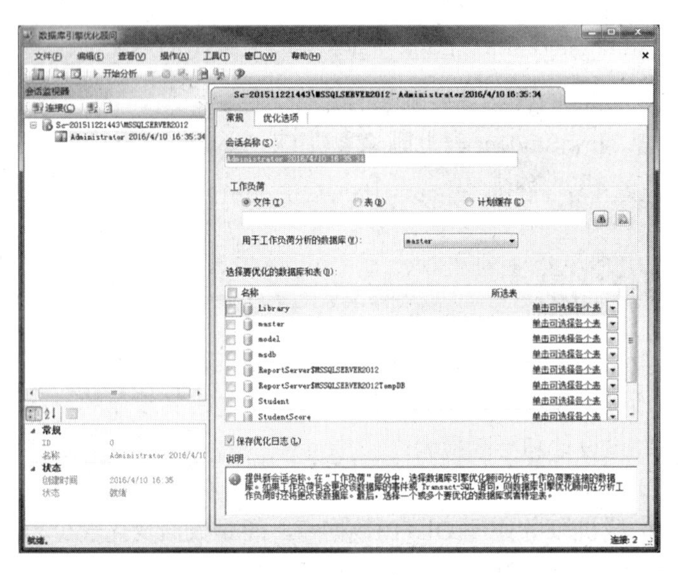


图 7.11 数据库引擎优化顾问界面

## 7.4 回到工作场景

通过对 7.2 和 7.3 节的学习，已经掌握了视图的概念及其分类，创建、使用、修改、删除视图，索引的概念及其分类，创建、修改和删除索引，设计和优化索引等内容。下面回到前面介绍的工作场景中完成工作任务。

**【工作过程一】**

创建视图 Viewstudentscore，包括学生的学生编号、学生姓名、课程名称和成绩，并使用该视图查询所有学生的学生编号、姓名、课程名称和成绩。

右击【数据库】下的【视图】，在弹出的快捷菜单中选择【新建视图】命令，添加 Student、Course 和 Score 3 个表，在视图设计界面中选择 Score 表的 Studentid 字段和 Score 字段、Student 表的 Studentname 字段、Course 表的 Coursename 字段，如图 7.12 所示。

选择主菜单中的【文件】|【保存】命令，弹出【选择名称】对话框，输入视图名称，单击【确定】按钮，即可创建视图，如图 7.13 所示。

本工作过程的 T-SQL 语句如下：

```
USE StudentScore
GO
CREATE VIEW Viewstudentscore AS
SELECT Score.Studentid, Studentname, Coursename, Score
FROM Score INNER JOIN Student ON Score.Studentid = Student.Studentid
INNER JOIN Course ON Score.Courseid = Course.Courseid
```

```
GO
```

使用该视图查询所有学生的姓名、课程名称和成绩的 T-SQL 语句如下：

```
SELECT Studentid,Studentname,Coursename,Score FROM Viewstudentscore
GO
```

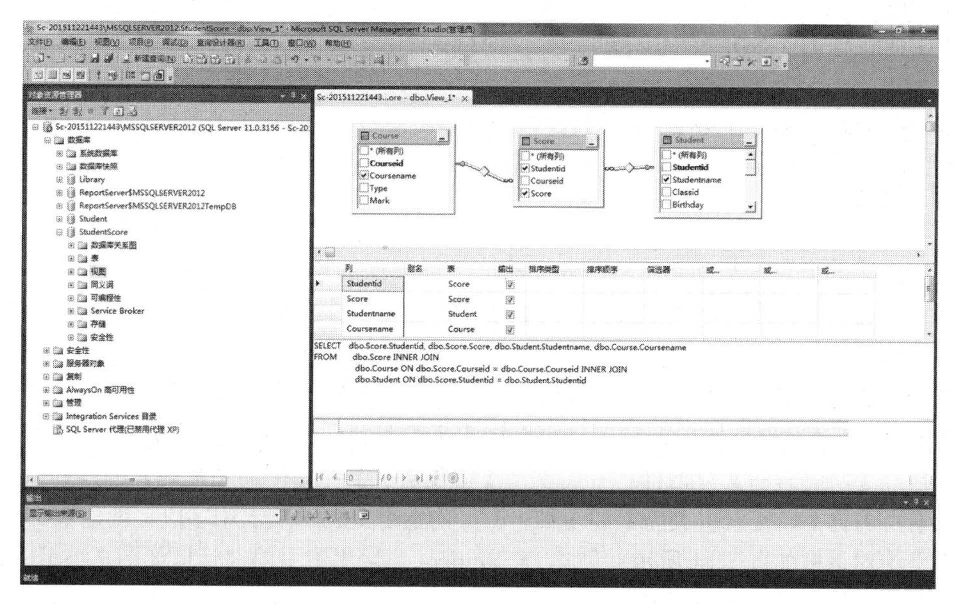


图 7.12 创建视图

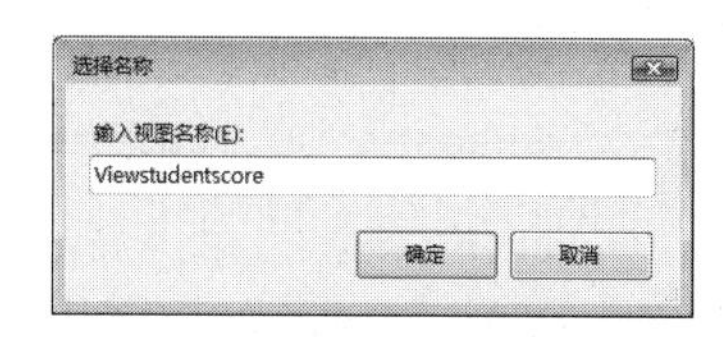


图 7.13 【选择名称】对话框

## 【工作过程二】

修改视图 Viewstudentscore，要求添加学生的班级编号，并使用该视图查询所有学生的姓名、班级编号、课程名称和成绩。

本工作过程的 T-SQL 语句如下：

```
USE StudentScore
GO
ALTER VIEW Viewstudentscore AS
SELECT Score.Studentid, Studentname, Classid, Coursename, Score
FROM Score INNER JOIN Student ON Score.Studentid = Student.Studentid
INNER JOIN Course ON Score.Courseid = Course.Courseid
GO
```

使用该视图查询所有学生的姓名、班级编号、课程名称和成绩的 T-SQL 语句如下：

```
SELECT Studentid,Studentname,Classid,Coursename,Score FROM
Viewstudentscore
GO
```

**【工作过程三】**

使用视图 Viewstudentscore 修改学生成绩：学生编号是 11401001，课程名称是高等数学，成绩是 100。

本工作过程的 T-SQL 语句如下：

```
UPDATE Viewstudentscore SET Score = 100
WHERE [Studentid] = '11401001' AND Coursename = '高等数学'
GO
```

**【工作过程四】**

将学生表的记录复制到新表 NewStudent 中，然后在 NewStudent 表的学生编号字段上创建聚集索引 PK_Student，在 NewStudent 表的班级编号和姓名字段上创建非聚集索引 IX_Student。

将学生表的记录复制到新表 NewStudent 后，在对象资源管理器中单击 NewStudent 表，右击【索引】节点，在弹出的快捷菜单中选择【新建索引】→【聚集索引】或【非聚集索引】命令，打开【新建索引】对话框。分别设置【新建索引】对话框的【常规】选择页中所有字段的【索引名称】、【索引类型】和【唯一】，为索引键列添加表中字段。创建 PK_Student 聚集索引的对话框如图 7.14 所示。创建 IX_Student 非聚集索引的对话框如图 7.15 所示。

本工作过程的 T-SQL 语句如下：

```
CREATE CLUSTERED INDEX PK_Student ON Student(Studentid ASC)
GO
CREATE UNCLUSTERED INDEX IX_Student ON Student
(Classid ASC,Studentname ASC)
GO
```

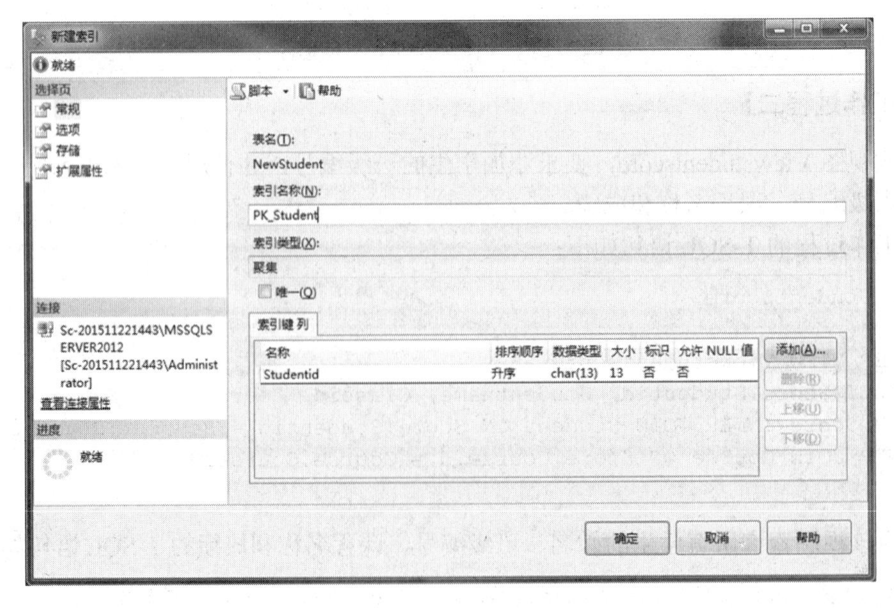


图 7.14　聚集索引 PK_Student

图 7.15　非聚集索引 IX_Student

# 7.5　工作实训营

## 7.5.1　训练实例

### 1. 训练内容

(1) 创建视图 Viewclasscourse，查询学生的班级编号、班级名称和课程名称。

(2) 查询班级编号是 11401 的学生的所有课程名称。

(3) 修改视图 Viewclasscourse，查询学生的系编号、班级编号、班级名称和课程名称。

(4) 删除视图 Viewclasscourse。

(5) 将课程表的所有记录复制到新表 NewCourse，在 NewCourse 表的课程编号字段上创建聚集索引 PK_Course，在 NewCourse 表的课程名称字段上创建非聚集索引 IX_Course。

### 2. 训练目的

(1) 掌握视图的概念及其分类。

(2) 掌握创建、使用、修改和删除视图的方法。

(3) 掌握索引的概念及其分类。

(4) 掌握创建、修改和删除索引的方法。

### 3. 训练过程

参照 7.4 节中的操作步骤。

4. 技术要点

应训练使用对象资源管理器和 T-SQL 语句两种方法完成操作。

### 7.5.2 工作实践常见问题解析

【常见问题 1】为什么不能向视图中插入数据？

【答】请仔细检查是否有违背基础表约束的数据存在。

【常见问题 2】为什么有时不能创建索引？

【答】如果是聚集索引，请查看该表是否已存在聚集索引，如果已有聚集索引，则先删除现有聚集索引再创建索引。此外，如果使用快捷菜单创建索引，务必确认该表的设计界面已关闭，否则创建索引的菜单项将被禁用。

【常见问题 3】如何启用已禁用的索引？

【答】索引被禁用后一直保持禁用状态，直到它重新生成或删除。可以使用带 DROP_EXISTING 子句的 CREATE INDEX 语句创建索引，也可以使用带 REBUILD 子句的 ALTER INDEX 语句修改索引。

## 7.6 习题

一、填空题

(1) 视图是一个____________，除索引视图以外，视图在数据库中仅保存其____________，其中的记录在使用视图时动态生成。

(2) 视图分为 3 种：____________、____________和____________。

(3) 创建视图使用的 T-SQL 语句是____________。修改视图使用的 T-SQL 语句是____________。删除视图使用的 T-SQL 语句是____________。

(4) SQL Server 数据库的索引分为____________和____________两类。根据表是否带有可用索引，SQL Server 采用____________或____________的方式来查询记录。

(5) 带有聚集索引的表中，记录根据____________排列顺序存储在物理介质上，因此一个表最多只能有____________个聚集索引。

(6) 非聚集索引与聚集索引具有相同的____________结构，但非聚集索引的键值顺序和表中记录在物理介质上的存储位置顺序是____________的。非聚集索引的叶节点是____________不是____________。

(7) 创建索引使用的 T-SQL 语句是____________。修改索引使用的 T-SQL 语句是____________。删除索引使用的 T-SQL 语句是____________。

二、操作题

第 2 章中创建了图书管理数据库 Library，该数据库中包含图书馆所需管理的书籍和读者信息。数据库中包含的表包含读者表 Reader、读者分类表 Readertype、图书表 Book、图

书分类表 Booktype、借阅记录表 Record。

操作项目如下。

(1) 创建视图 ViewReaderRecord，包括读者的读者编号、读者姓名、图书名称和借阅时间，使用该视图查询所有读者的读者编号、读者姓名、图书名称和借阅时间。

(2) 修改视图 ViewReaderRecord，要求添加读者的归还时间，使用该视图查询所有读者的读者编号、读者姓名、图书名称、借阅时间和归还时间。

(3) 使用视图 ViewReaderRecord 修改读者借阅记录：读者编号是 3872-3423-002，图书名称是“不抱怨的世界”，归还时间是 2010 年 1 月 1 日。

(4) 在读者表的读者编号字段上创建聚集索引 PK_Reader，在读者表的姓名字段上创建非聚集索引 IX_Reader。

# 第 8 章

## 用户自定义函数

- 用户自定义函数。
- 创建和使用用户自定义函数。
- 修改和删除用户自定义函数。

- 掌握用户自定义函数的概念、作用和分类。
- 掌握创建、修改、删除和使用用户自定义函数的方法。

## 8.1 工作场景导入

**【工作场景】**

每到学期末，辅导员老师都要邮寄学生的成绩表。成绩表包括以下内容。

(1) 该学生本学期所修的课程总数。

(2) 列出该学生每门课程的成绩。显示的内容包括学号、姓名、课程编号、课程名称和课程成绩。

(3) 列出某门课程的最高分、最低分及平均分。显示的内容包括课程编号、课程名称、课程最高分、课程最低分和课程平均分。

这些功能可以使用之前学过的 T-SQL 语句来实现，但如果这些功能需要重复使用，就需要对这些功能进行封装，采用用户自定义函数的形式。

如今，要求信息管理员小孙创建用户自定义函数来实现以上功能。

**【引导问题】**

(1) 如何创建用户自定义函数？

(2) 如何使用用户自定义函数？

(3) 如何修改和删除用户自定义函数？

## 8.2 用户自定义函数介绍

用户自定义函数(User Defined Functions，UDF)是 SQL Server 中的数据库对象。它不能用于执行一系列改变数据库状态的操作，但它可以像系统函数一样在查询或存储过程等的程序段中使用，也可以像存储过程一样通过 EXECUTE 命令来执行。

用户自定义函数最早是由 SQL Server 2000 引入的，它建立在 T-SQL 语句的基础之上，可以有返回值，但不支持输出参数。用户自定义函数的优点是允许模块化设计，只需要创建一次函数并且将其存储在数据库中，以后便可以在程序中重复调用。

根据函数返回值形式的不同将用户自定义函数分为 3 种类型：标量值函数、内联表值函数和多语句表值函数。下面就对这 3 种用户自定义函数分别进行介绍。

### 8.2.1 标量值函数

标量值函数的返回值是一个确定类型的标量值即一个单值，该返回值的数据类型为除 text、ntext、image、cursor 和 timestamp 类型外的其他数据类型。标量用户自定义函数的函数体语句是定义在 BEGIN…END 语句之内的。

### 8.2.2　内联表值函数

SQL Server 中的用户自定义函数并不只是局限于返回标量值，它可以返回一些更复杂的内容——表。根据表的形式不同，分为内联表值函数和多语句表值函数。

内联表值函数以表的形式返回一个返回值，即它返回的是一个表 table 数据类型。内联表值函数没有由 BEGIN...END 语句括起来的函数体。其返回的表由一个位于 RETURN 子句中的 SELECT 命令段从数据库中筛选出来。内联表值函数的功能相当于一个参数化的视图。

### 8.2.3　多语句表值函数

多语句表值函数可以看作标量值函数和内联表值函数的结合体。它的返回值是一个表，但它和标量型函数一样有一个用 BEGIN...END 语句括起来的函数体，返回值的表中的数据是由函数体中的语句插入的。由此可见，它可以进行多次查询，对数据进行多次筛选与合并，弥补了内联表值函数的不足。

## 8.3　创建用户自定义函数

在 Microsoft SQL Server 2012 系统中，使用 CREATE FUNCTION 语句创建用户自定义函数。在创建用户自定义函数时，每个用户自定义函数的名称必须唯一。

### 8.3.1　创建标量值函数

创建标量值函数的基本语法格式如下：

```
CREATE FUNCTION <FunctionName>
(<@Param1_name> <Data_Type_For_Param1>[,…])
RETURNS <Function_Data_Type>
AS
BEGIN
    function_body
    RETURN <returnValue>
END
```

其中各参数的含义说明如下。

- FunctionName：函数的名称，该名称不可与当前数据库实例中的其他对象重名，而且必须符合标识符命名规则。
- @Param1_name：函数的输入参数名。一个函数的参数可以有多个。
- Data_Type_For_Param1：参数的数据类型。
- Function_Data_Type：函数将要返回的返回值的数据类型。
- function_body：函数的函数体。

- returnValue：函数的返回值。该值的数据类型应该与 Function_Data_Type 参数所设定的数据类型一致。

> 注意：指定返回值数据类型时使用 RETURNS 关键字，指定返回值时使用 RETURN 关键字。

### 1. 在对象资源管理器中创建标量值函数

在对象资源管理器中，依次展开【数据库】|【可编程性】|【函数】节点，右击【标量值函数】，在弹出的快捷菜单中选择【新建标量值函数】命令，此时，在右侧的编辑区域出现创建用户自定义函数的默认语句。根据需要，修改创建用户自定义函数语句。修改完毕，单击工具栏中的【执行】按钮，弹出“命令已成功完成”的消息时，说明该标量值函数已经创建成功。此时，展开【标量值函数】节点，就会出现已创建的用户自定义标量值函数。

### 2. 在查询编辑器中创建标量值函数

在查询编辑器中输入创建用户自定义函数语句并执行，可以创建用户自定义标量值函数。

**【实例 8.1】**在 StudentScore 数据库中，创建一个标量值函数 MaxScoreOfAll，功能是求出所有课程的最高分。

```
CREATE  FUNCTION  MaxScoreOfAll()
RETURNS  INT
AS
BEGIN
    DECLARE  @maxscore  INT
    SELECT  @maxscore=MAX(score)  FROM  Score
    RETURN  @maxscore
END
```

> 注意：例题中所创建的标量值函数是没有输入参数的，这种情况在数据库设计中不常出现。

**【实例 8.2】**在 StudentScore 数据库中，创建一个标量值函数 MaxCourseScore，功能是求出某门课程的最高分。

```
CREATE FUNCTION MaxCourseScore (@Courseid char(8))
RETURNS INT
AS
BEGIN
    DECLARE @maxcoursescore INT
    SELECT @maxcoursescore=MAX(score)
FROM Score  WHERE Courseid=@Courseid
    RETURN @maxcoursescore
END
```

> 注意：例题中使用了输入参数。常见的用户自定义函数都有输入参数，执行操作并且将结果以值的形式返回。

## 8.3.2　创建内联表值函数

创建内联表值函数的基本语法格式如下：

```
CREATE FUNCTION <FunctionName>
(<@Param1_name>  <Data_Type_For_Param1>[,…])
RETURNS TABLE
AS
RETURN
(
    Select_statement
)
GO
```

其中各参数的含义说明如下。

- RETURNS TABLE：表示该函数是一个表值函数，返回值是一张表。
- RETURN：表示该函数是一个内联表值函数，该函数的函数体只有一个 RETURN 语句。
- Select_statement：是一个 SELECT 语句，用来表示将要返回的表信息。

### 1. 在对象资源管理器中创建内联表值函数

在对象资源管理器中，依次展开【数据库】|【可编程性】|【函数】节点，右击【表值函数】，在弹出的快捷菜单中选择【新建内联表值函数】命令，此时，在右侧的编辑区域出现创建用户自定义函数的默认语句。根据需要，修改创建用户自定义函数语句。修改完毕，单击工具栏中的【执行】按钮，弹出“命令已成功完成”的消息时，说明该内联表值函数已经创建成功。此时，展开【表值函数】节点，就会出现已创建的用户自定义内联表值函数。

### 2. 在查询编辑器中创建内联表值函数

在查询编辑器中输入创建用户自定义函数语句并执行，可以创建用户自定义内联表值函数。

**【实例 8.3】**在 StudentScore 数据库中，创建一个内联表值函数 CourseScore，功能是根据课程编号列出某门课程的学生成绩，内容包括课程编号、学生编号、课程成绩。

```
CREATE FUNCTION CourseScore
(@Courseid CHAR(8))
RETURNS TABLE
AS
RETURN
(
SELECT Courseid,Studentid,Score  FROM  Score  WHERE Courseid=@Courseid
)
```

> **注意：**例题中只涉及一张数据表的信息。

**【实例 8.4】**在 StudentScore 数据库中，创建一个内联表值函数 MaxScore，功能是根据课程编号列出课程名称和该课程的最高分。

具体步骤与实例 8.3 一致，函数分析如下。

- 函数的输入参数为课程编号 Courseid。
- 课程的名称与课程的分数分别在 Course 表和 Score 表中，这时，该函数需要从这两张表中查询数据。两张数据表通过 Courseid 字段连接。
- 为了得到课程的最高分，需要根据课程编号 Courseid 进行分组查询。

MaxScore 函数的创建语法格式如下：

```
CREATE FUNCTION MaxScore
( @Courseid CHAR(8))
RETURNS TABLE
AS
RETURN
(
SELECT Course. Courseid 课程编号,Coursename 课程名称,MAX(score) 课程最高分
FROM Score INNER JOIN Course ON Score.Courseid=Course.Courseid
WHERE Course.Courseid=@Courseid
GROUP BY Course.Courseid,Course.Coursename
)
```

**注意：例题中创建的函数基于多张表。**

MaxScore 函数只提供某门课程的课程名称和最高分，如果希望在最高分的后面显示课程的最低分，即最终显示的内容包括课程编号、课程名称、课程最高分、课程最低分 4 列信息。该怎么解决呢？这时需要将前两种函数结合使用，也就是接下来要研究的函数——多语句表值函数。

### 8.3.3 创建多语句表值函数

多语句表值函数可以看作是标量值函数和内联表值函数的结合体，其基本语法格式如下：

```
CREATE FUNCTION <FunctionName>
(<@Param1_name>  <Data_Type_For_Param1>[,…])
RETURNS @return_variable TABLE (table_definition)
AS
BEGIN
  function_body
  RETURN
END
```

该语法格式与内联表值函数的创建语法格式有以下 4 点不同。

(1) 在多语句表值函数的创建语句中，RETURNS 后面设置的是将要返回的表的定义，而在内联表值函数的创建语句中，RETURNS 后面只是一个 TABLE 关键字。

(2) 在多语句表值函数的创建语句中，使用了 BEGIN…END 语句块，而在内联表值函数中没有 BEGIN…END 语句块。

(3) 在多语句表值函数中，有单独的 function_body 表示函数体，但在内联表值函数中

没有该单独表示的函数体。

(4) 在多语句表值函数中，RETURN 关键字后面是空的，但在内联表值函数中，RETURN 关键字后面是一个 SELECT 语句。

### 1. 在对象资源管理器中创建多语句表值函数

在对象资源管理器中，依次展开【数据库】|【可编程性】|【函数】节点，右击【表值函数】，在弹出的快捷菜单中选择【新建多语句表值函数】命令，此时，在右侧的编辑区域会出现创建用户自定义函数的默认语句。根据需要，修改创建用户自定义函数语句。修改完毕，单击工具栏中的【执行】按钮，弹出“命令已成功完成”的消息时，说明该多语句表值函数已经创建成功。此时，展开【表值函数】节点，就会出现已创建的用户自定义多语句表值函数。

### 2. 在查询编辑器中创建多语句表值函数

在查询编辑器中输入创建用户自定义函数语句并执行，可以创建用户自定义多语句表值函数。

**【实例 8.5】**在 StudentScore 数据库中，创建一个多语句表值函数 CourseScoreInfo，功能是根据课程编号列出某门课程的课程编号、课程名称、课程最高分和课程最低分。

```
CREATE FUNCTION CourseScoreInfo
(   @Courseid CHAR(8)  )
RETURNS
 @CourseScoreInfo TABLE (
    Cid CHAR(8),Cname NVARCHAR(30),
    maxscore INT,minscore INT
)
AS
BEGIN
INSERT INTO @CourseScoreInfo(Cid,Cname,maxscore)
 SELECT  Course.courseid,Coursename,max(score)
 FROM Score INNER JOIN Course ON course.Courseid=Score.Courseid
 WHERE course.Courseid=@Courseid
 GROUP BY course.Courseid,course.Coursename

UPDATE @CourseScoreInfo SET minscore=
(SELECT MIN(score) FROM Score WHERE Courseid=@Courseid
)

RETURN
END
```

## 8.4　使用用户自定义函数

用户自定义函数创建之后，可以使用该函数来查询信息或者在存储过程程序段中调用该函数。下面介绍不同种类函数的使用方法。

## 8.4.1 使用标量值函数

标量值函数的返回值是一个单值。调用标量值函数的方法有两种：在 SELECT 语句中调用和使用 EXEC 语句执行。

- 在 SELECT 语句中的调用形式：SELECT 函数名(参数 1,参数 2,……)
- 使用 EXEC 语句的执行形式："EXEC 函数名 实参值 1,实参值 2,……"或者"EXEC 函数名 形参名 1=实参值 1,形参名 2=实参值 2,……"

**【实例 8.6】**使用以上两种方法调用无参的标量值函数 MaxScoreOfAll。

使用 SELECT 语句调用无参标量值函数 MaxScoreOfAll：

```
SELECT dbo.MaxScoreOfAll()
```

运行结果如下：

```
无列名
98
```

使用 EXEC 语句执行无参标量值函数 MaxScoreOfAll：

```
DECLARE @maxscore INT
EXEC @maxscore=MaxScoreOfAll
SELECT @maxscore as'所有课程最高分'
```

运行结果如下：

```
所有课程最高分
98
```

**【实例 8.7】**分别使用 SELECT 语句和 EXEC 语句调用带有参数的标量值函数 MaxCourseScore。

使用 SELECT 语句调用有参的标量值函数 MaxCourseScore：

```
SELECT dbo.MaxCourseScore('00100001')
```

运行结果如下：

```
无列名
97
```

使用 EXEC 语句执行有参标量值函数 MaxCourseScore：

```
DECLARE @maxscore INT
EXEC @maxscore=MaxCourseScore '00100002'
SELECT @maxscore '00100002 课程最高分'
```

运行结果如下：

```
00100002 课程最高分
97
```

### 8.4.2 使用内联表值函数

内联表值函数只能通过 SELECT 语句调用。

**【实例 8.8】** 使用 SELECT 语句调用内联表值函数 CourseScore。

```
SELECT * FROM CourseScore('00100002')
```

运行结果如下：

```
Courseid    Studentid    Score
00100002    10701001     94
00100002    10701002     47
00100002    10701003     48
00100002    10702001     75
00100002    10702002     87
00100002    10702003     64
00100002    20701001     86
00100002    20701002     60
00100002    20701003     97
00100002    20702001     87
00100002    20702002     95
00100002    20702003     75
```

**【实例 8.9】** 使用 SELECT 语句调用内联表值函数 MaxScore。

```
SELECT * FROM dbo.MaxScore('00100002')
```

运行结果如下：

```
课程编号      课程名称     课程最高分
00100002    马克思主义     97
```

### 8.4.3 使用多语句表值函数

多语句表值函数的调用与内联表值函数的调用方法相同，也是只能使用 SELECT 语句。

**【实例 8.10】** 使用 SELECT 语句调用多语句表值函数 CourseScoreInfo。

```
SELECT * FROM CourseScoreInfo('00100002')
```

运行结果如下：

```
Cid         Cname       maxscore    minscore
00100002    马克思主义    97          47
```

## 8.5 修改用户自定义函数

修改用户自定义函数有两种途径：一种是在对象资源管理器中修改用户自定义函数；另一种是在查询编辑器中输入修改用户自定义函数的 T-SQL 语句并运行，完成修改操作。

### 1. 在对象资源管理器中修改用户自定义函数

在对象资源管理器中右击需要修改的函数名，在弹出的快捷菜单中选择【修改】命令，在右侧的编辑区域出现 ALTER FUNCTION 的修改语句，通过修改该语句即可修改用户自定义函数。

### 2. 在查询编辑器中修改用户自定义函数

修改用户自定义函数的 T-SQL 语句是 ALTER FUNCTION，其语法格式与 CREATE FUNCTION 的格式类似。

**【实例 8.11】**修改前面创建的内联表值函数 CourseScore，功能是通过课程编号和班级编号查询出某班级的某门课程的成绩信息。

```
ALTER FUNCTION [dbo].[CourseScore]
(   @Courseid CHAR(8),@Classid CHAR(10)
)
RETURNS TABLE
AS
RETURN
(
  SELECT Courseid,Classid,student.Studentid,Score
  FROM Score INNER JOIN Student
  ON Score.Studentid=Student.Studentid
  WHERE Courseid=@Courseid AND Classid=@Classid
 )
```

调用修改之后的CourseScore函数：

```
SELECT * FROM CourseScore('00100002','11401')
```

运行结果如下：

```
Courseid    Classid    Studentid    Score
00100002    11401      11401001       94
00100002    11401      11401002       47
00100002    11401      11401003       48
```

## 8.6 删除用户自定义函数

删除用户自定义函数有两种途径：一种是在对象资源管理器中删除用户自定义函数；另一种是在查询编辑器中输入删除用户自定义函数的 T-SQL 语句并运行，完成删除函数的操作。

### 1. 在对象资源管理器中删除用户自定义函数

在对象资源管理器中右击需要删除的函数名，在弹出的快捷菜单中选择【删除】命令，打开【删除对象】对话框，如图 8.1 所示。单击【确定】按钮，完成删除操作。

图 8.1　【删除对象】对话框

### 2. 在查询编辑器中删除用户自定义函数

删除用户自定义函数的 T-SQL 语句是 DROP FUNCTION 语句。该语句的语法格式如下：

```
DROP FUNCTION  [ owner_name. ] function_name [ , …n ]
```

**【实例 8.12】** 删除用户自定义函数 MaxScore。

```
DROP FUNCTION dbo.MaxScore
```

## 8.7　回到工作场景

通过对 8.2～8.6 节内容的学习，已经掌握了用户自定义函数的创建与使用方法，此时基本能够帮助辅导员设置学生成绩表中所需信息的查询工作。下面将回到前面介绍的工作场景中完成工作任务。

**【工作过程一】**

创建用户自定义函数用来统计某学生本学期所修的课程总数。

分析该功能特点，统计课程总数，即返回值是单个值，信息管理员小孙需要创建标量值函数。

打开 Microsoft SQL Server Management Studio，在对象资源管理器中展开【数据库】| StudentScore|【可编程性】|【函数】节点，右击【标量值函数】，在弹出的快捷菜单中选

择【新建标量值函数】命令，在右侧编辑区域出现新建标量值函数的默认语法格式，在其中输入下列 T-SQL 语句并执行，即可完成函数的创建。

```
CREATE FUNCTION GetCourseNum
(@Studnetid CHAR(13))
RETURNS INT
AS
BEGIN
     DECLARE @num INT
     SELECT @num=COUNT(*) FROM Score WHERE Studentid=@Studnetid
     RETURN @num
END
```

调用 GetCourseNum 函数：

```
SELECT dbo.GetCourseNum('11401001')
```

结果如下：

```
无列名
4
```

【工作过程二】

创建用户自定义函数用来实现查询某学生每门课程的成绩。

分析该功能特点，返回值应该是表的形式，需要创建表值函数。查询每门课程的成绩相当于创建一个有参数的视图，所以这里信息管理员小孙需要创建的表值函数应该是内联表值函数。

打开 Microsoft SQL Server Management Studio，在对象资源管理器中展开【数据库】|StudentScore|【可编程性】|【函数】节点，右击【表值函数】，在弹出的快捷菜单中选择【新建内联表值函数】命令，在右侧编辑区域出现新建内联表值函数的默认语法格式，在其中输入下列 T-SQL 语句，并执行该语句，即可完成函数的创建。

```
CREATE FUNCTION GetCourseScore
(
  @Studentid char(13)
)
RETURNS TABLE
AS
RETURN
(
select Student.Studentid 学生号,Student.Studentname 学生姓名,
course.Courseid 课程编号,Course.Coursename 课程名称,Score.Score 课程成绩
from Student inner join Score on Student.Studentid=score.Studentid inner join
Course
on Course.Courseid=Score.Courseid
where student.Studentid=@Studentid
)
```

调用 GetCourseScore 函数：

```
SELECT * FROM GetCourseScore('11401001')
```

结果如下：

| 学生号 | 学生姓名 | 课程编号 | 课程名称 | 课程成绩 |
| --- | --- | --- | --- | --- |
| 11401001 | 郭玉娇 | 00100001 | 高等数学 | 94 |
| 11401001 | 郭玉娇 | 00100002 | 马克思主义 | 94 |
| 11401001 | 郭玉娇 | 00200101 | 数字电路 | 94 |
| 11401001 | 郭玉娇 | 00200102 | 电子产品结构 | 94 |

**【工作过程三】**

创建用户自定义函数用来统计某课程的最高分、最低分和平均分。

分析该功能特点，应该是以表的形式作为返回值，该表的内容是需要多次查询进行统计的，所以在这里信息管理员小孙需要创建的是多语句表值函数。

打开 Microsoft SQL Server Management Studio，在对象资源管理器中展开【数据库】|StudentScore|【可编程性】|【函数】节点，右击【表值函数】，在弹出的快捷菜单中选择【新建多语句表值函数】命令，在右侧编辑区域出现新建多语句表值函数的默认语法格式，在其中输入下列 T-SQL 语句并执行，即可完成函数的创建。

```
CREATE FUNCTION [dbo].[CourseInfo]
(
    @Courseid CHAR(8)
)
RETURNS
 @CourseScoreInfo TABLE
(
    Cid CHAR(8),Cname NVARCHAR(30),
    maxscore INT,minscore INT,avgscore INT
)
AS
BEGIN
INSERT INTO @CourseScoreInfo(Cid,Cname,maxscore)
 SELECT  Course.courseid,Coursename,max(score)
 FROM Score INNER JOIN Course ON course.Courseid=Score.Courseid
 WHERE course.Courseid=@Courseid
 GROUP BY course.Courseid,course.Coursename

UPDATE @CourseScoreInfo
SET minscore=
(
SELECT MIN(score) FROM Score WHERE Courseid=@Courseid
)

UPDATE @CourseScoreInfo
SET avgscore=
(
SELECT AVG(score) FROM Score WHERE Courseid=@Courseid
)

RETURN
```

```
END
```

调用 CourseInfo 函数：

```
SELECT * FROM CourseInfo('00100001')
```

结果如下：

```
Cid         Cname       maxscore    minscore    avgscore
00100001    高等数学     97          47           78
```

# 8.8 工作实训营

## 8.8.1 训练实例

### 1. 训练内容

在 StudentScore 数据库中创建用户自定义函数，用来实现以下功能。

(1) 创建函数 StdCount 用来统计某个班级的学生人数，并在查询编辑器中使用该函数。

(2) 创建函数 nameSheet 用来实现点名册功能，点名册内容包括学生编号、姓名、性别。创建完成之后在查询编辑器中使用该函数。

(3) 创建函数 totalScore 实现总成绩单功能，成绩单内容包括学生编号、姓名、性别和总成绩。创建完成之后在查询编辑器中使用该函数。

(4) 修改函数 nameSheet，在点名册中增加年龄一列。

(5) 删除函数 StdCount。

### 2. 训练目的

(1) 掌握 3 种用户自定义函数的不同。

(2) 掌握用户自定义函数的创建方法。

(3) 会调用、修改和删除用户自定义函数。

### 3. 训练过程

参照 8.7 节中的操作步骤。

### 4. 技术要点

应使用对象资源管理器完成以上操作。

## 8.8.2 工作实践常见问题解析

【常见问题 1】函数创建完成之后，为什么没有马上起作用？

【答】函数创建成功后，应该在查询编辑器中调用该函数，才会将函数的运行结果显示出来，这样才能看到函数的作用。

【常见问题 2】在什么情况下需要创建多语句表值函数？

【答】当解决的问题需要以表结构体现的情况下，就需要使用表值函数。进一步分析，当所需结果不是一次查询就可以完成的时候，也就是结果需要多次查询操作的时候，需要使用多语句表值函数。

【常见问题 3】3 种函数的定义形式总是混淆，有何好办法？

【答】自定义函数有两种方法：一种是在查询编辑器中创建；另一种是在对象资源管理器中创建。最好选择在对象资源管理器中创建，因为这种方式在 T-SQL 编辑区域会出现某种函数的语法格式，这样就可以避免在定义格式上出错。

## 8.9 习题

### 一、填空题

(1) 用户自定义函数分为________________、________________和________________3 种。

(2) 创建用户自定义函数使用的 T-SQL 语句是________________。

(3) 调用标量值函数可以使用两种方法，分别是__________和__________。

(4) 修改用户自定义函数使用的 T-SQL 语句是________________，删除用户自定义函数使用的 T-SQL 语句是________________。

(5) 调用内联表值函数和多语句表值函数只能使用__________语句。

### 二、操作题

现需要对图书管理数据库 Library，创建用户自定义函数来实现以下功能。

(1) 创建函数用来统计某位读者没有返还图书的数量。

(2) 创建函数用来查询某个日期之前的图书借阅情况，包括图书号、图书标题、借阅时间、借阅者姓名和当前图书状态。

# 第 9 章

# 存储过程

## 本章要点

- 存储过程。
- 创建和使用存储过程。
- 修改和删除存储过程。
- 带输入参数和输出参数的存储过程。

## 技能目标

- 掌握存储过程的概念、分类和作用。
- 掌握创建、修改、删除和使用存储过程的方法。
- 掌握存储过程中输入参数和输出参数的使用方法。

## 9.1 工作场景导入

**【工作场景】**

学生在校期间，学校经常需要查询学生的各类信息，现列出几个常用的查询。

(1) 查询某系有哪些班级。

(2) 查询某个班级的学生信息，班级的默认值为 11401。

(3) 输入学生编号，输出该学生所在班级。

(4) 通过姓名来查询指定学生所在班级和系部名称。

为了实现这些查询的重用性，建议信息管理员小孙创建存储过程来实现以上功能。

**【引导问题】**

(1) 如何创建存储过程?

(2) 如何使用存储过程?

(3) 如何修改和删除存储过程?

(4) 如何使用输入参数和输出参数?

## 9.2 存储过程介绍

存储过程(Stored Procedure)是 SQL Server 的数据库中的一个重要对象，任何一个设计良好的数据库应用程序都应该用到存储过程。存储过程是将一组实现特定功能的 T-SQL 语句封装起来，经编译后存放在数据库服务器端，用户通过指定存储过程名称和参数来调用它。存储过程与其他编程语言中的过程有些类似。

Microsoft SQL Server 2012 系统提供了 3 种类型的存储过程，即系统存储过程、扩展存储过程和用户存储过程。

- 系统存储过程：指用来完成 Microsoft SQL Server 2012 中许多管理活动的特殊存储过程。从物理上来看，系统存储过程存储在 Resource 数据库中，并且带有 sp_前缀。从逻辑上来看，系统存储过程出现在每个系统数据库和用户数据库的 sys 架构中。
- 扩展存储过程：SQL Server 早期版本的设计人员设计了一种方法来使用以 C 或 C++ 语言编写的、封装在特殊 DDL 库中的功能。扩展存储过程实际上是这些封装在 DLL 文件中的 C 函数。但是，微软公司宣布从 Microsoft SQL Server 2012 版本开始，将逐步删除扩展存储过程类型。
- 用户存储过程：用户可以在 Microsoft SQL Server 2012 系统中使用 T-SQL 语句创建存储过程。本章介绍的存储过程主要是指用户存储过程。

前面介绍了存储过程是由 T-SQL 语句组成的，它是在服务器上创建和运行的，与 T-SQL 语句相比，存储过程具有以下优点。

(1) 提高数据库的执行速度。存储过程只在创建时进行编译，以后每次执行存储过程都不需再重新编译，而一般 SQL 语句每执行一次就编译一次，所以使用存储过程可提高数据库的执行速度。

(2) 模块化程序设计。每个存储过程就是一个模块，它将功能封装在一起。存储过程一旦创建，以后可以多次重复使用，实现了代码的重用性，减少了数据库开发人员的工作量。

(3) 强制应用程序的安全性。这样可以防止 SQL 嵌入式攻击。

## 9.3 不带参数的存储过程

用户存储过程根据有无参数信息，分为不带参数的存储过程和带参数的存储过程两种。本节将详细介绍不带参数的存储过程的创建、使用、修改和删除操作。

### 9.3.1 创建存储过程

在 Microsoft SQL Server 2012 系统中，使用 CREATE PROCEDURE 语句或者 CREATE PROC 语句创建存储过程。在创建存储过程时，该存储过程的名称在当前数据库实例中的名称必须唯一。

创建存储过程的基本语法格式如下：

```
CREATE PROCEDURE|PROC <ProcedureName>
[<@Param1_name>  <Data_Type_For_Param1>[VARYING][=DefaultValue][OUTPUT ]
[,…]]
[WITH {RECOMPILE | ENCRYPTION | RECOMPILE, ENCRYPTION}]
AS
BEGIN
    procedure_body
END
```

其中各参数的含义说明如下。

- ProcedureName：用于指定存储过程的名称，该名称不可与当前数据库实例中的其他对象名称重名，而且必须符合标识符命名规则。
- @Param1_name：用于指定该存储过程的输入参数名。一个存储过程的参数可以有多个。
- Data_Type_For_Param1：用于指定前面参数的数据类型。
- VARYING：指定作为输出参数支持的结果集，该参数由存储过程动态构造，其内容可能发生改变，仅适用于游标参数。
- DefaultValue：指参数的默认值，默认值必须是常量或者 NULL。如果在存储过程中定义了默认值，那么在调用存储过程时不需要指定该参数的值。
- OUTPUT 参数：表示该参数是输出参数。输出参数的值在存储过程执行结束时将值返回给调用语句。
- {RECOMPILE | ENCRYPTION | RECOMPILE, ENCRYPTION}：RECOMPILE 参数表示每一次执行该存储过程都要重新进行编译。ENCRYPTION 参数表示对该存储过程的定义文本进行加密。

- procedure_body：表示该存储过程定义中的编程语句。

另外，需要注意的一点就是，有一些语句不能出现在 CREATE PROCEDURE 命令中，这些语句有 CREATE FUNCTION、CREATE PROCEDURE、CREATE DEFAULT、CREATE RULE、CREATE SCHEMA、CREATE TRIGGER、CREATE VIEW 和 USE 语句等。

**【实例 9.1】**在 StudentScore 数据库中，查询 11401001 号学生的成绩情况。使用存储过程实现，该存储过程不需要使用任何参数，存储过程名称设置为 StdScore。

(1) 在对象资源管理器中，依次展开 StudentScore|【可编程性】|【存储过程】节点，右击【存储过程】，在弹出的快捷菜单中选择【新建存储过程】命令，此时，在右侧的编辑区域出现创建存储过程的默认格式内容。

(2) 在编辑区域输入以下内容：

```
CREATE PROCEDURE StdScore
AS
BEGIN
  SELECT * FROM Score WHERE Studentid='11401001'
END
```

(3) 单击工具栏中的【执行】按钮，弹出“命令已成功完成”的消息时，说明该存储过程已经创建成功。

(4) 此时，展开【存储过程】节点，就会出现名称为 StdScore 的存储过程。

**【实例 9.2】**在 StudentScore 数据库中，创建存储过程来查询“高等数学”这门课的学生成绩情况。该存储过程名称设置为 CScore。

本例的具体步骤与实例 9.1 一致，但创建存储过程的语句不同。

```
CREATE PROCEDURE CScore
AS
BEGIN
  SELECT Course.Courseid,course.Coursename,
   Student.Studentid,Student.Studentname,score.Score
  FROM Student INNER JOIN Score ON  student.Studentid=score.Studentid INNER
JOIN Course ON course.Courseid=score.Courseid
WHERE Course.Coursename='高等数学'
END
```

## 9.3.2 使用存储过程

存储过程的创建就是为了在程序中调用它。在 Microsoft SQL Server 2012 系统中，可以用两种方法来执行存储过程，一种是在对象资源管理器中使用菜单命令执行存储过程，另一种是在查询编辑器中使用 EXECUTE 语句执行存储过程。

### 1. 使用对象资源管理器菜单命令执行存储过程

下面通过一个实例来介绍如何使用对象资源管理器菜单命令执行存储过程。

**【实例 9.3】**使用对象资源管理器菜单命令执行存储过程 StdScore，查询 11401002 号学生的成绩情况。

(1) 在对象资源管理器中，依次展开 StudentScore|【可编程性】|【存储过程】节点，右击 dbo.StdScore，在弹出的快捷菜单中选择【执行存储过程】命令，如图 9.1 所示。

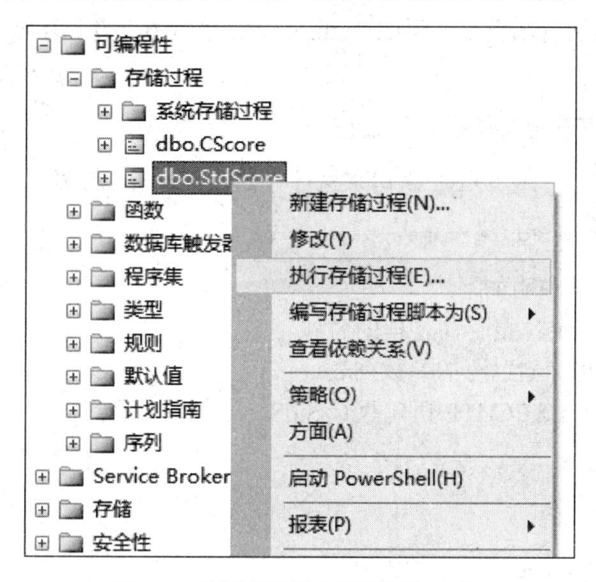


图 9.1　选择【执行存储过程】命令

(2) 进入【执行过程】对话框，如图 9.2 所示。

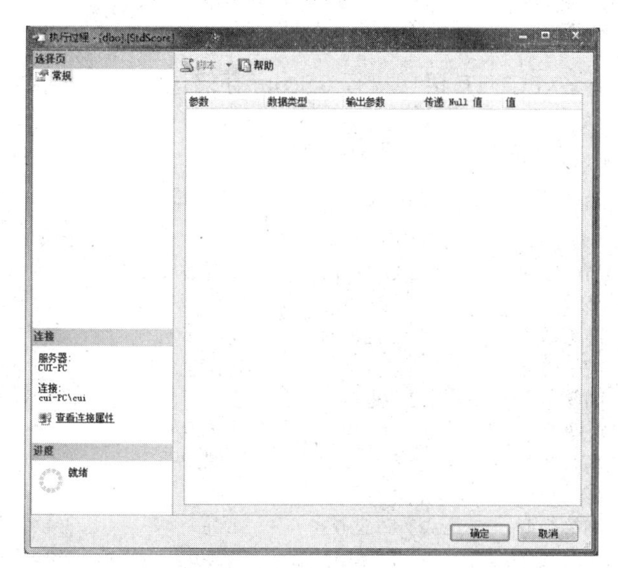


图 9.2　【执行过程】对话框

设置执行存储过程所需要的参数(因 StdScore 存储过程无参数，故不需要设置)后单击【确定】按钮。运行结果如下：

```
Studentid     Courseid      Score
11401002      00100001       47
11401002      00100002       47
11401002      00200101       48
11401002      00200102       84
```

从运行结果中可以看出，使用对象资源管理器菜单命令执行存储过程的结果由两部分组成，一部分是存储过程中的查询结果，另一部分是存储过程的返回值。由于 StdScore 存储过程中没有设置返回值，所以这里的 ReturnValue 值为 0。关于存储过程的返回值会在本章后面介绍。

#### 2. 使用 EXECUTE 语句执行存储过程

可以使用 EXECUTE 或 EXEC 语句来执行存储过程，其语法格式如下：

```
EXECUTE|EXEC procedure_name [paramlist]
```

其中各参数的含义说明如下。

- procedure_name：指存储过程的名称。
- paramlist：指存储过程的参数列表。

**【实例 9.4】**使用 EXECUTE 语句执行 StdScore 存储过程。

```
EXECUTE StdScore
```

运行结果如下：

```
Studentid     Courseid     Score
11401002      00100001      47
11401002      00100002      47
11401002      00200101      48
11401002      00200102      84
```

**【实例 9.5】**使用 EXECUTE 语句执行 CScore 存储过程。

```
EXECUTE CScore
```

运行结果如下：

```
Courseid     Coursename     Studentid     Studentname     Score
00100001      高等数学       11401001      郭玉娇           94
00100001      高等数学       11401002      张蓓蕾           47
00100001      高等数学       11401003      姜鑫锋           86
00100001      高等数学       11402001      姜祝进           75
00100001      高等数学       11402002      李大春           87
00100001      高等数学       11402003      陆杭轲           64
00100001      高等数学       21401001      闻翠萍           86
00100001      高等数学       21401002      李亮             59
00100001      高等数学       21401003      祁强             97
00100001      高等数学       21402001      黄晓琳           87
00100001      高等数学       21402002      张芳             84
00100001      高等数学       21402003      徐海东           76
```

### 9.3.3 修改存储过程

在 Microsoft SQL Server 2012 系统中，有两种途径来修改存储过程。一种是使用对象资源管理器修改存储过程，另一种是使用 ALTER PROCEDURE 语句修改存储过程。

修改存储过程不会更改原存储过程的权限，也不会影响相关的存储过程或触发器。

### 1. 使用对象资源管理器修改存储过程

(1) 在对象资源管理器中，依次展开 StudentScore|【可编程性】|【存储过程】节点，右击要修改的存储过程，在弹出的快捷菜单中选择【修改】命令，如图 9.3 所示。

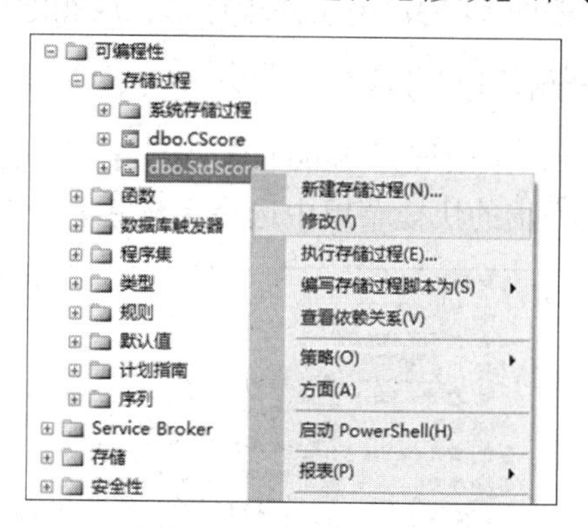


图 9.3　选择【修改】命令

(2) 此时在右侧的编辑窗口中出现该存储过程的源代码，可以直接进行修改。修改完毕后单击工具栏上的【执行】按钮执行该存储过程，完成修改操作。

### 2. 使用 ALTER PROCEDURE 语句修改存储过程

在查询编辑器中可以使用 ALTER PROCEDURE 语句修改存储过程，其语法格式如下：

```
ALTER PROCEDURE|PROC <ProcedureName>
[<@Param1_name>  <Data_Type_For_Param1>[VARYING][=DefaultValue][OUTPUT]
[,…]]
[WITH {RECOMPILE | ENCRYPTION | RECOMPILE, ENCRYPTION}]
AS
BEGIN
    procedure_body
END
```

其中，各参数的含义与用 CREATE PROCEDURE 语句创建存储过程的参数含义相同。

**【实例 9.6】** 修改前面创建的 StdScore 存储过程，查询的各字段使用别名显示。

```
ALTER PROCEDURE [dbo].[StdScore]
AS
BEGIN
SELECT Courseid '课程编号',Studentid'学生编号',Score'成绩' FROM Score
WHERE Studentid='10701002'
END
```

修改后存储过程的运行结果如下：

```
课程编号      学生编号      成绩
00100001    11401002     47
00100002    11401002     47
00200101    11401002     48
00200102    11401002     84
```

## 9.3.4 删除存储过程

删除存储过程有两种途径：一种是在对象资源管理器中删除存储过程；另一种是在查询编辑器中输入删除存储过程的 T-SQL 语句并运行，完成删除存储过程的操作。

### 1. 使用对象资源管理器删除存储过程

(1) 在对象资源管理器中，依次展开 StudentScore|【可编程性】|【存储过程】节点，右击要删除的存储过程，在弹出的快捷菜单中选择【删除】命令，如图 9.4 所示。

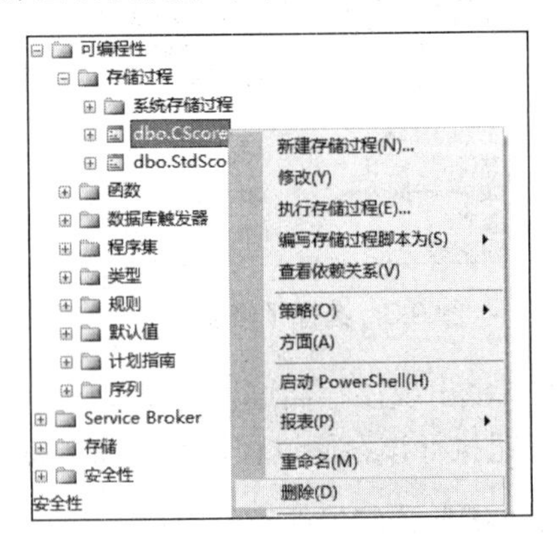


图 9.4 选择【删除】命令

(2) 在弹出的【删除对象】对话框中单击【确定】按钮，即可将该存储过程删除，如图 9.5 所示。

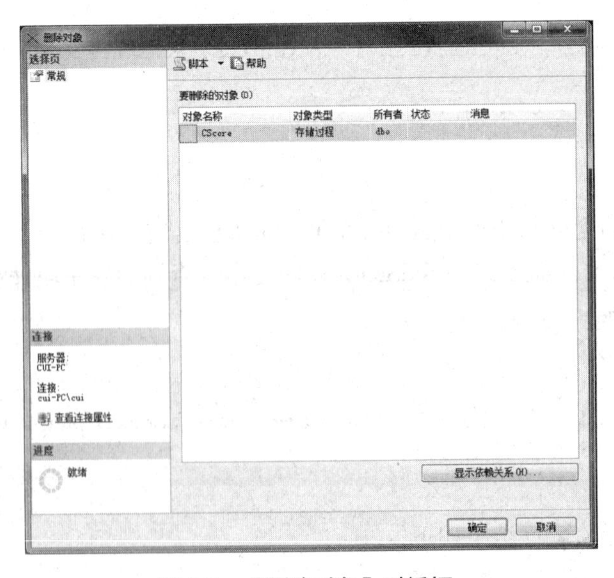


图 9.5 【删除对象】对话框

### 2. 在查询编辑器中删除用户存储过程

删除存储过程的 T-SQL 语句是 DROP PROCEDURE，该语句的语法格式如下：

```
DROP  PROCEDURE [ owner_name. ] procedure_name [ ,…n ]
```

【实例 9.7】删除存储过程 StdScore。

```
DROP  PROCEDURE dbo.StdScore
```

## 9.4　带参数的存储过程

9.3 节介绍的存储过程都是不带参数的，在实际的数据库开发过程中，如果存储过程没有接收一些数据，告诉其要完成的任务，则在大多数情况下这些存储过程不会有太多的用处。因此，需要在存储过程中使用参数。在 CREATE PROCEDURE 的语法格式中给出了参数的格式。

```
[<@Param1_name>  <Data_Type_For_Param1>[VARYING][=DefaultValue][OUTPUT ]
```

其中每个参数的说明在 9.3 节中已经介绍过，这里不再赘述。

根据参数的传递方向分为输入参数和输出参数，在存储过程中输出参数需要使用 OUTPUT 关键字说明，而输入参数不需要使用 OUTPUT 关键字。下面通过几个例子介绍输入参数和输出参数的用法。

### 9.4.1　带输入参数的存储过程

输入参数是当执行存储过程时，需要给存储过程传递的参数值。

【实例 9.8】创建一个带输入参数的存储过程实现查询指定学生编号的学生成绩。

```
CREATE PROCEDURE SScore
@Studentid CHAR(13)
AS
BEGIN
 SELECT * FROM Score WHERE Studentid=@Studentid
END
```

【实例 9.9】创建一个带输入参数的存储过程，给出学生姓名即可查询该学生的成绩信息，其中包括学生编号、姓名、课程名称、成绩。存储过程中的输入参数使用通配符的形式，并且预设默认值。

```
CREATE PROCEDURE StdScoreByName
@Studentname NVARCHAR(20)='李%'
AS
BEGIN
 SELECT Student.Studentid '学生编号',Student.Studentname'姓名',
 Course.Coursename'课程名称',Score.Score'成绩'
 FROM student INNER JOIN Score ON Student.Studentid=Score.Studentid
 INNER JOIN Course ON Course.Courseid=Score.Courseid
 WHERE Studentname LIKE @Studentname
 ORDER BY Student.Studentid
END
```

以上已经创建了两个带输入参数的存储过程，那么如何使用这种存储过程呢？调用带输入参数的存储过程也是使用EXEC语句，语法格式如下：

```
EXEC 函数名 实参值1,实参值2,…
```

或者

```
EXEC 函数名 形参名1=实参值1，形参名2=实参值2，…
```

**【实例9.10】**使用EXEC语句分别执行带有输入参数的两个存储过程SScore和StdScoreByName。

(1) 执行存储过程SScore。

```
EXEC SScore '11401002'
```

或者

```
EXEC SScore @studentid='11401002'
```

运行结果如下：

```
Studentid    Courseid    Score
11401002     00100001     47
11401002     00100002     47
11401002     00200101     48
11401002     00200102     84
```

(2) 调用StdScoreByName。

按照默认参数值执行存储过程：EXEC StdScoreByName。

运行结果如下：

```
学生编号        姓名        课程名称        成绩
11402002        李大春      高等数学        87
11402002        李大春      马克思主义      87
11402002        李大春      数字电路        87
11402002        李大春      电子产品结构    87
21401002        李亮        机电产品维修    49
21401002        李亮        表面组装技术    85
21401002        李亮        马克思主义      60
21401002        李亮        高等数学        59
```

给出输入参数值执行存储过程：

```
EXEC StdScoreByName '姜%'
```

或者

```
EXEC StdScoreByName @studentname='姜%'
```

运行结果如下：

```
学生编号        姓名        课程名称      成绩
11401003        姜鑫锋      高等数学      86
11401003        姜鑫锋      马克思主义    48
```

```
11401003        姜鑫锋        数字电路        86
11401003        姜鑫锋        电子产品结构    86
11402001        姜祝进        电子产品结构    76
11402001        姜祝进        数字电路        98
11402001        姜祝进        马克思主义      75
11402001        姜祝进        高等数学        75
```

带输入参数的存储过程的修改和删除方法与 9.3 节中介绍的方法一致，此处不再赘述。

### 9.4.2 带输出参数的存储过程

输出参数使用 OUTPUT 关键字说明，存储过程执行结束时，将输出参数的值传递给调用程序。

**【实例 9.11】**创建一个存储过程 AddProc，其作用是求两个整数之和。要求使用输出参数存储两数之和。

```
CREATE PROCEDURE AddProc
@Param1 INT,@Param2 INT,@Result INT OUTPUT
AS
BEGIN
SET @Result=@Param1+@Param2
END
```

上面的例题创建了一个带输出参数的存储过程，在这种情况下，需要使用 OUTPUT 关键字指定接收运算结果的变量，并且要事先声明该变量。

```
DECLARE @sum int
EXEC AddProc 12,46,@sum OUTPUT
PRINT @sum
```

运行结果如下：

```
消息
58
```

**【实例 9.12】**创建一个存储过程 totalScoreByStdid，功能是根据学生编号统计该学生的总成绩。其中需要使用输入参数传递学生编号，使用输出参数存储总成绩。

```
CREATE PROCEDURE totalScoreByStdid
@studentid CHAR(13),@totalscore INT OUTPUT
AS
BEGIN
SELECT @totalscore=SUM(Score) FROM Score WHERE Studentid=@studentid
END
```

执行存储过程：

```
DECLARE @totalscore int
EXEC totalScoreByStdid '11401001',@totalscore OUTPUT
PRINT @totalscore
```

运行结果如下：

```
消息
376
```

带输出参数的存储过程的修改和删除方法与 9.3 节中介绍的方法一致，此处不再赘述。

## 9.5 回到工作场景

通过对 9.2～9.4 节内容的学习，掌握了存储过程的创建与使用方法，了解了输入参数和输出参数的使用方法，此时基本能够完成工作场景中设计的查询工作。下面将回到前面介绍的工作场景中完成工作任务。

**【工作过程一】**

创建存储过程用来查询某系有哪几个班级。分析该功能特点，需要设置输入参数传递系别信息值，查询的结果是一个记录集。这时信息管理员小孙需要进行以下操作。

打开 Microsoft SQL Server Management Studio，在对象资源管理器中展开【数据库】|StudentScore|【可编程性】|【存储过程】节点，右击【存储过程】，在弹出的快捷菜单中选择【新建存储过程】命令，在右侧编辑区域出现新建存储过程的默认语法格式，在其中输入下列 T-SQL 语句并执行，即可完成存储过程的创建。

```
CREATE PROCEDURE getClassBydept
@deptname NVARCHAR(20)
AS
BEGIN
SELECT classid FROM Class INNER JOIN Department
ON Department.Departid=Class.Departid
WHERE Department.Departname=@deptname
END
```

调用 getClassBydept 存储过程的结果如下：

```
Classid
11401
11402
11501
11502
```

**【工作过程二】**

创建存储过程用来实现查询某班级的学生信息，学生信息包括学生编号、学生姓名、班级编号、性别、地址、电话号码字段信息。分析该功能特点，应该有一个输入参数用来传递班级值，同时要设置该输入参数的默认值，存储过程根据程序传递过来的班级值在 Student 表中查询相应的学生信息。在这里，信息管理员小孙要执行的操作与工作过程一基本一致，只是创建存储过程的代码不同。

```
CREATE PROCEDURE getStdByClassid
@Classid CHAR(10)='11401'
AS
```

```
BEGIN
SELECT Studentid '学生编号',Studentname '姓名',
Classid'班级',Address'地址',Tel'电话'
FROM Student
WHERE Classid=@Classid
END
```

运行 EXEC getStdByClassid 语句的结果如下：

| 学生编号 | 姓名 | 班级 | 地址 | 电话 |
|---|---|---|---|---|
| 11401001 | 郭玉娇 | 11401 | 江苏省南京市 | 13802748383 |
| 11401002 | 张蓓蕾 | 11401 | 湖北省武汉市 | 13894749384 |
| 11401003 | 姜鑫锋 | 11401 | 湖北省襄樊市 | 13904030284 |

运行 EXEC getStdByClassid'11402' 语句的结果如下：

| 学生编号 | 姓名 | 班级 | 地址 | 电话 |
|---|---|---|---|---|
| 11402001 | 姜祝进 | 11402 | 江苏省苏州市 | |
| 11402002 | 李大春 | 11402 | 江苏省常州市 | |
| 11402003 | 陆杭轲 | 11402 | 山东省济南市 | 13905403050 |

**【工作过程三】**

创建存储过程用来查询某学生所在班级的班级编号，其中要求输入参数为学生编号，输出参数为班级编号。这时，需要创建一个带有输入参数和输出参数的存储过程。在这里，信息管理员小孙要执行的操作与工作过程一基本一致，只是创建存储过程的代码不同。

```
CREATE PROCEDURE getClassidByStdid
@studentid char(13),@classid char(10) OUTPUT
AS
BEGIN
SELECT @classid=Classid  FROM Student WHERE Studentid=@studentid
END
```

调用 getClassidByStdid 存储过程：

```
declare @classid char(10)
exec getClassidByStdid '11401002', @classid OUTPUT
PRINT @classid
```

运行结果如下：

```
消息
11401
```

**【工作过程四】**

创建存储过程用来查询指定学生所在班级和系部名称。通过分析功能，该存储过程中的查询涉及 3 张表，即 student、class、department，其中还要设置输入参数学生编号，查询结果是一个记录集。在这里，信息管理员小孙要执行的操作与工作过程一基本一致，只是创建存储过程的代码不同。

```
CREATE PROCEDURE getCidDname
@studentid CHAR(13)
```

```
AS
BEGIN
SELECT student.Studentid'学生编号',class.Classid'班级',
department.Departname'系部名称'
FROM Student INNER JOIN Class ON Student.Classid=Class.Classid INNER JOIN
Department ON Class.Departid=Department.Departid
WHERE Studentid=@studentid
END
```

调用 getCidDname 存储过程：

```
declare @studentid CHAR(13)
exec getCidDname '21401002 '
```

运行结果如下：

```
学生编号        班级      系部名称
21401002        21401     机电系
```

## 9.6 工作实训营

### 9.6.1 训练实例

**1. 训练内容**

在 StudentScore 数据库中创建存储过程，用来实现以下功能。

(1) 创建存储过程 getallStd 用来查询所有学生信息，并在查询编辑器中调用该存储过程。

(2) 修改存储过程 getallStd，用来查询指定系部的学生信息。例如，给出系部为“机电系”，调用该存储过程就可以查询出机电系的学生信息。修改完成之后在查询编辑器中调用该存储过程。

(3) 创建存储过程 getDeptname 实现根据班级编号查询系部名称的功能。要求使用输入参数和输出参数。

(4) 创建存储过程 getCourseinfo 实现根据学生姓名查询该学生所修课程名称和学分的功能。要求输入参数姓名采用模糊查询形式，并给出默认值'李%'。

(5) 删除存储过程 getallStd。

**2. 训练目的**

(1) 掌握创建存储过程的方法。

(2) 掌握调用存储过程的方法。

(3) 会修改和删除存储过程。

**3. 训练过程**

参照 9.5 节中的操作步骤。

#### 4. 技术要点

应使用对象资源管理器完成以上操作。

### 9.6.2 工作实践常见问题解析

【常见问题1】在存储过程中，输出参数的使用方法是什么？

【答】在存储过程中，输出参数的语法格式与输入参数的不同之处就是，在输出参数的后面必须使用OUTPUT关键字说明。同时在调用有输出参数的存储过程时，也要在相应的输出参数后面使用OUTPUT关键字。也就是说，在创建存储过程和调用存储过程时，都要在输出参数的后面使用OUTPUT关键字。

【常见问题2】存储过程创建完成之后，为什么没有马上起作用？

【答】存储过程创建成功后，只有在查询编辑器中调用该存储过程才会将存储过程的执行结果显示出来，这样才能看到存储过程的作用。

【常见问题3】CREATE PROCEDURE与ALTER PROCEDURE的语法格式基本相似，两者有什么区别吗？

【答】CREATE PROCEDURE 是创建存储过程，是从零开始创建存储过程。

而ALTER PROCEDURE是修改存储过程，它期望找到一个已有的存储过程，然后对其进行修改，使用ALTER PROCEDURE将保留原存储过程上创建的任何权限。

## 9.7 习题

#### 一、填空题

(1) 存储过程分为________________、________________和________________3种。

(2) 创建存储过程使用的T-SQL语句是____________________。

(3) 创建存储过程时，参数的默认值必须是________或________。

(4) 修改存储过程使用的T-SQL语句是____________________，删除存储过程使用的T-SQL语句是____________________。

(5) 在查询编辑器中执行存储过程使用________________语句。

(6) 在SQL Server 2012中，系统存储过程的名称是以__________为前缀的。

#### 二、操作题

现需要对图书管理数据库Library，创建存储过程用来实现以下功能。

(1) 创建存储过程用来查询VIP读者的信息，包括读者号、读者姓名、电话号码。

(2) 创建存储过程用来查询某个读者的借书记录。

(3) 创建存储过程用来统计过期没有归还图书的读者姓名、电话号码。

# 第 10 章

# 触 发 器

- 触发器的工作原理。
- 触发器的种类。
- 创建和使用触发器。
- 修改和删除触发器。

- 了解触发器的工作原理。
- 掌握触发器的分类。
- 掌握创建、修改、删除和使用触发器的方法。

## 10.1 工作场景导入

**【工作场景】**

根据工作需要，学校管理人员需要统计学校各班级的学生人数，现在 Class 表中加入一个字段 StdNum 用来存放班级人数信息。但班级人数 StdNum 的值是一个动态的，比如，学生退学或者转班都会影响 StdNum 的值。

现希望信息管理员小孙能够实现以下功能。

(1) 当某班新来一名学生，即向 Student 表中增加一条记录，这时能够自动更新 Class 表中班级人数的值。

(2) 当有学生退学，能够自动更新 Class 表中班级人数的值。

(3) 当一个学生转班，需要自动更新 Class 表中班级人数的值。

(4) 不允许用户对 Score 表进行修改、删除操作。

**【引导问题】**

(1) 触发器的工作原理是什么？

(2) 如何创建和使用触发器？

(3) 如何修改和删除触发器？

(4) 如何使用触发器中的临时表？

## 10.2 触发器介绍

触发器是 SQL Server 数据库应用中的一个重要对象。它是一个被指定关联到一个表的数据对象。触发器是一种特殊类型的存储过程，也是由大量的 T-SQL 语句组成的。触发器相当于一个事件函数，是对指定表的指定操作事件做出响应的。

触发器不能被直接调用执行，它只能自动执行。在用户试图对指定的表执行指定的数据操作时自动执行。

在 SQL Server 中，按照触发事件的不同可以将触发器分为两大类：数据操纵语言(Data Manipulation Language，DML)触发器和数据定义语言(Data Definition Language，DDL)触发器。

(1) DML 触发器。当数据库中发生数据操纵语言事件时将调用 DML 触发器。一般情况下，数据操纵语言事件包括对指定视图或表执行 INSERT 语句、UPDATE 语句和 DELETE 语句。根据数据操纵语言事件的不同，可以将 DML 触发器分为 INSERT 触发器、UPDATE 触发器和 DELETE 触发器。

(2) DDL 触发器。当数据库中发生数据定义语言事件时将调用 DDL 触发器。也就是用户以某些方式(CREATE、ALTER、DROP 或相似的语句)对数据库结构执行修改时做出响应。DDL 触发器的主要作用是执行管理操作，如审核系统、控制数据库的操作等。

## 10.2.1 INSERT 触发器

当有人向表中插入新的数据时，INSERT 触发器将会被触发执行。对于新插入的记录来说，SQL Server 会创建一个新行的副本并把该副本插入一个特殊表中，这个特殊表是 inserted 表，该表只在触发器的作用域内存在。inserted 表只在触发器激活时存在，在触发器触发之前或完成之后这个表都是不存在的。

## 10.2.2 DELETE 触发器

DELETE 触发器和 INSERT 触发器的工作方式相同，在有人删除表中数据时，DELETE 触发器将会被触发执行。只是因为进行删除操作而没有插入操作，所以 inserted 表是空的。每条删除的记录都会被插入另一个表中，该表称为 deleted 表。和 inserted 表相似，该表只存在于触发器激活的时间内。

## 10.2.3 UPDATE 触发器

当对表中现有的数据进行修改时，就会触发 UPDATE 触发器。UPDATE 触发器和前面的触发器类似，唯一的改变就是没有 updated 表。SQL Server 认为修改数据就好像是删除了现有数据，而插入了全新的数据，这时应该能够想到在 UPDATE 触发器中创建的临时表为 inserted 表和 deleted 表。

当在某一个有 UPDATE 触发器的表上修改一条记录时，表中原来的记录移动到 deleted 表中，修改过的记录插入 inserted 表中。触发器可以检查 deleted 表和 inserted 表及被修改的表，以便确认是否修改了多个行和应该如何执行触发器的操作。

## 10.2.4 INSTEAD OF 触发器

INSTEAD OF 触发器又称为替代触发器，它仅仅起到激活触发器的作用，一旦激活触发器，该语句即停止执行，而转去执行触发器的程序，相当于禁止某种操作。INSTEAD OF 触发器可以在表或视图上创建，每个表或视图只能有一个 INSTEAD OF 触发器。

INSTEAD OF 触发器的主要优点是可以使不能更新的视图支持更新。基于多个基表的视图必须使用 INSTEAD OF 触发器。

例如，通常不能在一个基于连接的视图上进行 DELETE 操作。然而，可以编写一个 INSTEAD OF DELETE 触发器来实现删除。

## 10.3 创建触发器

前面已经介绍过，触发器分为两大类，即 DML 触发器和 DDL 触发器。本节将介绍这两类触发器的创建方法。

### 10.3.1 创建 DML 触发器

在 Microsoft SQL Server 2012 系统中，使用 CREATE TRIGGER 语句创建 DML 触发器。在 CREATE TRIGGER 语句中指定了定义触发器的相关内容。

创建 DML 触发器的基本语法格式如下：

```
CREATE TRIGGER trigger_name
ON table_name|view_name
[WITH ENCRYPTION]
{FOR|AFTER|INSTEAD OF}
{[INSERT][,][DELETE][,][UPDATE]}
AS
 Sql_statement
```

其中各参数的含义说明如下。

- trigger_name 参数：用于指定触发器的名称，该名称必须符合标识符的命名规则。
- table_name|view_name 参数：用于指定执行触发器的表或视图的名称，有时称为触发器表或触发器视图。视图只能创建 INSTEAD OF 触发器。
- WITH ENCRYPTION：对触发器的创建文本进行加密处理。
- FOR|AFTER|INSTEAD OF：3 个关键字任选一个，其中 FOR 和 AFTER 关键字的作用相同，都是指定 DML 触发器仅在触发 SQL 语句中指定的所有操作都已成功执行之后才被触发。INSTEAD OF 用于指定执行 DML 触发器而不是触发 SQL 语句，因此，其优先级高于触发语句的操作。不能为 DDL 触发器指定 INSTEAD OF。
- [INSERT][,][DELETE][,][UPDATE]：指定数据修改语句，既可以一次指定一种事件，也可以在一个触发器中同时指定多个触发事件。
- Sql_statement：指定触发触发器时所执行的操作。该操作由 T-SQL 语句组成，但有一些 T-SQL 语句是不能在 DML 触发器中使用的，包括 CREATE DATABASE、ALTER DATABASE、DROP DATABASE 和 RESTORE LOG 等语句。

**【实例 10.1】**在 Class 表中创建一个 INSERT 触发器，当向 Class 表中插入一条新的班级信息之后，显示该班级所在系的班级总数。

(1) 在对象资源管理器中，依次展开 StudentScore|【表】|Class 节点，右击【触发器】，在弹出的快捷菜单中选择【新建触发器】命令，如图 10.1 所示。此时，在右侧的编辑区域出现创建触发器的默认格式内容。

(2) 在编辑区域输入以下内容：

```
CREATE TRIGGER class_ai_tri
   ON  Class
```

```
   AFTER INSERT
AS
BEGIN
     DECLARE @num INT
     SELECT @num=COUNT(*) FROM Class
     WHERE Departid=(SELECT Departid FROM inserted)
     PRINT '该系班级总数更新为'+char(48+@num)+'个'
END
```

图 10.1 选择【新建触发器】命令

(3) 单击工具栏中的【执行】按钮，出现“命令已成功完成”的消息时，说明该触发器已经创建成功。

(4) 此时，展开 Class|【触发器】节点，就会出现名称为 class_ai_tri 的触发器。

**【实例 10.2】**创建一个触发器，当在 Student 表中删除一个学生的信息时，将该学生的成绩也删除。

分析：在 Student 表中执行 DELETE 操作，会将成绩表中的相关成绩删除，这是一个建立在 Student 表上的后触发的 DELETE 触发器。操作过程如下。

(1) 在对象资源管理器中，依次展开 StudentScore|【表】|Student 节点，右击【触发器】，在弹出的快捷菜单中选择【新建触发器】命令，此时，在右侧的编辑区域出现创建触发器的默认格式内容。

(2) 在编辑区域输入以下内容：

```
CREATE TRIGGER student_ad_tri
   ON  Student
   AFTER DELETE
AS
BEGIN
  DELETE FROM Score
  WHERE Studentid=(SELECT Studentid FROM deleted)
END
```

(3) 单击工具栏中的【执行】按钮，出现“命令已成功完成”的消息时，说明该触发器已经创建成功。

(4) 此时，展开 StudentScore|【表】|Student|【触发器】节点，就会出现名称为 student_ad_tri 的触发器。

**【实例 10.3】**创建触发器，功能是在 Student 表中修改某个学生的学生编号，同时将该学生编号更新到成绩表 Score 中。

分析：在 Student 表中执行 UPDATE 操作，会将成绩表中的相关学生编号更新，这是一个建立在 Student 表上的后触发的 UPDATE 触发器。操作过程如下。

(1) 在对象资源管理器中，依次展开 StudentScore|【表】|Student 节点，右击【触发器】，在弹出的快捷菜单中选择【新建触发器】命令，此时，在右侧的编辑区域出现创建触发器的默认格式内容。

(2) 在编辑区域输入以下内容：

```
CREATE TRIGGER student_au_tri
   ON  Student
   AFTER UPDATE
AS
BEGIN
  DECLARE @oldstdid CHAR(13),@newstdid CHAR(13)
  SELECT @oldstdid=studentid FROM deleted
  SELECT @newstdid=studentid FROM inserted
  UPDATE Score SET Studentid=@newstdid WHERE Studentid=@oldstdid
END
```

(3) 单击工具栏中的【执行】按钮，出现“命令已成功完成”的消息时，说明该触发器已经创建成功。

(4) 此时，展开 StudentScore|【表】|Student |【触发器】节点，就会出现名称为 student_au_tri 的触发器。

**【实例 10.4】**创建 INSTEAD OF 触发器，不允许删除 Department 表中的数据。

分析：在 Department 表中执行 DELETE 操作时，因需要使用其他操作替代 delete 操作。因此需要创建 INSTEAD OF 触发器。操作过程如下。

(1) 在对象资源管理器中，依次展开 StudentScore|【表】|Department 节点，右击【触发器】，在弹出的快捷菜单中选择【新建触发器】命令，此时，在右侧的编辑区域出现创建触发器的默认格式内容。

(2) 在编辑区域输入以下内容：

```
CREATE TRIGGER Dep_instead_delete
ON Department INSTEAD OF DELETE
AS
BEGIN
PRINT '不允许对 Department 表执行 DELETE 操作'
END
```

(3) 单击工具栏中的【执行】按钮，出现“命令已成功完成”的消息时，说明该触发器已经创建成功。

(4) 此时，展开 Department|【触发器】节点，就会出现名称为 Dep_instead_delete 的触发器。

## 10.3.2 创建 DDL 触发器

DDL 触发器与 DML 触发器有许多类似的地方，如可以自动触发完成规定的操作、都可以使用 CREATE TRIGGER 语句创建等。创建 DDL 触发器的基本语法格式如下：

```
CREATE TRIGGER trigger_name
ON{ALL SERVER|DATABASE}
[WITH ENCRYPTION]
{FOR|AFTER}{event_type}
AS
 Sql_statement
```

其中各参数的含义说明如下。

- ALL SERVER 关键字：表示该 DDL 触发器的作用域是整个服务器。
- DATABASE 关键字：表示该 DDL 触发器的作用域是整个数据库。
- event_type 参数：用于指定触发 DDL 触发器的事件。

这里列出几种常用的 event_type 参数。

数据库范围内的事件类型：CREATE_TABLE、ALTER_TABLE、DROP_TABLE、CREATE_FUNCTION、ALTER_FUNCTION、DROP_FUNCTION、CREATE_PROCEDURE、ALTER_PROCEDURE 和 DROP_PROCEDURE 等。

服务器范围内的事件类型：CREATE_DATABASE、ALTER_DATABASE、DROP_DATABASE、CREATE_LOGIN、ALTER_LOGIN 和 DROP_LOGIN 等。

下面通过一个例题来介绍如何创建 DDL 触发器。

**【实例 10.5】** 创建 StudentScore 数据库作用域的 DDL 触发器，当删除一个表时，提示禁止该操作，然后回滚删除表的操作。

(1) 在对象资源管理器中，依次展开 StudentScore|【可编程性】|【数据库触发器】节点，右击【数据库触发器】，在弹出的快捷菜单中选择【新建数据库触发器】命令，如图 10.2 所示。

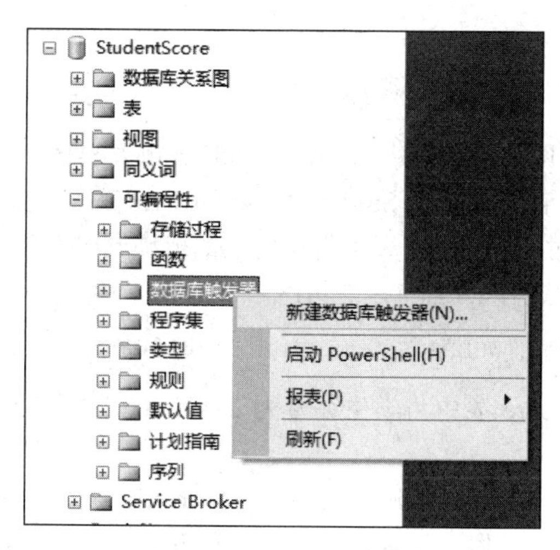


图 10.2 选择【新建数据库触发器】命令

(2) 在右侧出现的编辑区域输入以下内容：

```
CREATE TRIGGER  Std_trigger
ON DATABASE
AFTER DROP_TABLE
AS
BEGIN
   PRINT '不能删除表'
   ROLLBACK TRANSACTION
END
```

(3) 单击工具栏中的【执行】按钮，出现“命令已成功完成”的消息时，说明该触发器已经创建成功。

(4) 此时，展开【数据库触发器】节点，就会出现名称为 Std_trigger 的触发器。

注意：ROLLBACK TRANSACTION 语句用于回滚之前所做的修改，即将数据库恢复到原来的状态。

## 10.4 使用触发器

使用触发器不需要像调用存储过程那样进行显式调用，触发器是当所属表执行触发事件的时候自动触发的。下面通过几个例题介绍如何使用触发器。

**【实例 10.6】**使用 10.3 节中创建的 class_ai_tri 触发器。

分析：class_ai_tri 触发器是在 Class 表执行 INSERT 语句之后触发的，当向 Class 表中插入一条记录时，触发器会统计该班级所在系的班级总数。具体操作如下。

(1) 在查询编辑器中运行 INSERT 语句：

```
INSERT INTO Class VALUES('21503','机电 201503','机电一体化','2')
```

(2) 执行结果如下：

```
消息
该系班级总数更新为 5 个
(1 行受影响)
```

**【实例 10.7】**使用 10.3 节中创建的 student_ad_tri 触发器。

分析：student_ad_tri 触发器是在 Student 表执行 DELETE 语句之后触发的，当在 Student 表中删除某个学生信息时，在 Score 表中将该学生的成绩同时删除。具体操作如下。

(1) 在查询编辑器中运行 DELETE 语句：

```
DELETE FROM Student WHERE Studentid='21402003'
```

(2) 执行结果：在 Score 表中将学生编号为 21402003 的学生成绩记录全部删除，请读者自行验证。

**【实例 10.8】**使用 10.3 节中创建的 student_au_tri 触发器。

分析：student_au_tri 触发器是在 Student 表执行 UPDATE 语句之后触发的，当在 Student

表中修改某个学生的学生编号时，在 Score 表中将该学生的学生编号进行更新。具体操作如下。

(1) 在查询编辑器中运行 update 语句：

```
UPDATE Student SET Studentid='11401004' WHERE Studentid='11401001'
```

(2) 执行结果：在 Course 表中将原学生编号为 11401001 的学生编号更改为 11401004，请读者自行验证。

**【实例 10.9】**使用 10.3 节中创建的 DDL 触发器 Std_trigger。

分析：Std_trigger 触发器是在 StudentScore 数据库范围内执行 DROP TABLE 命令时触发的，不允许在 Student 数据库内执行删除表的操作。

(1) 在查询编辑器中运行 DROP TABLE 语句：

```
DROP TABLE Department
```

(2) 执行结果如下：

```
不能删除表
消息 3609,级别 16,状态 2,第 1 行
事务在触发器中结束。批处理已中止。
```

## 10.5　修改触发器

在 Microsoft SQL Server 2012 系统中，修改触发器的方法与创建触发器的方法类似，只要将 CREATE 改为 ALTER 即可。

修改 DML 触发器的语法格式如下：

```
ALTER TRIGGER trigger_name
ON table_name|view_name
[WITH ENCRYPTION]
{FOR|AFTER|INSTEAD OF}
{[INSERT][,][DELETE][,][UPDATE]}
AS
 Sql_statement
```

修改 DDL 触发器的语法格式如下：

```
ALTER TRIGGER trigger_name
ON{ALL SERVER|DATABASE}
[WITH ENCRYPTION]
{FOR|AFTER}{event_type}
AS
 Sql_statement
```

**注意：**要修改的触发器必须在数据库中已经存在。ALTER TRIGGER 语句的语法与 CREATE TRIGGER 语句类似，这里不再重复说明。

**【实例 10.10】**修改 StudentScore 数据库中在 Class 表上定义的触发器 class_ai_tri，将

其输出的信息稍做修改。

(1) 在对象资源管理器中，依次展开 StudentScore|【表】|Class|【触发器】节点，右击要修改的触发器，在弹出的快捷菜单中选择【修改】命令，如图 10.3 所示。

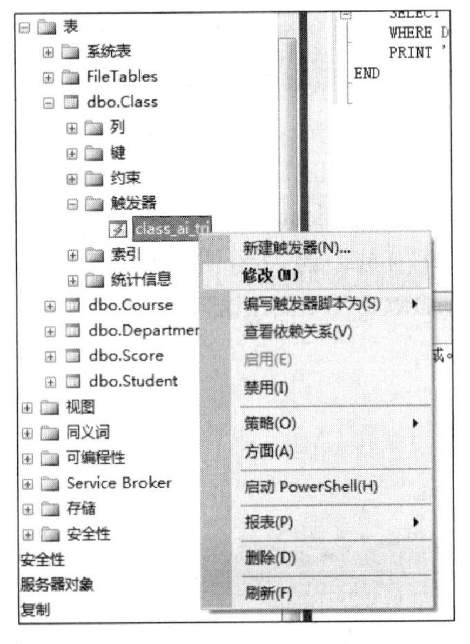

图 10.3　选择【修改】命令

(2) 此时在右侧的编辑窗口中出现该触发器的源代码，可以直接进行修改。修改完毕，单击工具栏上的【执行】按钮执行该触发器，完成修改操作。修改的代码如下：

```
ALTER TRIGGER class_ai_tri
ON  Class
AFTER INSERT
AS
BEGIN
         DECLARE @num INT
         SELECT @num=COUNT(*) FROM Class
         WHERE Departid=(SELECT Departid FROM inserted)
         PRINT '班级插入成功，该系班级总数更新为'+char(48+@num)+'个'
END
```

修改后触发器的执行结果如下：

```
消息
班级插入成功，该系班级总数更新为 6 个
(1 行受影响)
```

## 10.6　删除触发器

删除触发器有两种途径：一种是在对象资源管理器中删除触发器；另一种是在查询编辑器中输入删除触发器的 T-SQL 语句并运行，完成删除触发器的操作。

### 1. 使用对象资源管理器删除触发器

(1) 在对象资源管理器中，右击要删除的触发器，在弹出的快捷菜单中选择【删除】命令，如图 10.4 所示。

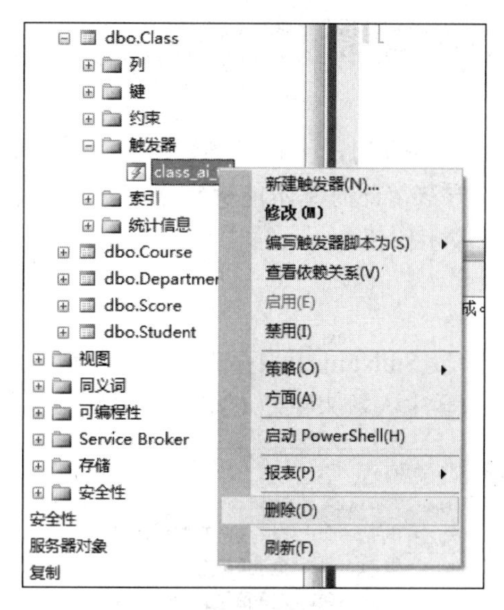


图 10.4　选择【删除】命令

(2) 在弹出的【删除对象】对话框中单击【确定】按钮，即可将该触发器删除，如图 10.5 所示。

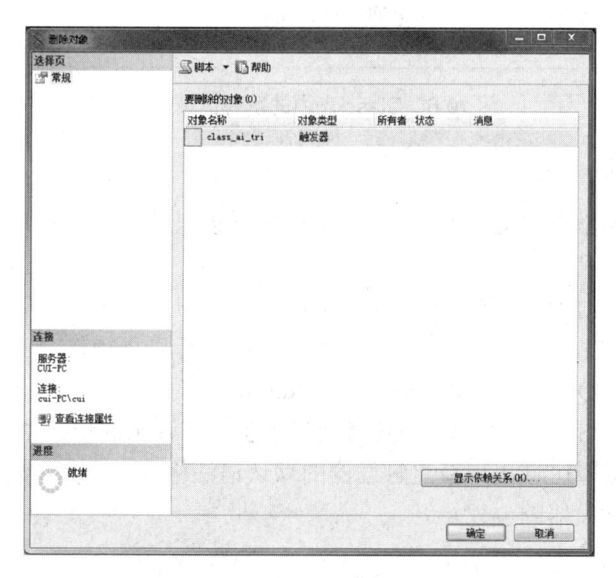


图 10.5　【删除对象】对话框

### 2. 在查询编辑器中删除触发器

删除触发器的 T-SQL 语句是 DROP TRIGGER，该语句的语法格式如下：

```
DROP  TRIGGER [ owner_name. ] trigger_name [ , …n ] on DATABASE
```

【实例 10.11】删除存储过程 Std_trigger。

```
DROP  TRIGGER Std_trigger on DATABASE
```

## 10.7 回到工作场景

通过对 10.2～10.6 节内容的学习，了解了触发器的工作原理和种类，掌握了触发器的创建、使用、修改和删除的方法，此时基本能够完成工作场景中要设计的任务。下面将回到前面介绍的工作场景中完成工作任务。

**【准备工作】**

在 Class 表中增加一个字段 StdNum 用来存放班级人数信息。字段的数据类型为 int，允许为空。统计 Student 表中的学生人数来更新 Class 表中的 StdNum 字段，如图 10.6 所示。

结果 | 消息

| | Classid | Classname | Specialty | Departid | StdNum |
|---|---|---|---|---|---|
| 1 | 11401 | 电子201401 | 电子信息工程技术 | 1 | 3 |
| 2 | 11402 | 电子201402 | 电子信息工程技术 | 1 | 3 |
| 3 | 11501 | 电子201501 | 电子信息工程技术 | 1 | 3 |
| 4 | 11502 | 电子201502 | 电子信息工程技术 | 1 | 3 |
| 5 | 21401 | 机电201401 | 机电一体化 | 2 | 3 |
| 6 | 21402 | 机电201402 | 机电一体化 | 2 | 2 |
| 7 | 21501 | 机电201501 | 机电一体化 | 2 | 3 |
| 8 | 21502 | 机电201502 | 机电一体化 | 2 | 1 |
| 9 | 21503 | 机电201503 | 机电一体化 | 2 | 0 |

图 10.6　Class 表中的所有记录信息

**【工作过程一】**

当某班新来一名学生，即向 Student 表中增加一条记录，这时能够自动更新 Class 表中班级人数的值。

分析功能特点：对 Student 表执行 insert 操作，影响到 Class 表中的信息，需要创建的是后触发的 insert 触发器。这时信息管理员小孙需要进行以下操作。

打开 Microsoft SQL Server Management Studio，在对象资源管理器中展开【数据库】|StudentScore|【表】|Student 节点，右击【触发器】，在弹出的快捷菜单中选择【新建触发器】命令，在右侧编辑区域出现新建触发器的默认语法格式，在其中输入下列 T-SQL 语句并执行，即可完成触发器的创建。

```
CREATE TRIGGER std_insert
ON Student
AFTER INSERT
AS
BEGIN
DECLARE @classid CHAR(10)
SELECT @classid=classid FROM inserted
```

```
UPDATE Class SET StdNum=
        (SELECT COUNT(*) FROM Student WHERE Classid=@classid)
    WHERE Classid=@classid
END
```

创建触发器后，在 Student 表中向 11401 班插入一条学生记录的时候会触发 std_insert 触发器，这时 Class 表中的信息会自动更新，具体如下。

| Classid | Classname | Specially | Departid | StdNum |
|---|---|---|---|---|
| 11401 | 电子 201401 | 电子信息工程技术 | 1 | 4 |
| 11402 | 电子 201402 | 电子信息工程技术 | 1 | 3 |
| 11501 | 电子 201501 | 电子信息工程技术 | 1 | 3 |
| 11502 | 电子 201502 | 电子信息工程技术 | 1 | 3 |
| 21401 | 机电 201401 | 机电一体化 | 2 | 3 |
| 21402 | 机电 201402 | 机电一体化 | 2 | 2 |
| 21501 | 机电 201501 | 机电一体化 | 2 | 3 |
| 21502 | 机电 201502 | 机电一体化 | 2 | 1 |
| 21503 | 机电 201503 | 机电一体化 | 2 | 0 |

**【工作过程二】**

当某班有学生退学，即在 Student 表中删除一条记录，这时能够自动更新 Class 表中班级人数的值。

分析功能特点：对 Student 表执行 DELETE 操作，影响到 Class 表中的信息，需要创建的是后触发的 DELETE 触发器。这时信息管理员小孙需要进行以下操作。

打开 Microsoft SQL Server Management Studio，在对象资源管理器中展开【数据库】|StudentScore|【表】|Class 节点，右击【触发器】，在弹出的快捷菜单中选择【新建触发器】命令，在右侧编辑区域出现新建触发器的默认语法格式，在其中输入下列 T-SQL 语句并执行，即可完成触发器的创建。

```
CREATE TRIGGER std_delete
ON Student
AFTER DELETE
AS
BEGIN
DECLARE @classid CHAR(10)
SELECT @classid=classid FROM deleted
    UPDATE Class SET StdNum=
        (SELECT COUNT(*) FROM Student WHERE Classid=@classid)
    WHERE Classid=@classid
END
```

创建触发器后，在 Student 表中将刚刚插入的学生记录删除，这时会触发 std_insert 触发器，更新 Class 表中的信息，具体如下。

| Classid | Classname | Specialty | Departid | StdNum |
|---|---|---|---|---|
| 11401 | 电子 201401 | 电子信息工程技术 | 1 | 3 |

| | | | | |
|---|---|---|---|---|
| 11402 | 电子 201402 | 电子信息工程技术 | 1 | 3 |
| 11501 | 电子 201501 | 电子信息工程技术 | 1 | 3 |
| 11502 | 电子 201502 | 电子信息工程技术 | 1 | 3 |
| 21401 | 机电 201401 | 机电一体化 | 2 | 3 |
| 21402 | 机电 201402 | 机电一体化 | 2 | 2 |
| 21501 | 机电 201501 | 机电一体化 | 2 | 3 |
| 21502 | 机电 201502 | 机电一体化 | 2 | 1 |
| 21503 | 机电 201503 | 机电一体化 | 2 | 0 |

**【工作过程三】**

当有学生转班级，即在 Student 表中将某个学生的班级号进行修改，这时能够自动更新 Class 表中所涉及班级的人数信息。

分析功能特点：对 Student 表执行 UPDATE 操作，影响到 Class 表中的信息，需要创建的是后触发的 UPDATE 触发器。这时信息管理员小孙需要进行以下操作。

打开 Microsoft SQL Server Management Studio，在对象资源管理器中展开【数据库】|StudentScore|【表】|Student 节点，右击【触发器】，在弹出的快捷菜单中选择【新建触发器】命令，在右侧编辑区域出现新建触发器的默认语法格式，在其中输入下列 T-SQL 语句并执行，即可完成触发器的创建。

```
CREATE TRIGGER std_update
ON Student
AFTER UPDATE
AS
BEGIN
DECLARE @newclassid CHAR(10),@oldclassid CHAR(10)
SELECT @newclassid=classid FROM inserted
SELECT @oldclassid=classid FROM deleted
    UPDATE Class SET StdNum=
 (SELECT COUNT(*) FROM Student WHERE Classid=@newclassid)
WHERE Classid=@newclassid
    UPDATE Class SET StdNum=
        (SELECT COUNT(*) FROM Student WHERE Classid=@oldclassid)
    WHERE Classid=@oldclassid
END
```

创建触发器后，在 Student 表中将 21501 班的毕志成同学转到 21503 班，这时会触发 std_update 触发器，更新 Class 表中的信息，具体如下。

| Classid | Classname | Specialty | Departid | StdNum |
|---|---|---|---|---|
| 11401 | 电子 201401 | 电子信息工程技术 | 1 | 3 |
| 11402 | 电子 201402 | 电子信息工程技术 | 1 | 3 |
| 11501 | 电子 201501 | 电子信息工程技术 | 1 | 3 |
| 11502 | 电子 201502 | 电子信息工程技术 | 1 | 3 |
| 21401 | 机电 201401 | 机电一体化 | 2 | 3 |
| 21402 | 机电 201402 | 机电一体化 | 2 | 2 |
| 21501 | 机电 201501 | 机电一体化 | 2 | 2 |
| 21502 | 机电 201502 | 机电一体化 | 2 | 1 |
| 21503 | 机电 201503 | 机电一体化 | 2 | 1 |

**【工作过程四】**

现要求不允许用户对 Score 表中的信息进行修改、删除操作。

分析功能特点：也可以这样理解，如果用户对 Score 表进行修改或者删除操作的时候，提示不允许这样操作。需要创建一个替代触发器 INSTEAD OF。

这时信息管理员小孙需要进行以下操作。

打开 Microsoft SQL Server Management Studio，在对象资源管理器中展开【数据库】|StudentScore|【表】|Score 节点，右击【触发器】，在弹出的快捷菜单中选择【新建触发器】命令，在右侧编辑区域出现新建触发器的默认语法格式，在其中输入下列 T-SQL 语句并执行，即可完成触发器的创建。

```
CREATE TRIGGER std_instead
ON Score
INSTEAD OF DELETE,UPDATE
AS
BEGIN
PRINT'不允许对 Score 表中的数据进行修改和删除!'
END
```

创建触发器后，在 Score 表中将学生编号为 11401004 的学生编号改为 11401006，这时会触发 std_instead 触发器，输出提示信息，具体如下：

```
UPDATE Score SET Studentid='11401006'
WHERE Studentid='11401004'
```

运行结果如下：

```
消息
不允许对 Score 表中的数据进行修改和删除!
(4 行受影响)
```

## 10.8 工作实训营

### 10.8.1 训练实例

#### 1. 训练内容

在 StudentScore 数据库中创建触发器，用来实现以下功能。

(1) 在 Department 表中增加一个字段 DepNum，用来统计系部的班级个数。字段的数据类型为 int，字段的值为班级个数。

(2) 创建触发器，在 Class 表中增加一个班级时，更新 Department 表中的 DepNum 字段值。

(3) 创建替代触发器，不允许对 Course 表进行修改操作。

(4) 创建触发器，在第 7 章创建的视图 Viewclass 中修改 Classid 字段值。

(5) 创建 DDL 触发器，禁止修改 Course 表的结构。

(6) 修改(5)中创建的触发器，不但禁止修改 Course 表的结构，也不允许删除 Course 表。

2. 训练目的

(1) 掌握触发器的工作原理。
(2) 掌握创建和使用触发器的方法。
(3) 会修改和删除触发器。

3. 训练过程

参照 10.7 节中的操作步骤。

4. 技术要点

应使用对象资源管理器完成以上操作。

### 10.8.2 工作实践常见问题解析

【常见问题 1】当在 Student 表中创建后触发的 INSERT 触发器后，什么时候能调用该触发器？

【答】触发器是在触发器表执行触发事件时自动执行的。本问题中的触发器是在 Student 表中创建的，而且是一个后触发的 INSERT 触发器，它会在 Student 表中执行 INSERT 操作之后自动触发。

【常见问题 2】现已在 Class 表中创建了替代 DELETE 触发器，在 Class 表中执行 DELETE 操作时，会触发替代触发器，为什么删除操作没有执行？

【答】替代触发器的语句仅仅是起到激活触发器的作用，一旦激活触发器后该 DELETE 语句就会立即停止，转而执行触发器中的程序，相当于禁止了刚才的 DELETE 操作。所以替代 DELETE 触发器就好像用触发器程序替代了 DELETE 操作。

## 10.9 习题

一、填空题

(1) 按照触发器事件的不同，触发器可以分为____________________和____________________两种。

(2) 创建触发器使用的 T-SQL 语句是____________________。

(3) 修改触发器使用的 T-SQL 语句是____________________，删除触发器使用的 T-SQL 语句是____________________。

(4) DML 触发器可以分为 3 种类型：____________、____________和____________。

(5) 后触发的触发器需要使用____________关键字说明。

(6) 替代触发器需要使用____________关键字说明。

二、操作题

现需要对图书管理数据库 Library 创建触发器用来实现以下功能。

(1) 创建一个 DELETE 触发器，实现当删除某位读者信息时，就删除该读者的借阅信息。

(2) 创建一个 UPDATE 触发器，实现当更新某位读者 ID 号时，同时修改借阅记录中的读者 ID 号。

(3) 创建一个 INSTEAD OF 触发器，不允许将 Book 表进行修改和删除。

(4) 创建一个 DDL 触发器，不允许删除 Reader 表。

# 第 11 章

# 管理数据库安全

## 本章要点

- SQL Server 2012 安全机制。
- SQL Server 2012 验证模式。
- Windows 登录。
- 数据库用户及权限。
- 角色及其分类。

## 技能目标

- 了解 SQL Server 2012 的安全机制，掌握 SQL Server 2012 安全机制的组成。
- 掌握 SQL Server 2012 的验证模式。
- 掌握创建 Windows 登录和 SQL Server 登录的方法。
- 掌握创建数据库用户的方法。
- 掌握设置数据库用户权限的方法
- 掌握创建角色和指派角色的方法。

## 11.1 工作场景导入

**【工作场景】**

信息管理员小孙已创建了学生成绩数据库，创建了数据库中的表，录入了所有表中的数据，也完成了存储过程、用户自定义函数和触发器的设置。这时，为了保证数据库中信息的安全，需要信息管理员小孙对学生成绩数据库进行数据库安全性的设置。具体要求如下。

本数据库中需要有 3 种用户：管理员、教师、学生。这 3 种用户拥有操作数据库的不同权限。

(1) 管理员拥有学生成绩数据库的所有权限。

(2) 教师拥有成绩表的所有权限。

(3) 学生只能查询成绩表的信息，而不能修改其中的信息。

**【引导问题】**

(1) 什么是数据库安全机制?

(2) 如何创建数据库用户?

(3) 什么是用户权限?

(4) 如何设置用户权限?

## 11.2 SQL Server 2012 的安全机制

对任何数据库应用程序来说，数据库的安全性最为重要，毕竟数据信息大都存储在数据库中。SQL Server 的安全性主要是指允许那些具有相应的数据访问权限的用户能够登录 SQL Server 并访问数据以及对数据库对象实施各种权限范围内的操作，同时要拒绝所有的非授权用户的非法操作。因此，安全性管理与用户管理是密不可分的。

Microsoft SQL Server 2012 系统提供了一整套保护数据安全的机制，包括登录、用户、权限、角色等手段，可以有效地实现对系统访问和数据访问的控制。为了完成数据库安全机制的设置，需要解决以下问题。

(1) 登录。当用户登录数据库系统时，怎样确保合法用户能够登录到系统中?

在 Microsoft SQL Server 2012 系统中需要通过身份验证模式和登录名来解决这个问题。

(2) 操作。当用户登录到数据库系统中时，可以执行哪些操作?

在 Microsoft SQL Server 2012 系统中需要通过定义用户和权限设置来解决这个问题。

# 11.3　SQL Server 2012 的验证模式

身份验证模式是 Microsoft SQL Server 2012 系统验证登录用户身份的方式。用户在 SQL Server 上获得对任何数据库的访问权限之前，必须通过合法的身份认证才能登录到 SQL Server 上；否则，服务器将拒绝用户登录，从而保护了数据安全。

Microsoft SQL Server 2012 系统提供了两种身份验证模式：Windows 身份验证模式和混合身份验证模式。

## 11.3.1　Windows 身份验证

Windows 身份验证模式是指要登录到 SQL Server 系统的用户身份是由 Windows 系统来进行验证，也就是说 SQL Server 系统使用 Windows 操作系统中的用户信息验证账号和密码。采用这种验证方式，只要登录 Windows 操作系统，登录 SQL Server 时就不需要再输入账号和密码了。

当应用 Windows 身份验证模式时，一旦登录到 Windows 系统，SQL Server 就将使用信任连接。如前所述，这意味着 SQL Server 相信用户名和密码已被验证过了。但是，所有能登录 Windows 操作系统的账号不一定都能访问 SQL Server。必须在 SQL Server 中创建与 Windows 账号对应的 SQL Server 账号，然后用该账号登录 Windows 操作系统，才能直接访问 SQL Server。

SQL Server 2012 默认本地 Windows 账号可以不受限制地访问数据库。

## 11.3.2　混合身份验证

混合身份验证是指使用 Windows 身份验证和 SQL Server 身份验证两种验证模式。采用混合验证方式，允许用户使用 Windows 身份验证和 SQL Server 身份验证进行登录。SQL Server 身份验证模式是输入登录名和密码来登录数据库服务器。这些登录名和密码与 Windows 操作系统无关。

也就是说，在混合身份验证模式中，系统会判断账号在 Windows 操作系统下是否可信，对于可信任连接，系统直接采用 Windows 身份验证机制，如果是非可信任连接，SQL Server 会自动通过账户的存在性和密码的匹配性来进行验证。

在第一次安装 SQL Server 2012 时需要指定身份验证模式，对于已经指定身份验证模式的 SQL Server 服务器，可以通过 SQL Server Management Studio 进行修改，操作如下。

启动 SQL Server Management Studio。在对象资源管理器中，右击将要设置验证模式的服务器，在弹出的快捷菜单中选择【属性】命令，如图 11.1 所示。

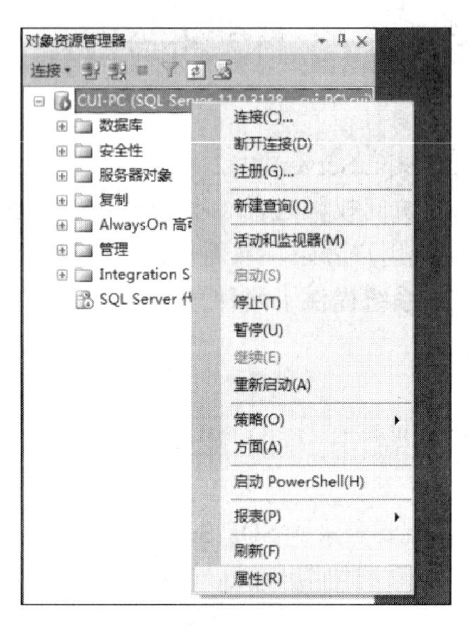


图 11.1　选择【属性】命令

弹出【服务器属性-CUI-PC】对话框。在左侧选择【安全性】选择页，如图 11.2 所示。在【服务器身份验证】选项组中选择验证模式。在【服务器代理账户】选项组中设置当启动并运行 SQL Server 时，默认的登录者中的某一位用户。

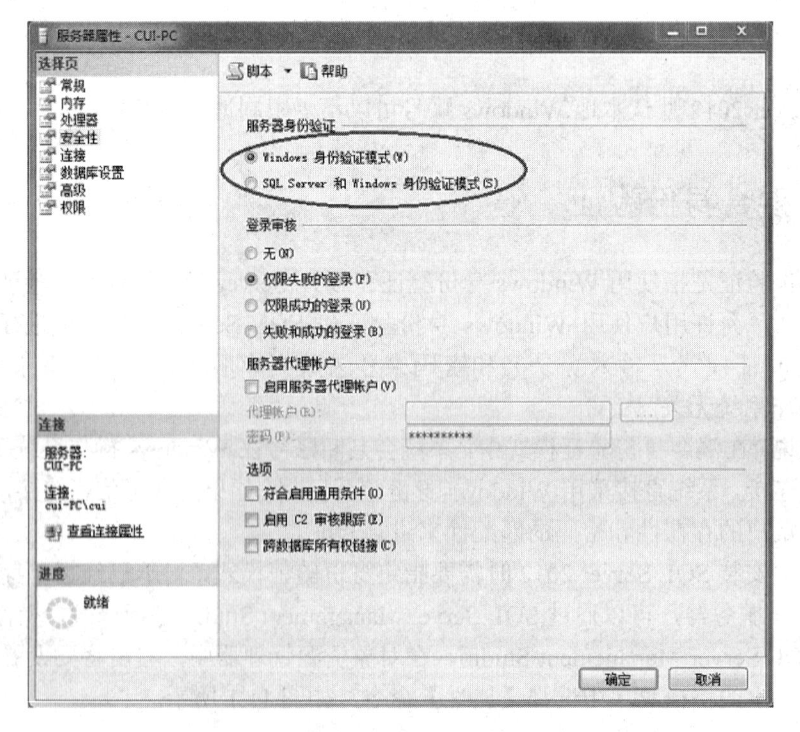


图 11.2　【服务器属性-CUI-PC】对话框

设置完成后，单击【确定-CUI-PC】按钮，出现如图 11.3 所示的消息框。

图 11.3　提示消息框

修改完成的验证模式要在 SQL Server 重启之后才会生效，如图 11.4 所示。

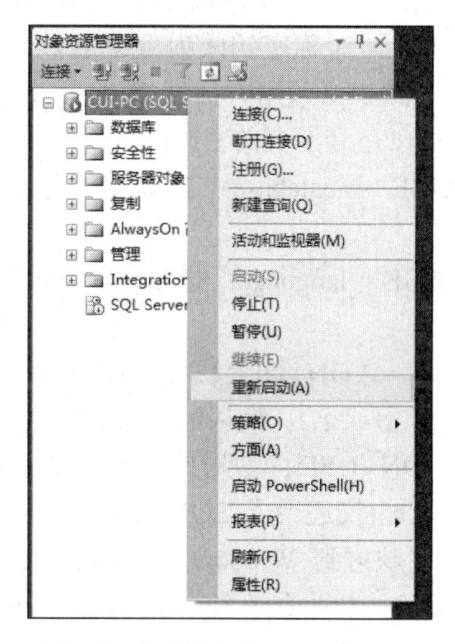


图 11.4　重新启动 SQL Server

## 11.4　Windows 登录

SQL Server 服务器的身份验证模式设置完成后，需要创建登录名来控制数据库的合法登录。每位用户都必须用登录名来登录 SQL Server，然后才能取得 SQL Server 服务器的访问权限。所有登录名的定义存放在 master 数据库的 syslogins 表中。

在创建登录名时，可以通过将 Windows 登录名映射到 SQL Server 系统中，也可以创建 SQL Server 登录名。

CREATE LOGIN 语句用于创建新的 SQL Server 登录名。

CREATE LOGIN 的语法格式如下：

```
CREATE LOGIN loginName { WITH <option_list1> | FROM <sources> }
<option_list1> ::= PASSWORD = 'password', <option_list2> [ , … ] ]
<option_list2> ::=
    DEFAULT_DATABASE = database
    | DEFAULT_LANGUAGE = language
    | CHECK_EXPIRATION = { ON | OFF}
```

```
    | CHECK_POLICY = { ON | OFF}
<sources> ::=
    WINDOWS [ WITH <windows_options> [ , … ] ]
    | CERTIFICATE certname
    | ASYMMETRIC KEY asym_key_name
<windows_options> ::=
    DEFAULT_DATABASE = database
    | DEFAULT_LANGUAGE = language
```

其中各参数的含义说明如下。

- loginName：创建的登录名。登录名类型包括 SQL Server 登录名、Windows 登录名、证书映射登录名和非对称密钥映射登录名。如果从 Windows 域账户映射 loginName，则 loginName 必须用方括号 ([ ]) 括起来。
- PASSWORD = 'password'：登录名的密码(仅适用于 SQL Server 登录名)。
- DEFAULT_DATABASE = database：指派给登录名的默认数据库。默认值为 master。
- DEFAULT_LANGUAGE = language：指派给登录名的默认语言。默认值为服务器的当前默认语言。
- CHECK_EXPIRATION = { ON | OFF }：是否对此登录账户强制实施密码过期策略(仅适用于 SQL Server 登录名)。默认值为 OFF。
- CHECK_POLICY = { ON | OFF }：应对此登录名强制实施运行 SQL Server 的计算机的 Windows 密码策略(仅适用于 SQL Server 登录名)。默认值为 ON。
- WINDOWS：将登录名映射到 Windows 登录名。
- CERTIFICATE certname：与此登录名关联的证书名称。
- ASYMMETRIC KEY asym_key_name：与此登录名关联的非对称密钥的名称。

## 11.4.1 创建 Windows 登录

首先，介绍如何将 Windows 登录名映射到 SQL Server 系统中。在 Windows 身份验证模式下，只能使用基于 Windows 登录的登录名。

创建 Windows 登录有两种途径：一种是在对象资源管理器中利用菜单操作；另一种是在查询编辑器中执行创建登录的 T-SQL 语句。

**【实例 11.1】** 创建 Windows 登录 Mary，默认数据库是 master，默认语言是简体中文。

1) 在对象资源管理器中创建 Windows 登录

(1) 在 Windows 操作系统中创建 Mary 用户。

(2) 启动 SQL Server Management Studio，在对象资源管理器中展开【SQL Server 服务器】|【安全性】节点。

(3) 右击【登录名】，在弹出的快捷菜单中选择【新建登录名】命令，如图 11.5 所示。

(4) 弹出【登录名-新建】对话框，在【登录名】文本框中输入前面创建的 Windows 用户“cui-pc\Mary”(<域名\用户名>)，其余选项可以使用默认值，如图 11.6 所示。

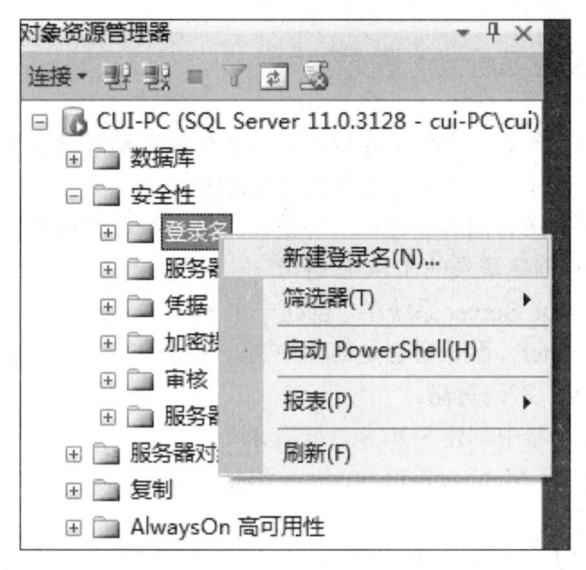


图 11.5　选择【新建登录名】命令

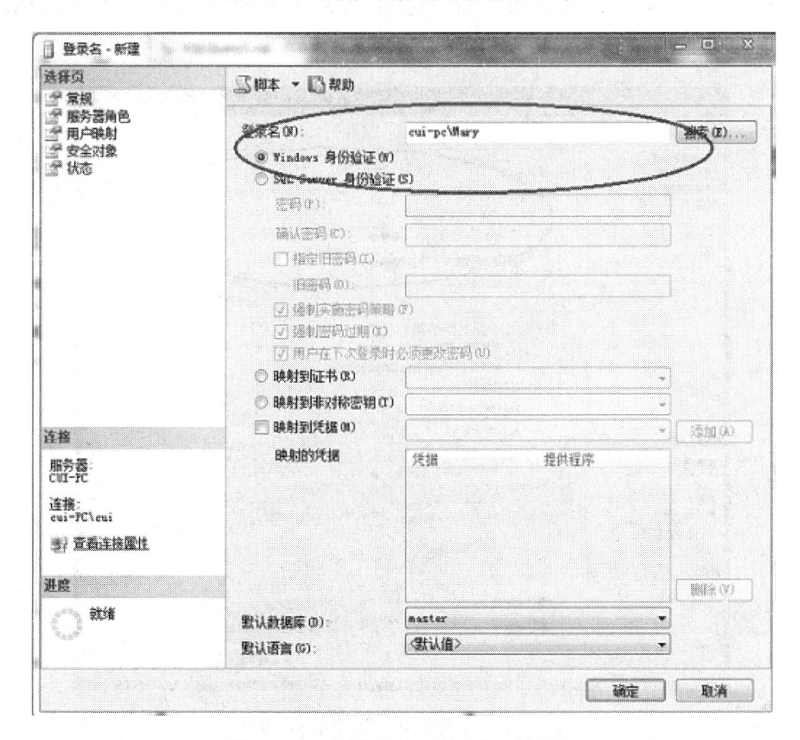


图 11.6　【登录名-新建】对话框

(5) 单击【确定】按钮，即可完成使用 Windows 操作系统创建登录名的操作。

2) 在查询编辑器中创建 Windows 登录

```
CREATE LOGIN [cui-pc\Mary]
FROM WINDOWS
WITH DEFAULT_DATABASE=[Master],
DEFAULT_LANGUAGE=[简体中文]
```

## 11.4.2 创建 SQL Server 登录

在创建 SQL Server 登录名前必须将 SQL Server 的验证模式设置为混合验证模式，并在创建 SQL Server 登录名时，需要指定该登录名的密码。

创建 SQL Server 登录有两种途径：一种是在对象资源管理器中利用菜单操作；另一种是在查询编辑器中执行创建登录的 T-SQL 语句。

**【实例 11.2】**在 SQL Server 系统中，创建一个 SQL Server 登录名 TESTLogin，密码为 123，默认数据库是 master，默认语言是简体中文，不对此登录账户强制实施密码过期策略和本计算机的 Windows 密码策略。

1) 在对象资源管理器中创建 SQL Server 登录

(1) 启动 SQL Server Management Studio，在对象资源管理器中展开【SQL Server 服务器】|【安全性】节点。

(2) 右击【登录名】，在弹出的快捷菜单中选择【新建登录名】命令。

(3) 出现【登录名-新建】对话框，在【登录名】文本框中输入 TESTLogin，在【密码】和【确认密码】文本框中均输入 123，如图 11.7 所示。

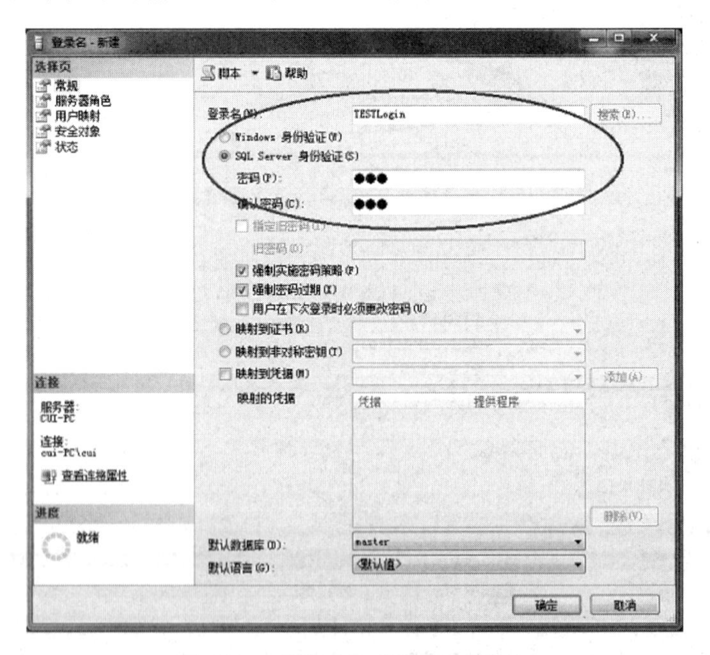


图 11.7 【登录名-新建】对话框

(4) 单击【确定】按钮，即可完成创建 SQL Server 登录名 TESTLogin。

> 注意：有些 Windows 版本不支持【强制实施密码策略】，可以不选中该项；否则无法创建登录名。

2) 在查询编辑器中创建 SQL Server 登录

```
CREATE LOGIN [TESTLogin1]
WITH PASSWORD='123',
```

```
DEFAULT_DATABASE=[master],
DEFAULT_LANGUAGE=[简体中文],
CHECK_EXPIRATION=OFF, CHECK_POLICY=OFF
```

## 11.4.3　管理登录名

可以修改登录名属性和删除登录名。

### 1. 修改登录名属性

修改登录名有两种途径：一种是在对象资源管理器中利用菜单操作；另一种是在查询编辑器中执行修改登录名属性的 ALTER LOGIN 语句。

ALTER LOGIN 语句用来更改 SQL Server 登录名的属性。

ALTER LOGIN 的语法格式如下：

```
ALTER LOGIN login_name
    {
    <status_option>
    | WITH <set_option> [ , … ]
    }
<status_option> ::=
       ENABLE | DISABLE
<set_option> ::=
    PASSWORD = 'password'
    [
      OLD_PASSWORD = 'oldpassword'
      | <password_option> [<password_option> ]
    ]
    | DEFAULT_DATABASE = database
    | DEFAULT_LANGUAGE = language
    | NAME = login_name
    | CHECK_POLICY = { ON | OFF }
    | CHECK_EXPIRATION = { ON | OFF }
```

其中各参数的含义说明如下。

- login_name：更改的 SQL Server 登录名。域登录名必须用方括号括起来，其格式为 [domain\user]。
- ENABLE | DISABLE：启用或禁用此登录。
- PASSWORD = 'password'：更改的密码(仅适用于 SQL Server 登录名)。
- OLD_PASSWORD = 'oldpassword'：原有的密码(仅适用于 SQL Server 登录名)。
- DEFAULT_DATABASE = database：指派给登录的默认数据库。
- DEFAULT_LANGUAGE = language：指派给登录的默认语言。
- NAME = login_name：登录的新名称。
- CHECK_POLICY = { ON | OFF }：应对此登录名强制实施运行 SQL Server 的计算机的 Windows 密码策略(仅适用于 SQL Server 登录名)。默认值为 ON。
- CHECK_EXPIRATION = { ON | OFF }：是否对此登录账户强制实施密码过期策略

(仅适用于 SQL Server 登录名)。默认值为 OFF。

【实例 11.3】将登录名 TESTLogin 的密码修改为 001122。

在对象资源管理器中修改登录名属性。

(1) 启动 SQL Server Management Studio，在对象资源管理器中展开【SQL Server 服务器】|【安全性】|【登录名】节点。

(2) 右击 TESTLogin，在弹出的快捷菜单中选择【属性】命令。

(3) 在【登录属性-TESTLogin】对话框中，将【密码】和【确认密码】文本框中的内容修改为 001122，如图 11.8 所示。

(4) 单击【确定】按钮，即可完成修改操作。

在查询编辑器中修改登录名属性。

```
ALTER LOGIN [TESTLogin]
WITH PASSWORD='001122'
```

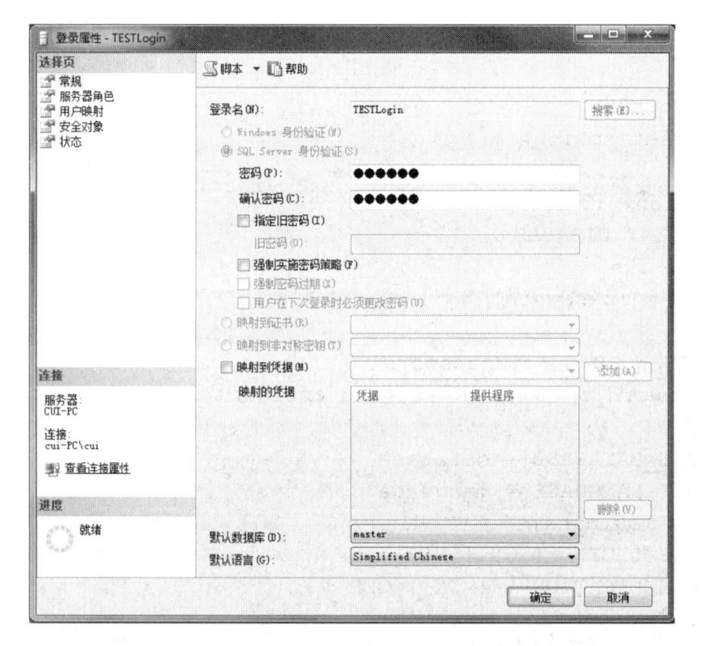


图 11.8 【登录属性-TESTLogin】对话框

## 2. 删除登录名

删除登录名也有两种途径：一种是在对象资源管理器中利用菜单操作；另一种是在查询编辑器中执行删除登录的 T-SQL 语句。

DROP LOGIN 语句用来删除 SQL Server 登录名。

DROP LOGIN 的语法格式如下：

```
DROP LOGIN login_name
```

【实例 11.4】使用两种方法来删除登录名 cui-pc\Mary。

1) 在对象资源管理器中删除

(1) 启动 SQL Server Management Studio，在【对象资源管理器】中展开【SQL Server

服务器】|【安全性】|【登录名】节点。

(2) 右击 cui-pc\Mary，在弹出的快捷菜单中选择【删除】命令。

(3) 在弹出的【删除对象】对话框中，单击【确定】按钮，即可完成删除操作。

2) 在查询编辑器中删除

删除登录名的 T-SQL 语句是 DROP LOGIN。在查询编辑器中输入以下代码删除登录名。

```
DROP LOGIN [cui-pc\Mary]
```

## 11.5　数据库用户

数据库用户是使用数据库的用户账号，是登录名在数据库中的映射，是在数据库中执行操作和活动的执行者。用户定义信息存放在每个数据库的 sysusers 表中。

SQL Server 把登录名与用户名的关系称为映射。在 SQL Server 中，一个登录名可以被授权访问多个数据库，但一个登录名在每个数据库中只能映射一次。即一个登录名可对应多个用户，一个用户也可以被多个登录名使用。SQL Server 就像一栋大楼，里面的每个房间都是一个数据库。登录名只是进入大楼的钥匙，而用户名则是进入房间的钥匙。

### 11.5.1　创建数据库用户

创建数据库用户有两种途径：一种是在对象资源管理器中利用菜单创建；另一种是在查询编辑器中执行创建数据库用户的 T-SQL 语句。

CREATE USER 语句用来创建数据库用户。

CREATE USER 的语法格式如下：

```
CREATE USER username
[[WITH  ENCRYPTED | UNENCRYPTED ] PASSWORD 'password'
| CREATEDB | NOCREATEDB
| CREATEUSER | NOCREATEUSER
[FOR LOGIN login_name]]
```

其中各参数的含义说明如下。

- username：即将创建的数据库用户的用户名。
- ENCRYPTED|UNENCRYPTED：控制口令在数据库中是否以加密形式存储在 pg_shadow 中。
- PASSWORD 'password'：被定义的数据库用户的密码。
- CREATEDB：被定义的用户将允许创建自己的数据库。
- NOCREATEDB：被定义的用户不能创建数据库。默认值是 NOCREATEDB。
- CREATEUSER：被定义的用户能够创建一个新的用户。
- NOCREATEUSER：被定义的用户不能创建一个新的用户。默认值是 NOCREATEUSER。
- FOR LOGIN login_name：该数据库用户对应的登录名。

**【实例 11.5】**创建 StudentScore 数据库的一个用户名 User1，该用户名对应于

TESTLogin 登录名。

(1) 启动 SQL Server Management Studio，在【对象资源管理器】中展开【数据库】|StudentScore|【安全性】|【用户】节点。

(2) 右击【用户】，在弹出的快捷菜单中选择【新建用户】命令，如图 11.9 所示。

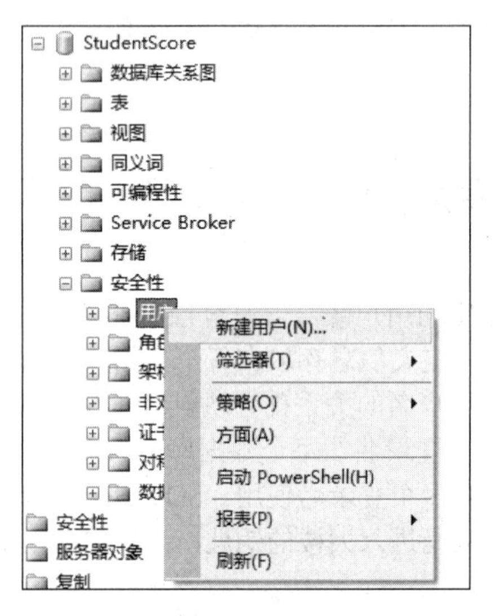


图 11.9　选择【新建用户】命令

(3) 弹出【数据库用户-新建】对话框，在【用户名】文本框中输入 User1，在【登录名】文本框中选择 TESTLogin，如图 11.10 所示。

(4) 单击【确定】按钮，即可完成 StudentScore 数据库用户名 User1 的创建。

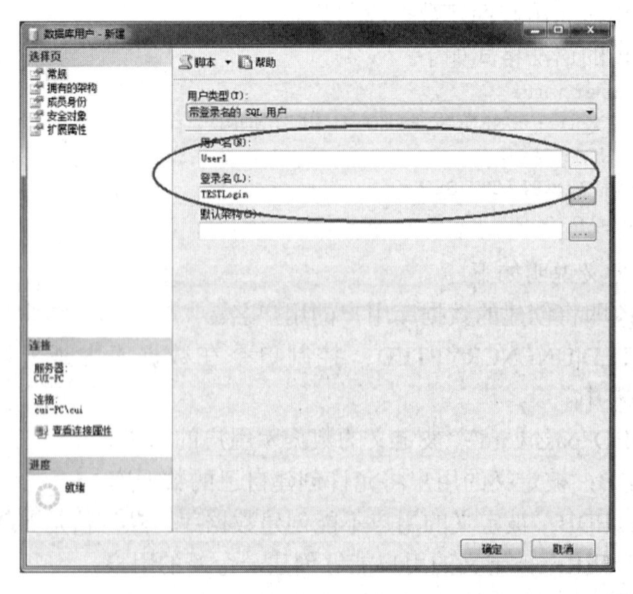


图 11.10　【数据库用户-新建】对话框

【实例 11.6】创建 StudentScore 数据库的一个用户名 User2，该用户名对应于 TESTLogin1 登录名。

创建用户名的 T-SQL 语句是 CREATE USER。在查询编辑器中输入以下代码即可创建数据库用户 User1。

```
USE [StudentScore]
CREATE USER [User2]
FOR LOGIN [TESTLogin1]
```

## 11.5.2 管理数据库用户

数据库用户创建之后，还可以根据需要修改，甚至可以删除。下面将介绍修改和删除数据库用户的方法。

### 1. 修改数据库用户

修改数据库用户有两种途径：一种是在对象资源管理器中利用菜单操作；另一种是在查询编辑器中执行修改用户名的 T-SQL 语句。

ALTER USER 语句用来更改数据库用户的属性。

ALTER USER 的语法格式如下：

```
ALTER USER username
[ [ WITH ] [ ENCRYPTED | UNENCRYPTED ] PASSWORD 'password'
   | CREATEDB | NOCREATEDB
| CREATEUSER | NOCREATEUSER]
```

其中各参数的含义说明如下。

- username：想进行属性更改的用户名字。
- password：进行修改的所使用的新口令。
- CREATEDB：进行修改的用户将允许创建自己的数据库。
- NOCREATEDB：进行修改的用户不能创建数据库。默认值是 NOCREATEDB。
- CREATEUSER：进行修改的用户能够创建一个新的用户。
- NOCREATEUSER：进行修改的用户不能创建一个新的用户。默认值是 NOCREATEUSER。

**【实例 11.7】**使用两种方法修改数据库 StudentScore 中的用户名 User2。

1) 在对象资源管理器中修改

(1) 启动 SQL Server Management Studio，在【对象资源管理器】中展开【数据库】|StudentScore|【安全性】|【用户】节点。

(2) 右击 User2，在弹出的快捷菜单中选择【属性】命令。

(3) 在弹出的【数据库用户-User2】对话框中做相应的修改，如图 11.11 所示。

(4) 单击【确定】按钮，即可完成修改操作。

2) 在查询编辑器中修改

修改用户名的 T-SQL 语句是 ALTER USER。其使用方法与 CREATE USER 类似，请读者自己练习。

图 11.11　【数据库用户-User2】对话框

2. 删除数据库用户

删除数据库用户同样也有两种途径：一种是在对象资源管理器中利用菜单操作；另一种是在查询编辑器中执行删除数据库用户的 T-SQL 语句。

DROP USER 语句用来删除数据库用户。

DROP USER 的语法格式如下：

```
DROP USER username
```

其中参数 username 的含义是要删除的数据库用户的名字。

【实例 11.8】使用两种方法来删除数据库用户 User2。

1) 在对象资源管理器中删除

(1) 启动 SQL Server Management Studio，在【对象资源管理器】中展开【数据库】|StudentScore|【安全性】|【用户】节点。

(2) 右击 User2，在弹出的快捷菜单中选择【删除】命令。

(3) 在弹出的【删除对象】对话框中单击【确定】按钮，即可完成删除操作。

2) 在查询编辑器中删除

删除数据库用户的 T-SQL 语句是 DROP USER。在查询编辑器中输入以下代码即可完成删除操作。

```
DROP USER[User2]
```

# 11.6　权限

权限用来控制登录账号对服务器的操作以及用户账号对数据库的访问与操作，是执行操作、访问数据的通行证。在 Microsoft SQL Server 2012 系统中，不同的对象有不同的权限。本节将介绍权限的类型、设置用户权限两个方面的内容。

## 11.6.1　权限类型

在 Microsoft SQL Server 2012 系统中，按照权限是否与特定的对象有关，可以把权限分为针对所有对象的权限和针对特殊对象的权限。

针对所有对象的权限有 CONTROL、ALTER、ALTER ANY、CREATE 及 TAKE OWNERSHIP 等。

针对特殊对象的权限有 SELECT、UPDATE、INSERT、DELETE 及 EXECUTE 等。

在 SQL Server 中不同的对象具有不同的权限，常见的对象权限如下。

- 数据库：BACKUP DATABASE、BACKUP LOG、CREATE DATABASE、CREATE DEFAULT、CREATE FUNCTION、CREATE PROCEDURE、CREATE RULE、CREATE TABLE 和 CREATE VIEW。
- 表、表值函数、视图：SELECT、DELETE、INSERT、UPDATE、REFERENCES。
- 存储过程：EXECUTE、SYNONYM。
- 标量函数：EXECUTE、REFERENCES。

## 11.6.2　设置用户权限

### 1. 授予权限

在 Microsoft SQL Server 2012 系统中，对用户账号授予权限有两种途径：一种是在对象资源管理器中利用菜单操作；另一种是在查询编辑器中执行授予权限的 T-SQL 语句。

GRANT 语句用来给用户授予权限。

GRANT 的语法格式如下：

```
GRANT { { SELECT | INSERT | UPDATE | DELETE | RULE | REFERENCES | TRIGGER }[, …]
| ALL [ PRIVILEGES ] }
ON [ TABLE ] tablename [, …]
TO username  [, …]
```

其中各参数的含义说明如下。

- SELECT：允许对声明的表、视图或者序列选择任意字段。
- INSERT：允许向声明的表插入一个新行。
- UPDATE：允许对声明的表中的任意字段做修改。
- DELETE：允许从声明的表中删除行。

- RULE：允许在该表、视图上创建规则。
- REFERENCES：要创建一个外键约束，必须在参考表和被参考表上都拥有这个权限。
- TRIGGER：允许在声明表上创建触发器。
- ALL [ PRIVILEGES ]：一次性给予所有适用于该对象的权限。
- tablename：授权操作的对象表的名字。
- username：所授权的用户名。

【实例 11.9】为 StudentScore 数据库的用户账号 User1 授予 SELECT 权限。

1) 在对象资源管理器中操作

(1) 启动 SQL Server Management Studio，在【对象资源管理器】中展开【数据库】|StudentScore|【安全性】|【用户】节点，右击 User1，在弹出的快捷菜单中选择【属性】命令。

(2) 弹出【数据库用户-User1】对话框，选择【安全对象】选择页，如图 11.12 所示，单击【搜索】按钮。

图 11.12 【数据库用户-User1】对话框

(3) 弹出如图 11.13 所示的【添加对象】对话框，选中【特定类型的所有对象】单选按钮，单击【确定】按钮。

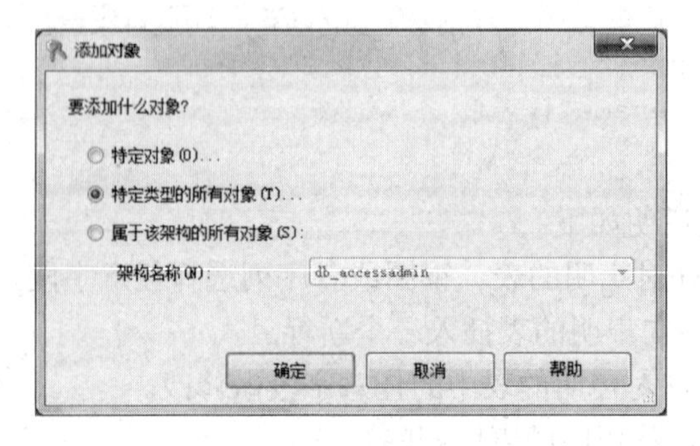


图 11.13 【添加对象】对话框

(4) 弹出如图 11.14 所示的【选择对象类型】对话框，选中【表】复选框，单击【确定】按钮。

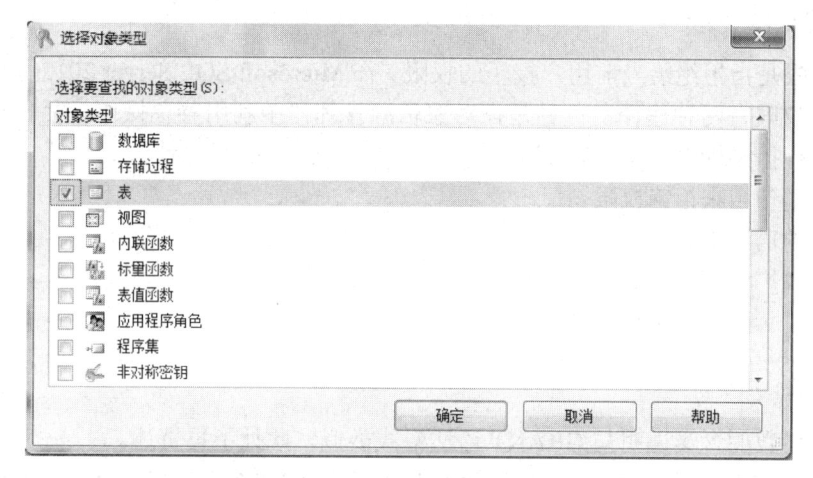


图 11.14　【选择对象类型】对话框

(5) 回到如图 11.15 所示的【安全对象】选择页，【dbo.Student 的权限】列表框中列出了所有的权限，通过选中各复选框为用户账号 User1 授权。

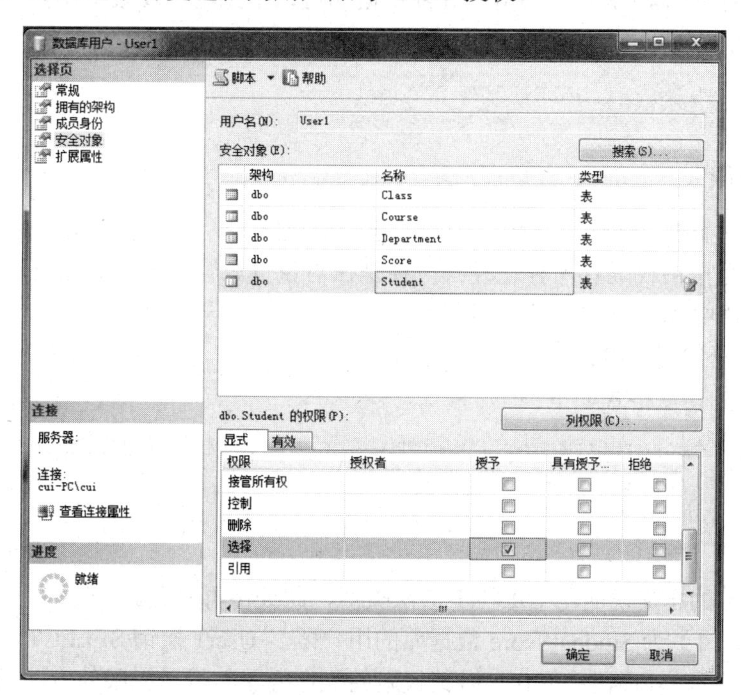


图 11.15　【安全对象】选项页

(6) 单击【确定】按钮，即可完成用户账号 User1 的授权操作。

2) 在查询编辑器中操作

使用 GRANT 语句可以给用户授予权限。在查询编辑器中输入以下代码即可授予 User1 用户 SELECT 权限。

```
GRANT SELECT ON Student
TO User1
```

### 2. 拒绝权限

拒绝权限是指拒绝给当前用户授予的权限。在 Microsoft SQL Server 2012 系统中，对用户账号拒绝权限有两种途径：一种是在对象资源管理器中利用菜单操作；另一种是在查询编辑器中执行拒绝权限的 T-SQL 语句。

DENY 语句用来拒绝权限。

DENY 的语法格式如下：

```
DENY { { { SELECT | INSERT | UPDATE | DELETE | RULE | REFERENCES | TRIGGER }[, …]
| ALL [ PRIVILEGES ] }
ON [ TABLE ] tablename [, …]
TO username [, …]
```

其中各参数的含义说明与 GRANT 语法格式类似，此处不再赘述。

**【实例 11.10】**不允许 User1 用户对 Student 表执行 UPDATE、INSERT、DELETE 操作。

(1) 在对象资源管理器中操作。拒绝权限的操作方法与授予权限的方法类似，请参看授予权限的操作步骤，此处不再赘述。

(2) 在查询编辑器中操作。使用 DENY 语句可以拒绝用户权限。在查询编辑器中输入以下代码即可拒绝 User1 用户的 UPDATE、INSERT、DELETE 权限。

```
DENY UPDATE,INSERT,DELETE ON Student
TO User1
```

### 3. 撤销权限

撤销权限是撤销以前给用户账号授予或拒绝的权限。在 Microsoft SQL Server 2012 系统中，对用户账号撤销权限有两种途径：一种是在对象资源管理器中利用菜单操作；另一种是在查询编辑器中执行撤销权限的 T-SQL 语句。

REVOKE 语句用来撤销权限。

REVOKE 的语法格式如下：

```
REVOKE { { SELECT | INSERT | UPDATE | DELETE | RULE | REFERENCES | TRIGGER }
[, …] | ALL [ PRIVILEGES ] }
ON [ TABLE ] object [, …]
FROM username [, …]
```

其中各参数的含义说明与 GRANT 语法类似，此处不再赘述。

**【实例 11.11】**为 StudentScore 数据库的用户账号 User1 撤销 SELECT 权限。

(1) 在对象资源管理器中操作。撤销权限的操作方法与授予权限的方法类似，请参看授予权限的操作步骤，此处不再赘述。

(2) 在查询编辑器中操作。使用 REVOKE 语句可以撤销用户权限。在查询编辑器中输入以下代码即可撤销 User1 用户的 SELECT 权限。

```
REVOKE SELECT ON Student
FROM User1
```

# 11.7　角色

角色是一种权限机制。在 SQL Server 中，可以将用户分为不同的类，相同类的用户进行统一管理，赋予相同的操作权限，对这些不同的类可以把它定义为角色。一个角色可以包含多个用户。

## 11.7.1　角色分类

在 SQL Server 中主要有两种角色类型，即服务器级角色和数据库级角色。

### 1. 服务器级角色

服务器级角色独立于各个数据库，它是由系统预定义的，用户不能创建新的服务器级角色，只能选择合适的服务器级角色。SQL Server 中提供了以下服务器级角色。

- sysadmin：系统管理员，可以在 SQL Server 中执行任何操作。
- serveradmin：服务器管理员，可以设置服务器方位的配置选项。
- securityadmin：安全管理员，可以管理登录。
- processadmin：进程管理员，可以管理在 SQL Server 中运行的进程。
- setupadmin：安装管理员，可以管理连接服务器和启动过程。
- bulkadmin：批量管理员，可以执行 BULK INSERT 语句，执行大批量数据插入操作。
- diskadmin：磁盘管理员，可以管理磁盘文件。
- dbcreator：数据库创建者，可以创建、更改和删除数据库。
- public：每个 SQL Server 登录名都属于 public 服务器角色。

用户只能将一个用户登录名添加为上述某个服务器级角色的成员，而不能自行定义服务器级角色。

### 2. 数据库级角色

数据库级角色定义在数据库级别上，是指对数据库执行特有的管理及操作。在 SQL Server 中有两种数据库级角色：固定数据库级角色和自定义数据库级角色。

1) 固定数据库级角色

固定数据库级角色是 SQL Server 系统中预定义的，不允许用户进行修改的角色。SQL Server 中提供了以下固定数据库级角色。

- db_owner：数据库所有者，可以执行数据库的所有管理操作。
- db_securityadmin：数据库安全管理员，可以修改角色成员身份和管理权限。
- db_accessadmin：数据库访问权限管理员，可以为登录账号修改权限。
- db_backupoperator：数据库备份操作员，可以备份数据库。
- db_ddladmin：数据库 DDL 管理员，可以对数据库执行任何数据定义语言。

- db_datawriter：数据库数据写入者，可以向数据库中执行添加、修改和删除数据的操作。
- db_datareader：数据库数据读取者，可以读取数据库中的所有数据。
- db_denydatawriter：拒绝数据写入者，禁止向数据库中执行添加、修改和删除数据的操作。
- db_denydatareader：拒绝数据读取者，禁止读取数据库中的所有数据。
- public：一个特殊的数据库角色。每个数据库用户都属于 public 数据库角色，当未对某个用户授予特定的权限或角色时，该用户将被授予 public 角色的权限。

2) 自定义数据库级角色

有时固定数据库级角色不能满足用户要求时，需要创建新的数据库级角色。在创建数据库角色时将某些权限授予该角色，然后将数据库用户指定为该角色的成员，这样用户将继承这个角色的所有权限。

## 11.7.2 创建角色

在 Microsoft SQL Server 2012 系统中，创建角色有两种途径：一种是在对象资源管理器中利用菜单操作；另一种是在查询编辑器中执行创建角色的 T-SQL 语句。

CREATE ROLE 语句用来创建角色。

CREATE ROLE 的语法格式如下：

```
CREATE ROLE rolename AUTHORIZATION username
```

其中各参数的含义说明如下。

- rolename：要创建的角色名称。
- username：用于指定新的数据库角色的所有者，如果未指定则执行 CREATE ROLE 的用户将拥有该角色。

【实例 11.12】在 StudentScore 数据库中创建一个数据库角色 Role1。

1) 在对象资源管理器中操作

(1) 启动 SQL Server Management Studio，在【对象资源管理器】中展开【数据库】|StudentScore|【安全性】|【角色】节点，右击【数据库角色】，在弹出的快捷菜单中选择【新建数据库角色】命令。

(2) 弹出【数据库角色-新建】对话框，选择【常规】选择页，如图 11.16 所示，输入【角色名称】和【所有者】信息。

(3) 对于该角色所具有的权限可以在【安全对象】选择页中设置，然后单击【确定】按钮，即可完成 Role1 角色的创建。

2) 在查询编辑器中创建

创建角色的 T-SQL 语句是 CREATE ROLE，在查询编辑器中输入以下代码即可创建角色 Role1。

```
CREATE ROLE Role1
AUTHORIZATION User1
```

如果要修改数据库级角色的名称，可以使用 ALTER ROLE 语句。如果要删除某个数据库级角色，可以使用 DROP ROLE 语句。

```
ALTER ROLE role_name WITH NAME new_role_name
DROP ROLE role_name
```

图 11.16　【数据库角色-新建】对话框

### 11.7.3　指派角色

如果向自定义的数据库级角色中添加成员，可以使用 sp_addrolemember 存储过程。利用该存储过程可以将一个数据库用户添加到一个数据库级角色中，使其成为该数据库级角色的成员。

**【实例 11.13】**向数据库级角色 Role1 中添加成员 guest。

```
sp_addrolemember 'Role1', 'guest'
```

## 11.8　回到工作场景

通过对 11.2～11.7 节内容的学习，了解了数据库的安全机制，掌握了登录账号、数据库用户的创建，掌握了角色与权限的设置，此时基本能够完成工作场景中设计的任务。下面将回到前面介绍的工作场景中完成工作任务。

**【工作过程一】**

创建一个管理员用户，管理员名称为 adminTest，密码为 123，默认数据库是

StudentScore。权限是可以对 StudentScore 数据库执行所有的操作。这时信息管理员小孙需要进行以下操作。

(1) 打开 Microsoft SQL Server Management Studio，在【对象资源管理器】中展开【SQL Server 服务器】|【安全性】节点，右击【登录名】，在弹出的快捷菜单中选择【新建登录名】命令，打开【登录名-新建】对话框，如图 11.17 所示。设置【登录名】为 adminTest，【密码】为 123，选择默认数据库 StudentScore。

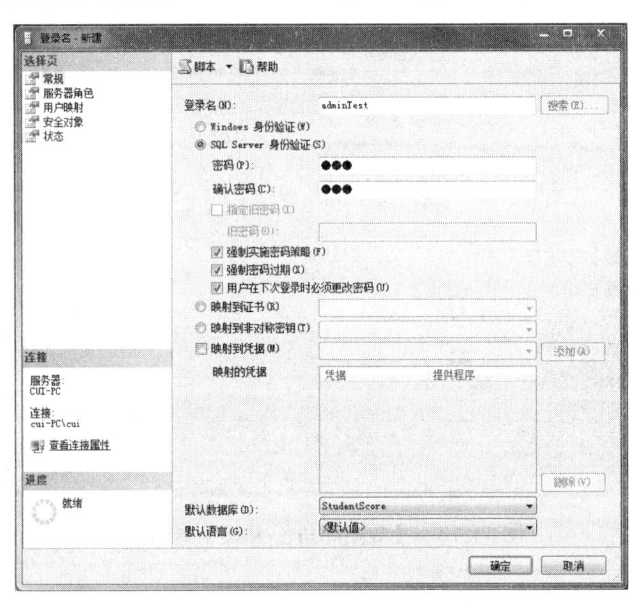


图 11.17 【登录名-新建】对话框

(2) 选择【服务器角色】选择页，选择 sysadmin 服务器角色，如图 11.18 所示。

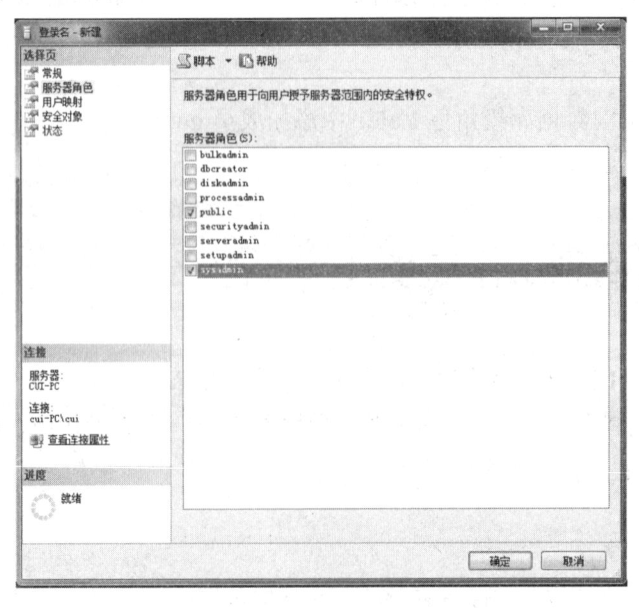


图 11.18 【服务器角色】选择页

(3) 选择【用户映射】选择页，选择 StudentScore 数据库，如图 11.19 所示。

(4) 单击【确定】按钮，即可完成用户 adminTest 的创建。请读者以 adminTest 用户登录 SQL Server，验证是否拥有系统管理员的权限。

图 11.19　【用户映射】选择页

## 【工作过程二】

创建教师用户，用户名为 Teacher，密码为 123，默认数据库是 StudentScore。权限是只能对 Score 表执行所有的操作。这时信息管理员小孙需要进行以下操作。

(1) 打开 Microsoft SQL Server Management Studio，在【对象资源管理器】中展开【SQL Server 服务器】|【安全性】节点，右击【登录名】，在弹出的快捷菜单中选择【新建登录名】命令，弹出【登录名-新建】对话框，如图 11.20 所示。设置【登录名】为 Teacher，【密码】为 123，选择默认数据库为 StudentScore。

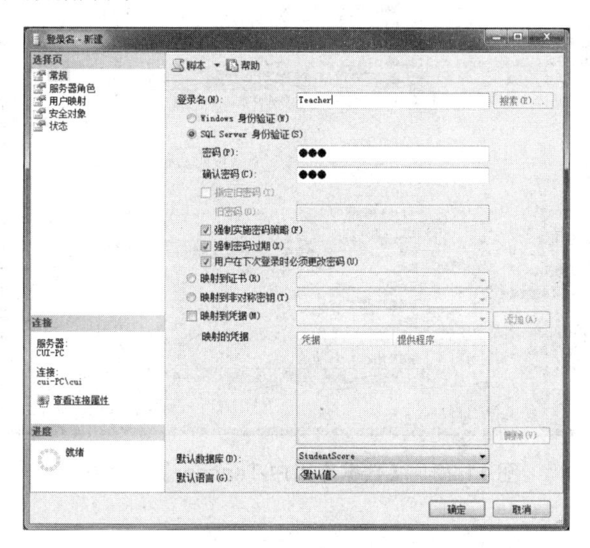


图 11.20　【登录名-新建】对话框

(2) 选择【用户映射】选择页，选择 StudentScore 数据库，如图 11.21 所示。

图 11.21 【用户映射】选择页

(3) 单击【确定】按钮，即可完成登录名 Teacher 的创建。

(4) 展开【数据库】|StudentScore|【安全性】节点，右击 Teacher 用户，在弹出的快捷菜单中选择【属性】命令，弹出如图 11.22 所示的对话框，设置该用户对 Score 表的权限。

(5) 单击【确定】按钮，即可完成 Teacher 用户的创建。

请读者以 Teacher 用户登录 SQL Server，验证是否拥有对 Score 表的所有权限。

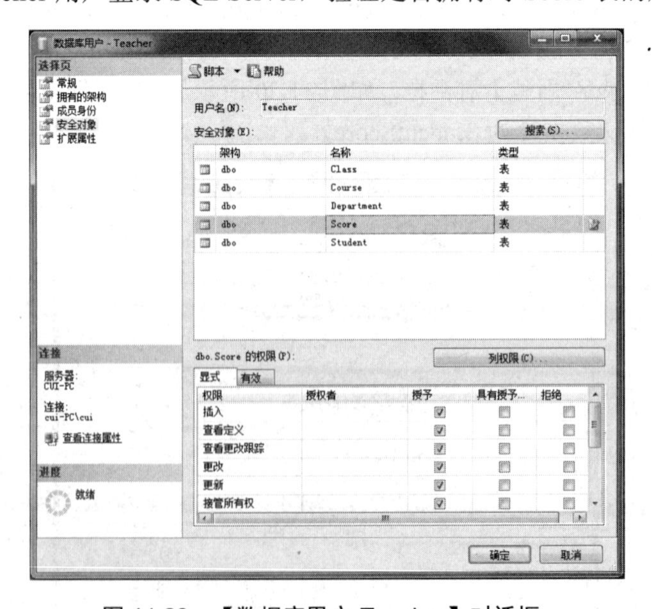

图 11.22 【数据库用户-Teacher】对话框

## 【工作过程三】

创建学生用户，用户名为 Std，密码为 123，默认数据库是 StudentScore。权限是只能对

Score 表执行查询操作。这时信息管理员小孙需要进行以下操作。

(1) 打开 Microsoft SQL Server Management Studio，在【对象资源管理器】中展开【SQL Server 服务器】|【安全性】节点，右击【登录名】，在弹出的快捷菜单中选择【新建登录名】命令，弹出【登录名-新建】对话框。设置【登录名】为 Std，【密码】为 123，选择默认数据库为 StudentScore。

(2) 选择【用户映射】选择页，选择 StudentScore 数据库。

(3) 单击【确定】按钮，即可完成登录名 Std 的创建。

(4) 展开【数据库】|StudentScore|【安全性】节点，右击 Std 用户，在弹出的快捷菜单中选择【属性】命令，设置该用户对 Score 表的 SELECT 操作权限。

(5) 单击【确定】按钮，即可完成 Std 用户的创建。

请读者以 Std 用户登录 SQL Server，验证是否只能对 Score 表进行 SELECT 操作。

## 11.9　工作实训营

### 11.9.1　训练实例

#### 1. 训练内容

在 StudentScore 数据库中创建用户账号和角色，并授予操作权限，具体步骤如下。

(1) 在 SQL Server Management Studio 中创建登录名 Login1，密码为 123。

(2) 将 dbcreator 角色的权限分配给 Login1。

(3) 为 StudentScore 数据库创建一个用户账号 Db1，密码为 123。

(4) 为用户账号 Db1 设置一些权限。

(5) 为 StudentScore 数据库创建一个数据库角色 R1。

(6) 删除登录名 Login1。

(7) 删除用户账号 Db1。

#### 2. 训练目的

(1) 掌握在 SQL Server Management Studio 中创建、删除登录名和数据库用户的方法。

(2) 掌握在 SQL Server Management Studio 中创建数据库角色的方法。

(3) 掌握为登录账号设置权限的两种方法。

(4) 掌握为用户账号设置权限的方法。

#### 3. 训练过程

参照 11.8 节中的操作步骤。

#### 4. 技术要点

使用 SQL Server Management Studio 完成以上操作。

### 11.9.2 工作实践常见问题解析

【常见问题 1】在对象资源管理器中通过菜单操作新建登录名时，输入登录名和密码之后，单击【确定】按钮，提示创建登录名失败，这是为什么？

【答】有些 Windows 版本不支持“强制实施密码策略”，可以不选择该选项；否则无法创建登录名。

【常见问题 2】创建数据库用户并授予该用户操作权限后，怎样来验证用户是否具有这些权限？

【答】创建数据库用户之后，可以以该数据库用户的身份重新与 SQL Server 建立连接，这时对 SQL Server 执行操作的就是已创建的用户，可以验证该用户的权限。

【常见问题 3】有时删除登录名时，提示无法删除映射的数据库用户，这是为什么？

【答】在删除登录名之前，最好将其映射到数据库的用户名删除。若没有删除用户名，则系统会给出一个提示信息。

## 11.10 习题

**一、填空题**

(1) SQL Server 2012 中的身份验证有____________和____________两种。

(2) 创建 Windows 登录时使用的 T-SQL 语句是________________。

(3) 创建数据库用户的 T-SQL 语句是________________。

(4) 在 SQL Server 中，授权的 T-SQL 命令是__________，拒绝权限的 T-SQL 命令是__________，撤销权限的 T-SQL 命令是__________。

(5) 在 SQL Server 中，角色分为__________和__________。

(6) 在创建数据库用户时，默认情况下该用户属于__________角色。

(7) 为一个用户指派角色时需要使用__________存储过程。

(8) 创建自定义数据库级角色的 T-SQL 语句是__________。

**二、操作题**

在 SQL Server Management Studio 中对图书管理数据库 Library 的安全性进行设置，需要创建以下内容。

(1) 创建图书管理数据库的管理员 admin，可以对该数据库执行所有的操作。

(2) 创建读者用户 user，只能对 Reader 表中的 Readername、Birthday、Sex、Address、Postalcode 和 Tel 字段进行操作。

(3) 创建图书借阅操作员用户 operator，可以对借阅记录 Record 表进行查看、修改、删除操作。

(4) 创建一个角色 Role，只能对 Record 表进行操作。

(5) 创建一个图书借阅操作员用户 op，将该用户加入角色 Role 中。

# 第12章

# 备份和还原数据库

- 备份和还原的概念。
- 备份的类型。
- 创建完整数据库备份、事务日志备份、差异备份和文件或文件组备份。
- 还原备份。

## 技能目标

- 理解备份和还原的概念。
- 掌握备份的类型。
- 掌握创建完整数据库备份、事务日志备份、差异备份和文件或文件组备份的方法。
- 掌握还原各种备份的方法。

## 12.1 工作场景导入

**【工作场景】**

学校要更换服务器，希望将学生成绩数据库从原服务器转移到新服务器上，这时信息管理员小孙要把数据库进行备份，转移到新服务器上，然后进行数据库还原操作。具体要求如下。

(1) 将学生成绩数据库进行完整数据库备份。

(2) 还原 StudentScore 数据库备份。

**【引导问题】**

(1) 什么是数据库的备份和还原？

(2) 数据库备份的类型有哪些？

(3) 如何进行数据库备份？

(4) 如何进行数据库还原？

## 12.2 备份和还原

为了确保数据库中数据的安全和完整，除了采用前面介绍的各种保护措施之外，还有一项重要的工作——备份和还原数据库。

计算机系统中硬件的故障、软件的错误、操作员的失误及恶意的破坏都会影响数据库中数据的正确性，严重的还会破坏数据库，甚至造成服务器崩溃的后果。数据库的备份和还原是解决这种问题的有效机制。本章主要介绍数据库备份和还原的含义，以及如何对数据库进行备份和还原操作。

### 12.2.1 备份

数据库备份就是制作数据库中数据库结构和数据的副本，将其存放在安全、可靠的位置，以便以后能够顺利地将被破坏了的数据库安全地还原。在数据库备份过程中涉及备份设备、备份类型等内容。

(1) 备份设备：在进行备份之前必须先创建备份设备。备份设备是指将数据库备份到的目标载体。在 SQL Server 2012 中，允许使用两种类型的备份设备，即磁盘备份设备和磁带备份设备。

(2) 备份类型：SQL Server 2012 系统中提供了以下 4 种备份类型。

① 完整数据库备份：这种备份是最完整的备份方式，它会把整个数据库复制到指定的备份设备上。当数据库发生故障时，只要还原该备份信息就可以恢复数据库中的数据。但如果数据库中的数据量大，完整数据库备份需要花费较多时间，同时也会占用较多的空间。

对于数据量少的数据库，可以采用这种备份方式。

② 差异数据库备份：差异备份只备份上次数据库备份后发生更改的部分数据库。最初的备份使用完整数据库备份保存完整的数据库内容，之后则使用差异备份只记录有变动的部分。与完整数据库备份相比，差异备份的速度较快，占用空间较少。

③ 事务日志备份：这种备份只备份最后一次日志备份后的所有事务日志记录，所备份的事务日志记录了两次数据库备份之间所有的数据库活动记录。当系统出现故障时，能够恢复所有备份的事务，而只丢失没有执行的事务。

④ 文件和文件组备份：这种备份方式是以文件和文件组作为备份的对象，可以针对数据库特定的文件或特定文件组内的所有成员进行数据备份处理，同时还要定期备份事务日志。这样在恢复时可以只还原被损坏的文件。

### 12.2.2　还原

数据库还原操作就是当数据库出现故障时，将备份的数据库加载到系统，从而使数据库恢复到备份时的正确状态。针对不同的数据库备份类型，可以采取不同的数据库还原方法。

在 SQL Server 2012 系统中，提供了以下 3 种还原数据库的方法。

(1) 数据库：还原和恢复整个数据库。

(2) 文件和文件组：还原和恢复一个数据文件或者一组数据文件。

(3) 事务日志：还原和恢复事务日志。

## 12.3　完整数据库备份

在创建任何类型的数据库备份之前，都要创建备份设备。创建备份设备有两种方法：一是在对象资源管理器中使用菜单命令创建备份设备；二是使用存储过程创建备份设备。

#### 1. 在对象资源管理器中创建备份设备

(1) 在对象资源管理器中，依次展开【服务器】|【服务器对象】节点。

(2) 右击【备份设备】，在弹出的快捷菜单中选择【新建备份设备】命令，弹出【备份设备】对话框，如图 12.1 所示。输入【设备名称】为“学生成绩数据库备份”，目标位置为默认值。

(3) 单击【确定】按钮，完成备份设备的创建。

#### 2. 使用存储过程创建备份设备

可以用存储过程 sp_addumpdevice 创建备份设备。

sp_addumpdevice 的语法格式如下：

```
sp_addumpdevice [ @devtype = ] 'device_type' , [ @logicalname = ]
'logical_name' ,
[ @physicalname = ] 'physical_name'
```

其中各参数的含义说明如下。

- [@devtype =] 'device_type'：备份设备的类型，可以是'disk'，'pipe'，'tape'。
- [@logicalname =] 'logical_name'：备份设备的逻辑名称，不能为 NULL。
- [@physicalname =] 'physical_name'：备份设备的物理名称。物理名称必须遵照操作系统文件名称的规则或者网络设备的通用命名规则，并且必须包括完整的路径。不能为 NULL。

**【实例 12.1】**在磁盘上创建一个备份设备 test_device。

在查询编辑器中输入以下代码：

```
EXEC sp_addumpdevice 'disk','test_device','d:\backup\test_device.bak'
```

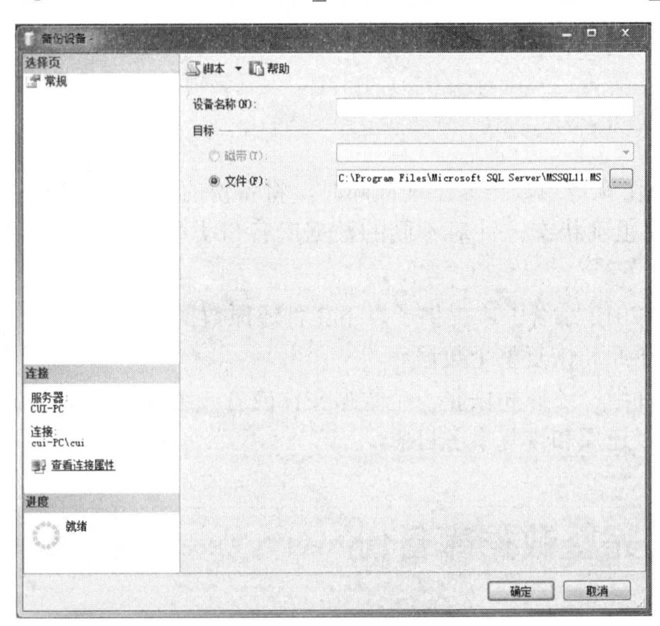


图 12.1　【备份设备】对话框

## 12.3.1　创建备份

创建完整数据库备份有两种方法：一种是使用 SQL Server Management Studio 工具备份数据库；另一种是使用 BACKUP 命令来备份数据库。

BACKUP DATABASE 语句用于创建数据库备份。

BACKUP DATABASE 的语法格式如下：

```
BACKUP DATABASE database_name
TO < backup_device > [ ,…n ]
```

其中各参数的含义说明如下。

- database_name：备份的数据库。
- backup_device：指定备份操作时要使用的逻辑或物理备份设备。

**【实例 12.2】**采用完整数据库备份模式，将 StudentScore 数据库备份。

1. 使用 SQL Server Management Studio 工具备份数据库

(1) 在对象资源管理器中，依次展开【数据库】|StudentScore 节点。

(2) 右击 StudentScore，在弹出的快捷菜单中选择【任务】|【备份】命令，如图 12.2 所示。

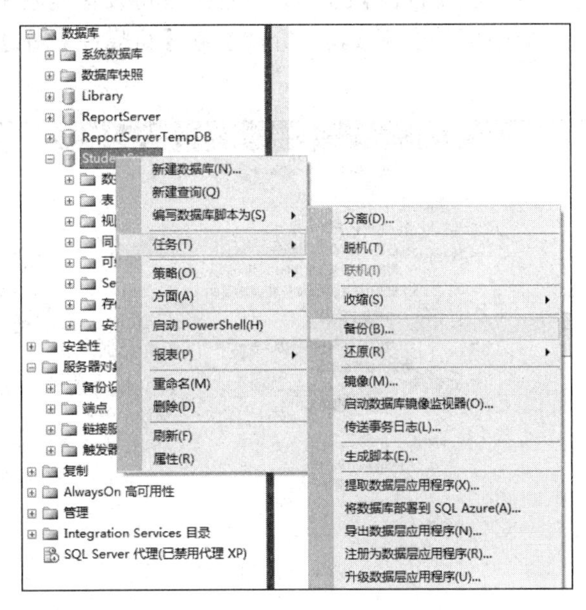


图 12.2　选择【任务】|【备份】命令

(3) 弹出【备份数据库-StudentScore】对话框，如图 12.3 所示。

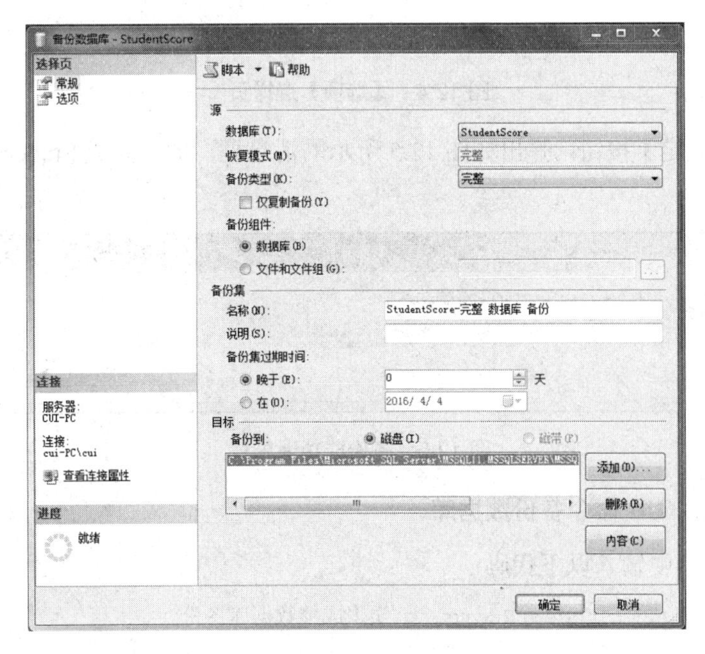


图 12.3　【备份数据库-StudentScore】对话框

(4) 在【常规】选择页中的【源】选项组中选择备份数据库的名称、恢复模式和备份类型。

(5) 在【常规】选择页中的【备份集】选项组中输入此次备份的名称，说明内容和过期时间。

(6) 在【常规】选择页中的【目标】选项组中选择备份设备类型和备份设备名称。

(7) 在【选项】选择页中可以设置【覆盖介质】和【可靠性】等选项组，如图 12.4 所示。

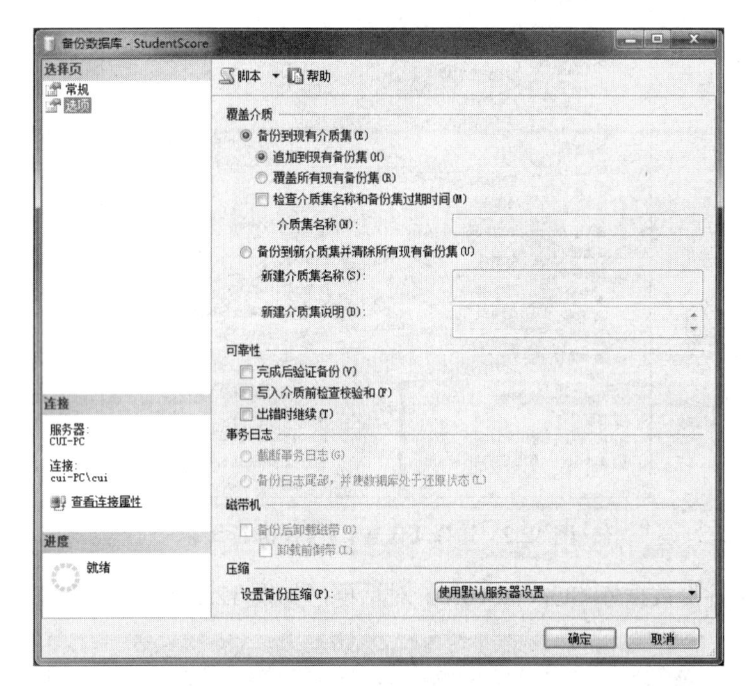


图 12.4 【选项】选择页

(8) 单击【确定】按钮，弹出如图 12.5 所示的消息框，提示完成 StudentScore 数据库的备份操作。

图 12.5 备份成功消息框

## 2. 使用 BACKUP 命令备份数据库

在查询编辑器中输入以下代码：

```
BACKUP DATABASE StudentScore to 学生成绩数据库备份
```

运行结果如下：

```
已为数据库 'StudentScore'，文件 'StudentScore' (位于文件 1 上)处理了 312 页。
```

```
已为数据库 'StudentScore'，文件 'StudentScore_Data' (位于文件 1 上)处理了 8 页。
已为数据库 'StudentScore'，文件 'StudentScore_log' (位于文件 1 上)处理了 2 页。
BACKUP DATABASE 成功处理了 322 页，花费 0.027 秒(93.171 MB/秒)。
```

## 12.3.2　还原备份

对于完整数据库备份的还原操作有两种方法：一种是使用 SQL Server Management Studio 工具还原数据库；另一种是使用 RESTORE 命令还原数据库。

RESTORE DATABASE 语句用于还原数据库备份。

RESTORE DATABASE 的语法格式如下：

```
RESTORE DATABASE database_name
[ FROM < backup_device > [ ,…n ] ]
[WITH REPLACE]
```

其中各参数的含义说明如下。

- database_name：还原的数据库。
- FROM：指定从中还原备份的备份设备。
- backup_device：指定还原操作要使用的逻辑或物理备份设备。
- WITH REPLACE：指定如果存在另一个具有相同名称的数据库，则将该数据库删除，重新创建。

【实例 12.3】将实例 12.2 中创建的 Student 数据库备份进行还原。

1) 使用 SQL Server Management Studio 工具还原数据库

(1) 在对象资源管理器中，依次展开【数据库】|StudentScore 节点。

(2) 右击 StudentScore，在弹出的快捷菜单中选择【任务】|【还原】|【数据库】命令，如图 12.6 所示。

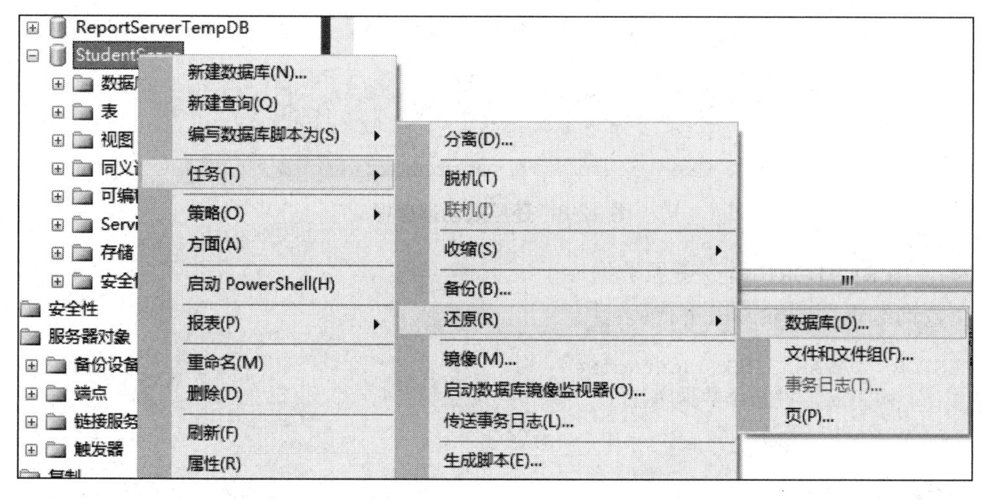


图 12.6　选择【任务】|【还原】|【数据库】命令

(3) 弹出【还原数据库-StudentScore】对话框，如图 12.7 所示。

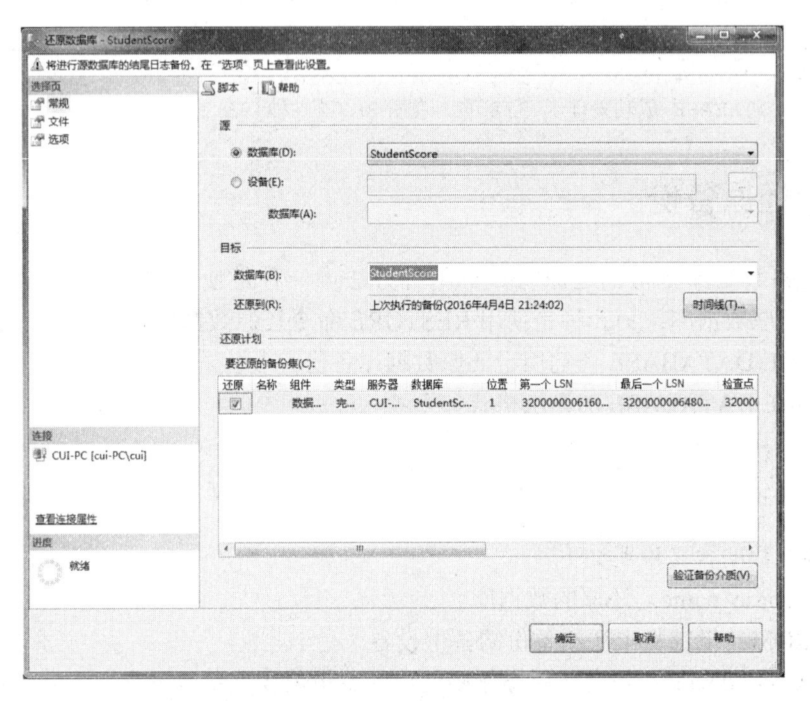

图 12.7 【还原数据库-StudentScore】对话框

在该对话框的【常规】选择页中设置以下内容：在源中选择设备为“学生成绩数据库备份”备份设备，在目标中输入还原的目标数据库以及还原到的时间线。

在该对话框的【选项】选择页中，选中【覆盖现有数据库】单选按钮，单击【确定】按钮，系统进行还原，弹出还原成功消息框，如图 12.8 所示。

图 12.8 还原成功消息框

2) 使用 RESTORE 命令还原数据库

在查询编辑器中输入以下代码：

```
RESTORE DATABASE StudentScore
      FROM 学生成绩数据库备份
      WITH REPLACE
```

执行结果如下：

```
已为数据库 'StudentScore'，文件 'StudentScore' (位于文件 1 上)处理了 312 页。
已为数据库 'StudentScore'，文件 'StudentScore_Data' (位于文件 1 上)处理了 8 页。
已为数据库 'StudentScore'，文件 'StudentScore_log' (位于文件 1 上)处理了 2 页。
RESTORE DATABASE 成功处理了 322 页，花费 0.044 秒(57.173 MB/秒)。
```

# 12.4　事务日志备份

## 12.4.1　创建备份

事务日志备份用于记录前一次的数据库备份或事务日志备份后数据库所做出的改变。事务日志备份必须在一次完整数据库备份之后进行。在备份之前也要创建备份设备“StudentScore 数据库日志备份”，创建方法与 12.3 节中介绍的类似。

创建事务日志备份有两种方法：一种是使用 SQL Server Management Studio 工具备份；另一种是使用 BACKUP 命令来备份。

BACKUP LOG 语句用于创建事务日志备份。

BACKUP LOG 的语法格式如下：

```
BACKUP LOG { database_name | @database_name_var }
TO < backup_device > [ , …n ]
```

其中各参数的含义说明如下。

- LOG：指定备份事务日志。
- database_name | @database_name_var：指定要进行事务日志备份的数据库。
- backup_device：指定备份操作时要使用的逻辑或物理备份设备。

【实例 12.4】采用事务日志备份模式，将 StudentScore 数据库备份。

1) 使用 SQL Server Management Studio 工具备份数据库

(1) 在对象资源管理器中，依次展开【数据库】|StudentScore 节点。

(2) 右击 StudentScore，在弹出的快捷菜单中选择【任务】|【备份】命令，如图 12.2 所示。

(3) 弹出【备份数据库-StudentScore】对话框，如图 12.9 所示。

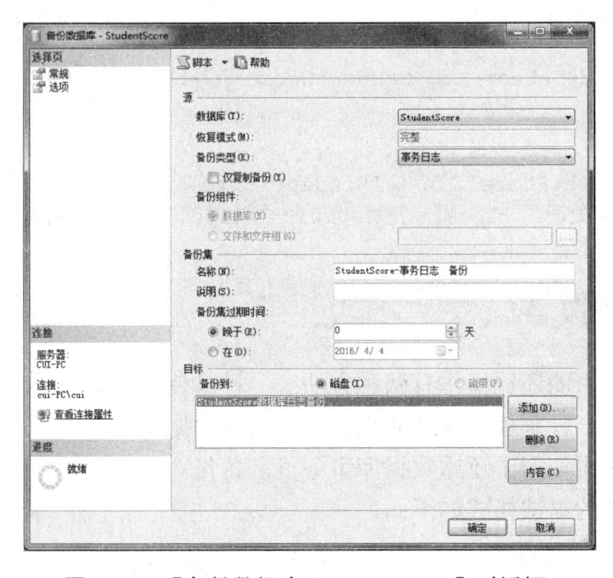


图 12.9　【备份数据库-StudentScore】对话框

(4) 在【常规】选择页中的【源】选项组中选择备份数据库的名称 StudentScore，【备份类型】设置为【事务日志】。在【目标】选项组中选择前面创建的备份设备“StudentScore 数据库日志备份”。

(5) 在【选项】选择页中设置事务日志的信息，选中【备份日志尾部，并使数据库处于还原状态】单选按钮，如图 12.10 所示。

图 12.10 【选项】选择页

(6) 单击【确定】按钮，完成 StudentScore 数据库的备份操作。

2) 使用 BACKUP 命令备份数据库

在查询编辑器中输入以下代码：

```
BACKUP LOG StudentScore to StudentScore 事务日志备份
```

执行结果如下：

```
已为数据库 'StudentScore'，文件 'StudentScore_log' (位于文件 1 上)处理了 579 页。
BACKUP LOG 成功处理了 579 页，花费 0.030 秒(150.748 MB/秒)。
```

## 12.4.2 还原备份

对于事务日志备份的还原操作有两种方法：一种是使用 SQL Server Management Studio 工具还原数据库；另一种是使用 RESTORE 命令还原数据库。

RESTORE LOG 语句用于还原数据库事务日志备份。

RESTORE LOG 的语法格式如下：

```
RESTORE LOG { database_name | @database_name_var }
[ FROM < backup_device > [ , …n ] ]
```

其中各参数的含义说明如下。

- LOG：指定从事务日志备份还原数据库。
- database_name | @database_name_var：指定将日志还原到的数据库。
- FROM：指定从中还原备份的备份设备。
- backup_device：指定还原操作要使用的逻辑或物理备份设备。

**【实例 12.5】** 将实例 12.4 创建的 StudentScore 数据库事务日志备份进行还原。

1) 使用 SQL Server Management Studio 工具还原数据库

(1) 在对象资源管理器中，依次展开【数据库】|StudentScore 节点。

(2) 右击 StudentScore，在弹出的快捷菜单中选择【任务】|【还原】|【事务日志】命令，如图 12.11 所示。

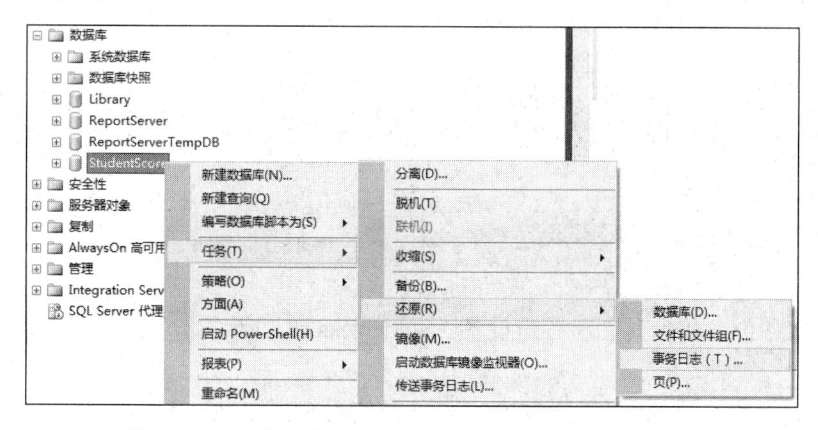


图 12.11　选择【任务】|【还原】|【事务日志】命令

(3) 弹出【还原事务日志-StudentScore】对话框，如图 12.12 所示。

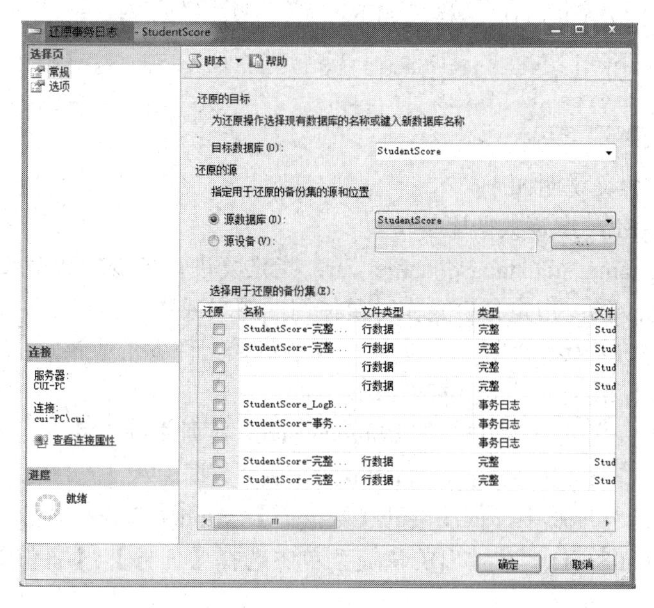


图 12.12　【还原事务日志-StudentScore】对话框

在该对话框的【常规】选择页中选择要还原的事务日志备份。

在该对话框的【选项】选择页中设置相关信息，单击【确定】按钮，将事务日志进行还原。

(4) 弹出如图 12.8 所示的消息框，提示已完成还原 StudentScore 数据库的操作。

2) 使用 RESTORE 命令还原事务日志备份

在查询编辑器中输入以下代码：

```
RESTORE LOG StudentScore
FROM StudentScore 事务日志备份
```

执行结果如下：

```
已为数据库'StudentScore'文件'StudentScore_log'(位于文件 1 上)处理了 1 页。
RESTORE LOG 成功处理了 1 页，花费 0.069 秒(0.66MB/秒)。
```

## 12.5 差异备份

### 12.5.1 创建备份

同样，在备份之前也要创建备份设备“StudentScore 差异备份”，创建方法与 12.3 节中介绍的类似。

创建数据库的差异备份有两种方法：一种是使用 SQL Server Management Studio 工具备份；另一种是使用 BACKUP 命令备份。

BACKUP DATABASE 语句用于创建数据库备份。

BACKUP DATABASE 的语法格式如下：

```
BACKUP DATABASE { database_name | @database_name_var }
TO < backup_device > [ , …n ]
[ WITH DIFFERENTIAL ]
```

其中各参数的含义说明如下。

- DATABASE：指定数据库备份。
- database_name | @database_name_var：指定要进行备份的数据库。
- backup_device：指定备份操作时要使用的逻辑或物理备份设备。
- WITH DIFFERENTIAL：指定数据库备份或文件备份应该与上一次完整备份后改变的数据库或文件部分保持一致。

【实例 12.6】采用差异备份模式将 StudentScore 数据库进行备份。

1) 使用 SQL Server Management Studio 工具备份数据库

(1) 在对象资源管理器中，依次展开【数据库】|StudentScore 节点。

(2) 右击 StudentScore，在弹出的快捷菜单中选择【任务】|【备份】命令，如图 12.2 所示。

(3) 弹出【备份数据库-StudentScore】对话框，如图 12.13 所示。

图 12.13　【备份数据库-StudentScore】对话框

(4) 在【常规】选择页中的【源】选项组中选择备份数据库的名称 StudentScore，【备份类型】设置为【差异】。在【目标】选项组中选择前面创建的备份设备“StudentScore 差异备份”。在【选项】选择页中根据需要进行设置。

(5) 单击【确定】按钮，完成 StudentScore 数据库的差异备份操作。

2) 使用 BACKUP 命令备份数据库

在查询编辑器中输入以下代码：

```
BACKUP DATABASE StudentScore TO StudentScore差异备份
WITH DIFFERENTIAL
```

执行结果如下：

```
已为数据库'StudentScore'，文件'StudentScore'(位于文件 4 上)处理了 64 页。
已为数据库'StudentScore'，文件'StudentScore_Data'(位于文件 4 上)处理了 8 页。
已为数据库'StudentScore'，文件'StudentScore_log'(位于文件 4 上)处理了 1 页。
BACKUP DATABASE WITH DIFFERENTIAL 成功处理了 73 页，花费 0.275 秒(2.049MB/秒)。
```

## 12.5.2　还原备份

对于差异备份的还原操作有两种方法：一种是使用 SQL Server Management Studio 工具还原数据库；另一种是使用 RESTORE 命令还原数据库。

差异备份的两种还原方法与完整数据库备份的还原操作类似，请参考 12.3.2 节，此处不再赘述。

# 12.6 文件或文件组备份

## 12.6.1 创建备份

当数据库非常大时，可以采用文件或文件组的备份类型来备份数据库。

创建文件或文件组备份有两种方法：一种是使用 SQL Server Management Studio 工具备份；另一种是使用 BACKUP 命令备份。

BACKUP DATABASE 语句用于创建数据库备份。

BACKUP DATABASE 的语法格式如下：

```
BACKUP DATABASE { database_name | @database_name_var }
 < file_or_filegroup > [ , …n ]
TO < backup_device > [ , …n ]
```

其中各参数的含义说明如下。

- DATABASE：指定数据库备份。
- database_name | @database_name_var：指定要进行备份的数据库。
- <file_or_filegroup>：指定包含在数据库备份中的文件或文件组的逻辑名。可以指定多个文件或文件组。
- backup_device：指定备份操作时要使用的逻辑或物理备份设备。

**【实例 12.7】**采用文件或文件组备份的模式，将 StudentScore 数据库备份。

1) 使用 SQL Server Management Studio 工具备份数据库

(1) 在对象资源管理器中，依次展开【数据库】|StudentScore 节点。

(2) 右击 StudentScore，在弹出的快捷菜单中选择【任务】|【备份】命令，如图 12.2 所示。

(3) 弹出【备份数据库-StudentScore】对话框，如图 12.14 所示。

(4) 在【常规】选择页中的【源】选项组中选择备份数据库的名称 StudentScore，【备份组件】设置为【文件和文件组】。在【目标】选项组中设置将备份到的文件信息。

(5) 在【选项】选择页中设置【覆盖介质】和【可靠性】的信息。

(6) 单击【确定】按钮，完成 StudentScore 数据库的备份操作。

2) 使用 BACKUP 命令备份数据库

StudentScore 数据库有两个数据文件 StudentScore 和 StudentScore_Data 及事务日志文件 StudentScore_log。将文件 StudentScore 备份到备份设备 s1backup 中，将事务日志文件备份到 slogbackup 中。

在查询编辑器中输入以下代码：

```
EXEC sp_addumpdevice'disk','s1backup','d:\backup\s1backup.bak'
EXEC sp_addumpdevice'disk','slogbackup','d:\backup\slogbackup.bak'
```

```
GO
BACKUP DATABASE StudentScore
FILE='StudentScore' TO s1backup
BACKUP LOG StudentScore TO slogbackup
```

图 12.14　【备份数据库-StudentScore】对话框

执行结果如下：

```
已为数据库'StudentScore'，文件'StudentScore'(位于文件 1 上)处理了 216 页。
已为数据库'StudentScore'，文件'StudentScore_Data'(位于文件 1 上)处理了 2 页。
BACKUP DATABASE ...FILE<name>成功处理了 218 页，花费 0.406 秒(4.178MB/秒)。
已为数据库'StudentScore'，文件'StudentScore_log'(位于文件 1 上)处理了 3 页。
BACKUP LOG 成功处理了 3 页，花费 0.141 秒(0.124MB/秒)。
```

## 12.6.2　还原备份

对于文件或文件组备份的还原操作有两种方法：一种是使用 SQL Server Management Studio 工具还原数据库；另一种是使用 RESTORE 命令还原数据库。

**【实例 12.8】**将实例 12.7 创建的 StudentScore 数据库文件和文件组备份进行还原。

1) 使用 SQL Server Management Studio 工具还原数据库

(1) 在对象资源管理器中，依次展开【数据库】｜StudentScore 节点。

(2) 右击 StudentScore，在弹出的快捷菜单中选择【任务】｜【还原】｜【文件和文件组】命令，如图 12.15 所示。

图 12.15　选择【任务】|【还原】|【文件和文件组】命令

(3) 弹出【还原文件和文件组-StudentScore】对话框，其中的操作与还原数据库的操作类似，此处不再赘述。

2) 使用 RESTORE 命令还原文件或文件组

在查询编辑器中输入以下代码：

```
RESTORE DATABASE StudentScore
FILE='StudentScore' FROM s1backup
```

## 12.7　回到工作场景

通过对 12.2～12.6 节内容的学习，了解了数据库的备份类型，掌握了创建数据库备份的方法及相应的还原方法。此时基本能够完成工作场景中设计的任务。下面将回到前面介绍的工作场景中完成工作任务。

**【准备工作】**

在进行备份之前，要创建备份设备。现在 C 盘下创建一个备份设备“StudentScore 数据库完整备份”。在查询编辑器中执行以下代码：

```
EXEC sp_addumpdevice 'disk','StudentScore数据库完整备份
','C:\backup\StudentScore数据库完整备份.bak'
```

**【工作过程一】**

将学生成绩数据库 StudentScore 进行完整数据库备份。这时信息管理员小孙需要进行以下操作。

(1) 打开 Microsoft SQL Server Management Studio，在【对象资源管理器】中展开【SQL Server 服务器】|【数据库】|StudentScore 节点，右击 StudentScore，在弹出的快捷菜单中选择【任务】|【备份】命令，弹出【备份数据库-StudentScore】对话框，如图 12.16 所示。

图 12.16　【备份数据库-StudentScore】对话框

(2) 设置内容如下。

- 选择【源】数据库为 StudentScore。
- 设置【备份类型】为【完整】。
- 设置【备份组件】为【数据库】。
- 备份【目标】选择刚刚创建的备份设备“StudentScore 数据库完整备份”。

(3) 单击【确定】按钮，即可完成数据库的备份。

**【工作过程二】**

还原 StudentScore 数据库。这时信息管理员小孙需要进行以下操作。

(1) 打开 Microsoft SQL Server Management Studio，在【对象资源管理器】中展开【SQL Server 服务器】|【数据库】|StudentScore 节点，右击 StudentScore，在弹出的快捷菜单中选择【任务】|【还原】|【数据库】命令，弹出【还原数据库-StudentScore】对话框，如图 12.17 所示。

(2) 选择源设备，添加【StudentScore 数据库完整备份】的备份设备。

(3) 单击【确定】按钮，即可完成还原数据库的操作。

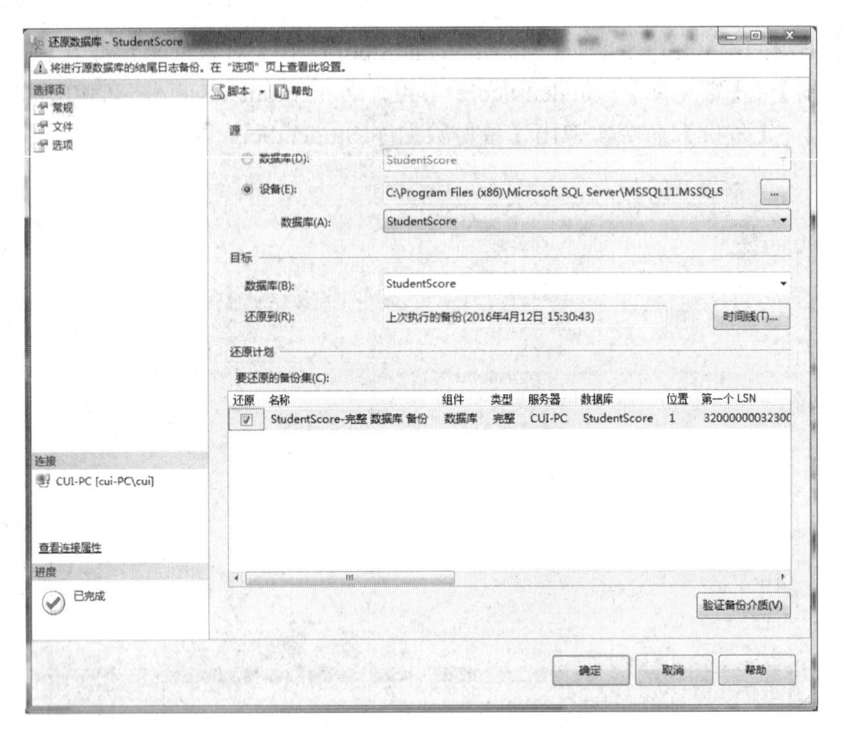


图 12.17 【还原数据库-StudentScore】对话框

# 12.8 工作实训营

## 12.8.1 训练实例

### 1. 训练内容

对 StudentScore 数据库进行备份与还原操作。

(1) 采用完整数据库备份方法，对 StudentScore 数据库进行备份。

(2) 将 Score 表中学生编号为 114010001 的成绩删除。

(3) 还原 StudentScore 数据库，查看 Score 表中学生编号为 114010001 的成绩是否存在。

(4) 使用差异备份方法，重复以上 3 步操作。

### 2. 训练目的

(1) 了解数据库备份的 4 种方法。

(2) 掌握数据库备份和恢复的方法及步骤。

### 3. 训练过程

参照 12.7 节中的操作步骤。

4. 技术要点

应使用 SQL Server Management Studio 完成以上操作。

### 12.8.2　工作实践常见问题解析

【常见问题 1】对数据库 StudentScore 进行事务日志备份之后，还原该备份时“事务日志”还原的菜单命令是灰色的，无法选中，这是为什么？

【答】在进行事务日志备份时，在备份对话框中的【选项】选择页中，将事务日志备份到日志尾部，使数据库处于还原状态，这样备份之后再进行还原的时候，【事务日志】还原的菜单命令是可用的。

【常见问题 2】在还原数据库备份时，提示“数据库正在使用，还原失败”，如何解决这种问题？

【答】出现此种情况，说明系统正在使用要还原的数据库，需要在还原数据库前先停止正在使用数据库的线程。

【常见问题 3】从一台机器上备份数据库，在另一台机器上进行还原，出现还原失败，提示路径问题，如何解决？

【答】在还原数据库的时候要注意备份的路径，本章例题中的路径采用的都是默认路径。

## 12.9　习题

一、填空题

(1) 在 SQL Server 系统中，数据库备份的类型有________、________、________和________。

(2) 备份设备分为两种，即________和________。

(3) 只记录自上次数据库备份后发生更改的数据的备份称为________备份。

(4) 创建备份设备的存储过程是________。

(5) 创建数据库备份的 T-SQL 命令是________。

(6) 还原数据库备份的 T-SQL 命令是________。

二、操作题

现要对图书管理数据库 Library 进行备份与还原操作，要求如下。

(1) 对数据库 Library 进行完整数据库备份。

(2) 将姓名为“郭玉娇”的读者删除。

(3) 还原数据库 Library，查看郭玉娇读者是否存在？

# 第 13 章

# 导入和导出数据库中的数据

## 本章要点

- SSIS 工作方式。
- 创建 SSIS 包。
- 执行 SSIS 包。

## 技能目标

- 了解 SSIS 的作用和工作方式。
- 掌握创建和执行 SSIS 包来导入和导出数据库中数据的方法。

## 13.1 工作场景导入

**【工作场景】**

根据需要现希望信息管理员小孙能够对数据库中的数据执行导入和导出操作。

(1) 导出：将 11401 班学生的学生编号、姓名、性别导出到 C:\test\Std11401.xls 文件中。

(2) 导入：将导出的 Std11401.xls 文件数据导入新建数据库 Std 中。

**【引导问题】**

(1) 什么是 SSIS？

(2) 如何使用 SSIS 工具？

(3) 如何创建 SSIS 包？

(4) 如何执行 SSIS 包？

## 13.2 使用 SQL Server 导入和导出向导

SQL Server 导入和导出向导为创建从源向目标复制数据的 Integration Services 包提供了最简便的方法。可以从【开始】菜单、通过 SQL Server Management Studio 或使用命令提示符启动 SQL Server 导入和导出向导。

### 1. 启动 SQL Server 导入和导出向导

1) 通过 SQL Server Management Studio 启动

在 SQL Server Management Studio 中，连接到 SQL Server 数据库引擎实例，展开该实例下的【数据库】节点，右击一个数据库节点，从弹出的快捷菜单中选择【任务】→【导入数据】或【导出数据】命令，即可启动 SQL Server 导入和导出向导，界面效果如图 13.1 所示。

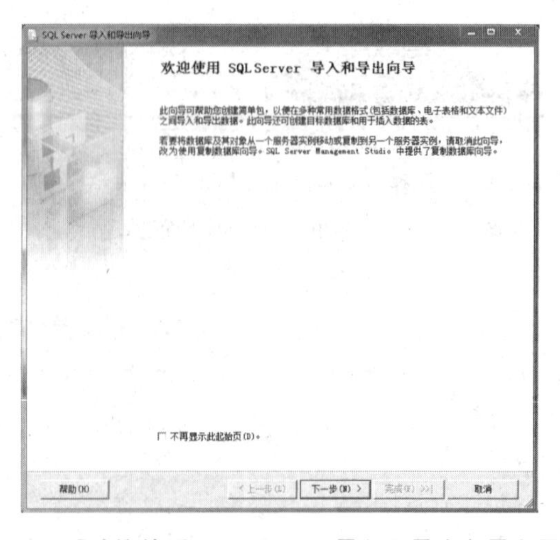


图 13.1 【欢迎使用 SQL Server 导入和导出向导】界面

2)　利用命令提示符启动

在命令提示符窗口中运行 DTSWizard.exe(位于 C:\Program Files\Microsoft SQL Server\100\DTS\Binn 中)。

### 2. SQL Server 导入和导出向导界面介绍

1)　【欢迎使用 SQL Server 导入和导出向导】界面

这是一个欢迎界面，介绍 SQL Server 导入和导出向导的功能，如图 13.1 所示。有一个选项【不再显示此起始页】，若选中，下次打开向导时跳过欢迎界面。

2)　【选择数据源】界面

在该界面中可以指定要复制的数据源，界面效果如图 13.2 所示。在该界面中需要指定以下选项。

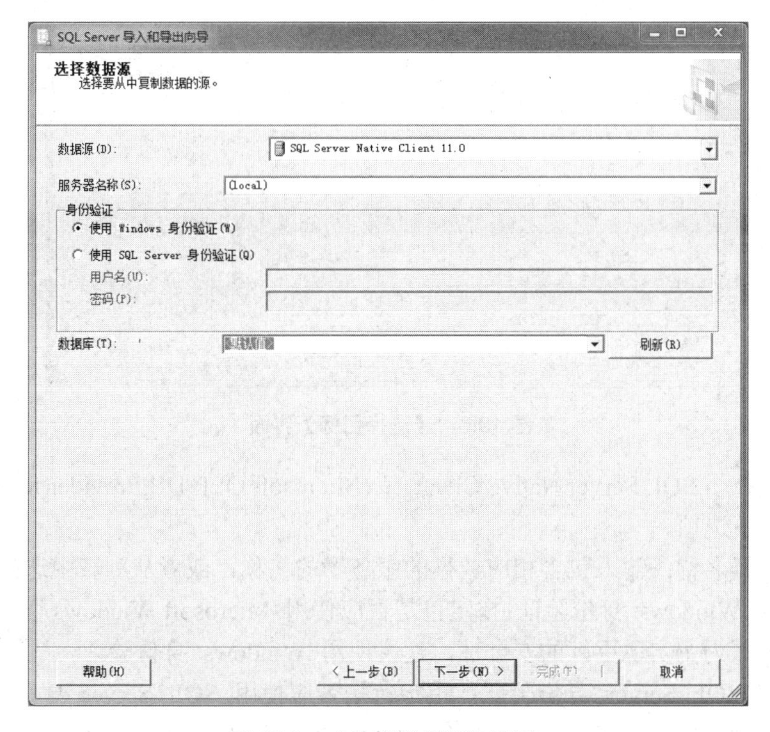


图 13.2　【选择数据源】界面

- 数据源：选择与源的数据存储格式相匹配的数据访问接口。可用于数据源的访问接口可能不止一个。
- 服务器名称：输入包含相应数据的服务器的名称，或者从列表中选择服务器。
- 使用 Windows 身份验证：指定包是否应使用 Microsoft Windows 身份验证登录数据库。为了实现更好的安全性，建议使用 Windows 身份验证。
- 使用 SQL Server 身份验证：指定包是否应使用 SQL Server 身份验证登录数据库。如果使用 SQL Server 身份验证，则必须提供用户名和密码。
- 用户名：使用 SQL Server 身份验证时，指定数据库连接的用户名。
- 密码：使用 SQL Server 身份验证时，提供数据库连接的密码。
- 数据库：从指定的 SQL Server 实例上的数据库列表中选择。

● 刷新：通过单击【刷新】按钮，还原可用数据库的列表。

3) 【选择目标】界面

在该界面中可以指定要复制的数据的目标，如图 13.3 所示。在该界面中需要先指定【目标】选项。

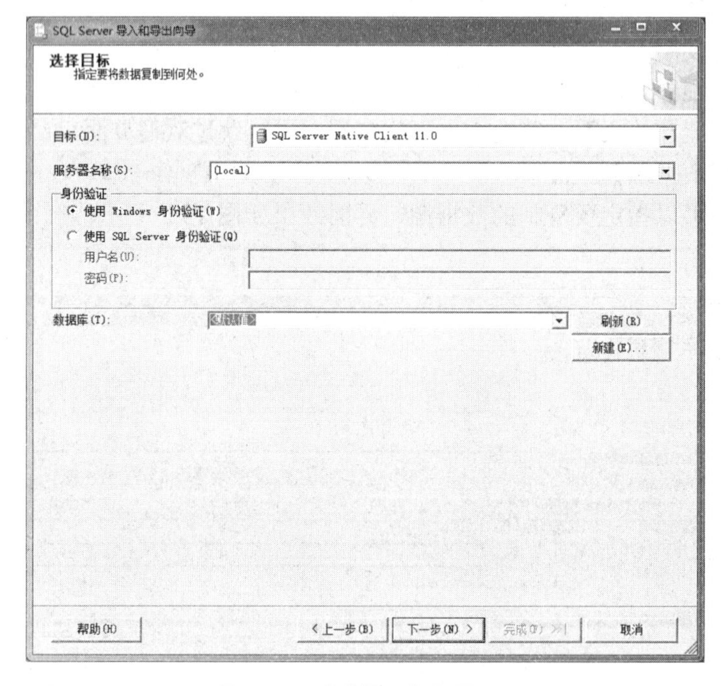


图 13.3 【选择目标】界面

若目标选择了 SQL Server Native Client 或 Microsoft OLE DB Provider for SQL Server，则需要指定如下选项。

● 服务器名称：输入包含相应数据的服务器的名称，或者从列表中选择服务器。
● 使用 Windows 身份验证：指定包是否应使用 Microsoft Windows 身份验证登录数据库。为了实现更好的安全性，建议使用 Windows 身份验证。
● 使用 SQL Server 身份验证：指定包是否应使用 SQL Server 身份验证登录数据库。如果使用 SQL Server 身份验证，则必须提供用户名和密码。
● 用户名：使用 SQL Server 身份验证时，指定数据库连接的用户名。
● 密码：使用 SQL Server 身份验证时，提供数据库连接的密码。
● 数据库：从指定的 SQL Server 实例上的数据库列表中选择，或者通过单击【新建】按钮创建一个新的数据库。
● 刷新：通过单击【刷新】按钮，还原可用数据库的列表。

若目标选择了【平面文件目标】，则需要指定如下选项。

● 文件名：指定要存储数据的文件的路径和文件名。或者，单击【浏览】按钮定位文件。
● 浏览：使用【打开】对话框定位文件。
● 区域设置：指定定义字符排序顺序以及日期和时间格式的区域设置 ID (LCID)。

- Unicode：指定是否使用 Unicode。如果使用 Unicode，则不必指定代码页。
- 代码页：指定所需使用的语言的代码页。
- 格式：指定是否使用带分隔符、固定宽度或右边未对齐的格式，如图 13.1 所示。

表 13.1　格式说明表

| 值 | 说　明 |
| --- | --- |
| 带分隔符 | 各列之间由在“列”页上指定的分隔符隔开 |
| 固定宽度 | 列的宽度固定 |
| 右边未对齐 | 在右边未对齐的文件中，除最后一列之外的每一列的宽度都固定，而最后一列由行分隔符进行分隔 |

- 文本限定符：输入要使用的文本限定符。
- 在第一个数据行中显示列名称：指示是否希望在第一个数据行中显示列名称。

若目标选择了 Microsoft Excel，则需要指定如下选项。

- Excel 文件路径：指定要存储数据的工作簿的路径和文件名(例如，C:\MyData.xls 或\\Sales\Database\Northwind.xls)。或者，单击【浏览】按钮定位工作簿。
- 浏览：使用【打开】对话框定位 Excel 工作簿。
- Excel 版本：选择目标工作簿使用的 Excel 版本。

4)　【创建数据库】对话框

在该对话框中可以为目标文件定义新的数据库，如图 13.4 所示。

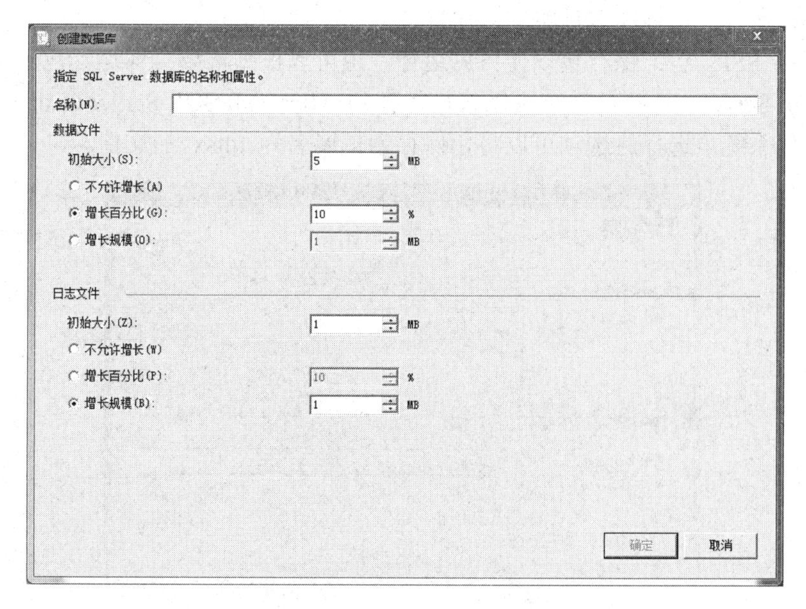


图 13.4　【创建数据库】对话框

5)　【指定表复制或查询】界面

在该界面中可以指定如何复制数据，如图 13.5 所示。可以使用图形界面选择所希望复制的现有数据库对象，或使用 T-SQL 创建更复杂的查询。

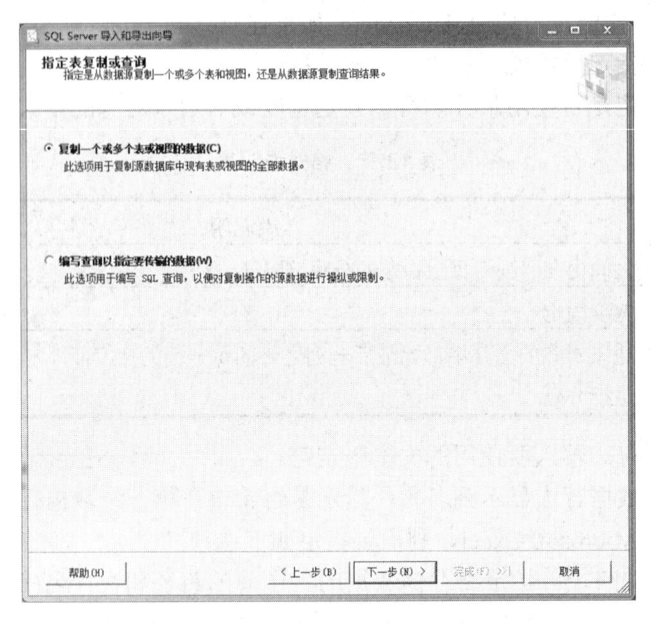


图 13.5　【指定表复制或查询】界面

6)　【保存并运行包】界面

在该界面中可以立即运行包，保存包以便日后运行，或保存并立即运行包，界面效果如图 13.6 所示。在该界面中需要指定以下选项。

- 立即运行：选择此选项将立即运行包。
- 保存 SSIS 包：保存包以便日后运行，也可以根据需要立即运行包。
- SQL Server：选择此选项可以将包保存到 Microsoft SQL Server msdb 数据库。
- 文件系统：选择此选项可以将包保存为扩展名为 .dtsx 的文件。

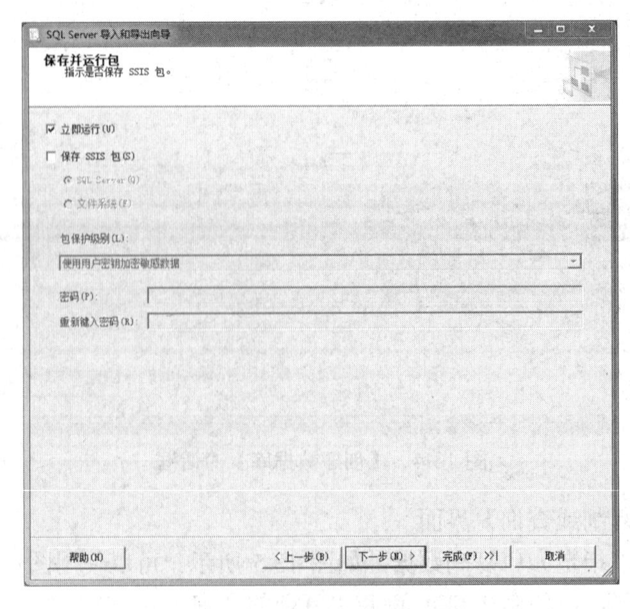


图 13.6　【保存并运行包】界面

## 13.3　SSIS 概述

### 13.3.1　SSIS 介绍

SSIS 是从 Microsoft SQL Server 2005 版本开始引入的，是 SQL Server Integration Services 的简称，是生成高性能数据集成解决方案(包括数据仓库的提取、转换和加载(ETL)包)的平台。

SSIS 包括：用于生成和调试包的图形工具和向导；用于执行工作流函数(如 FTP 操作)、执行 SQL 语句或发送电子邮件的任务；用于提取和加载数据的数据源和目标；用于清理、聚合、合并和复制数据的转换；用于管理 Integration Services 的管理服务；以及用于对 Integration Services 对象模型编程的应用程序编程接口(API)。

SSIS 包的典型用途如下。

- 数据库中数据的导入和导出操作。
- 合并来自异类数据存储区的数据。
- 填充数据仓库和数据集市。
- 清除数据和将数据标准化。
- 将商业智能置入数据转换过程。
- 使管理功能和数据加载自动化。

在 SQL Server 2012 中，使用 SQL Server Business Intelligence Development Studio 集成环境来操作 SSIS 包。

本章将介绍如何使用 SQL Server Integration Services(SSIS)执行基本的数据导入和导出操作。

### 13.3.2　SSIS 的工作方式

Microsoft SQL Server 2012 Integration Services (SSIS) 包括一组向导，可指导你逐步完成在数据源之间复制数据、构造简单包、创建包配置、部署 Integration Services 项目和迁移 SQL Server DTS 包的步骤。

SSIS 程序包实质上就是程序。该程序包中存储了一套指令，以便进行移动、赋值、编辑等处理。数据导入和导出向导是能够自动建立这样的程序包的工具，为的是可以实现简单的导入或导出操作。

本节简单介绍使用 SSIS 包进行数据导入和导出的操作。

可以导入或导出的数据源有以下几种。

- SQL Server。
- 平面文件。
- Microsoft Access。
- Microsoft Excel。

- 其他 OLE DB 访问接口。

使用 SSIS 包进行导入或导出操作包括以下两个过程。

- 创建 SSIS 包。
- 执行 SSIS 包。

# 13.4 使用 SSIS

本节通过例题来详细介绍使用“SQL Server 导入和导出向导”进行数据库数据的导入和导出操作。

## 13.4.1 创建 SSIS 包

**【实例 13.1】**将 StudentScore 数据库中的 Student 表中的数据导出。

具体操作步骤如下。

(1) 启动 SQL Server 导入和导出向导。单击【开始】按钮，选择【所有程序】| Microsoft SQL Server 2012 命令，出现 SQL Server 导入和导出欢迎界面，在该界面中单击【下一步】按钮。

(2) 在【选择数据源】界面中，选择需要导出的数据库 StudentScore，单击【下一步】按钮，如图 13.7 所示。

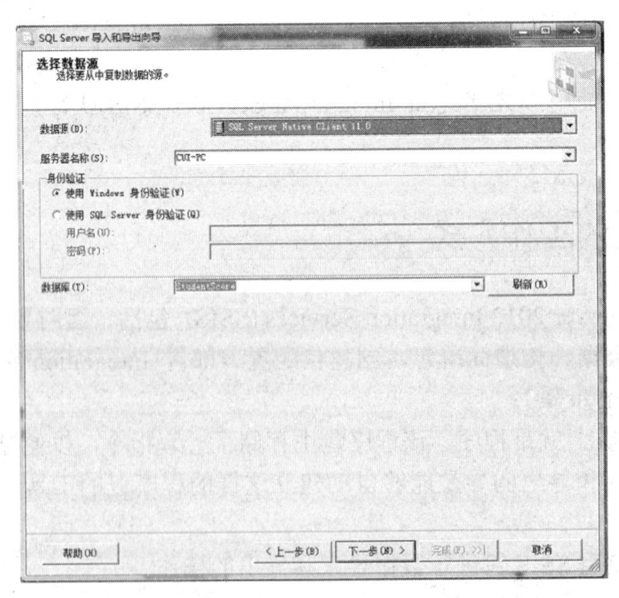


图 13.7　选择 StudentScore 数据源

(3) 在【选择目标】界面中，选择目标为【平面文件目标】，指定文件名“C:\test\student_SSIS.txt”，其他选项为默认设置即可，如图 13.8 所示。单击【下一步】按钮。

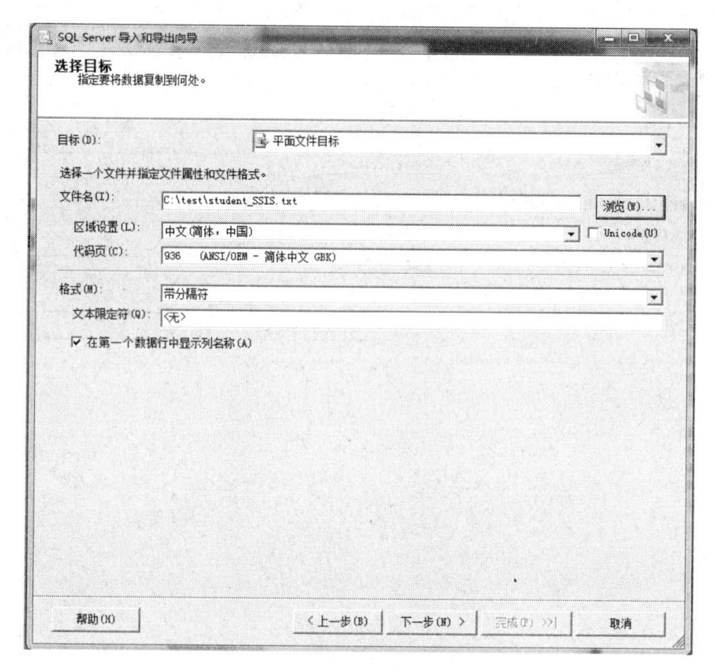


图 13.8　设置平面文件目标

(4) 在【指定表复制或查询】界面中，指定需要复制的表，选中【复制一个或多个表或视图的数据】单选按钮，如图 13.9 所示。单击【下一步】按钮。

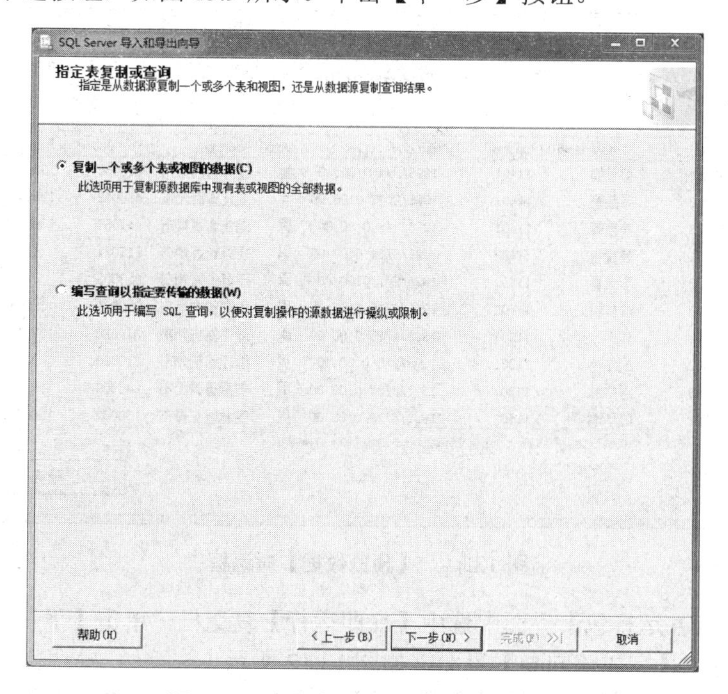


图 13.9　【指定表复制或查询】界面

(5) 在【配置平面文件目标】界面中，指定源表或源视图为 student，如图 13.10 所示。可以单击【预览】按钮，查看具体内容，如图 13.11 所示。单击【下一步】按钮。

图 13.10　【配置平面文件目标】界面

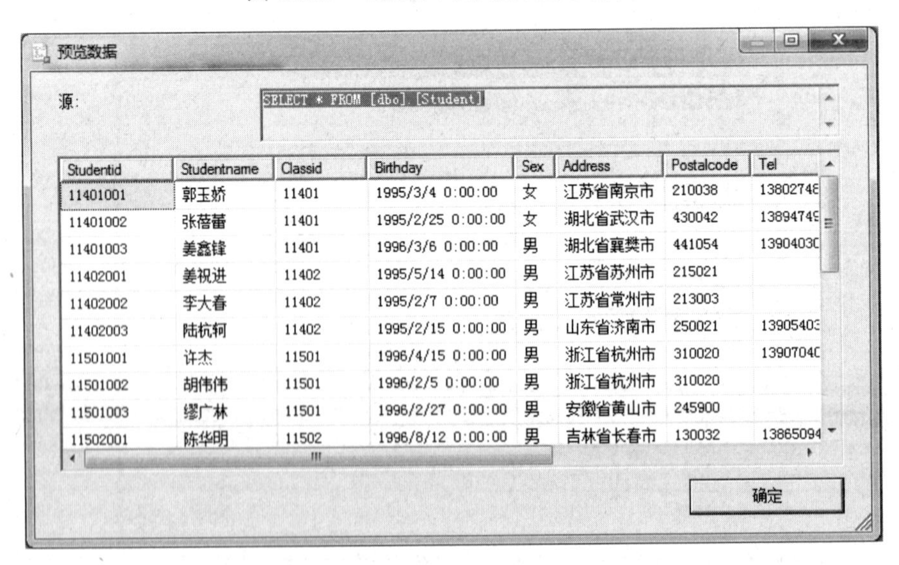


图 13.11　【预览数据】对话框

(6) 在【保存并运行包】界面中选中【立即运行】复选框，单击【下一步】按钮完成数据导出工作，进入【完成该向导】界面，如图 13.12 所示。

(7) 在【完成该向导】界面中单击【完成】按钮完成执行 SSIS 包的操作，如图 13.13 所示。

此时，打开文本文件“C:\test\student_SSIS.txt”，可以看到 StudentScore 数据库中的 student_SSIS 数据已经导出到文本文件中，如图 13.14 所示。

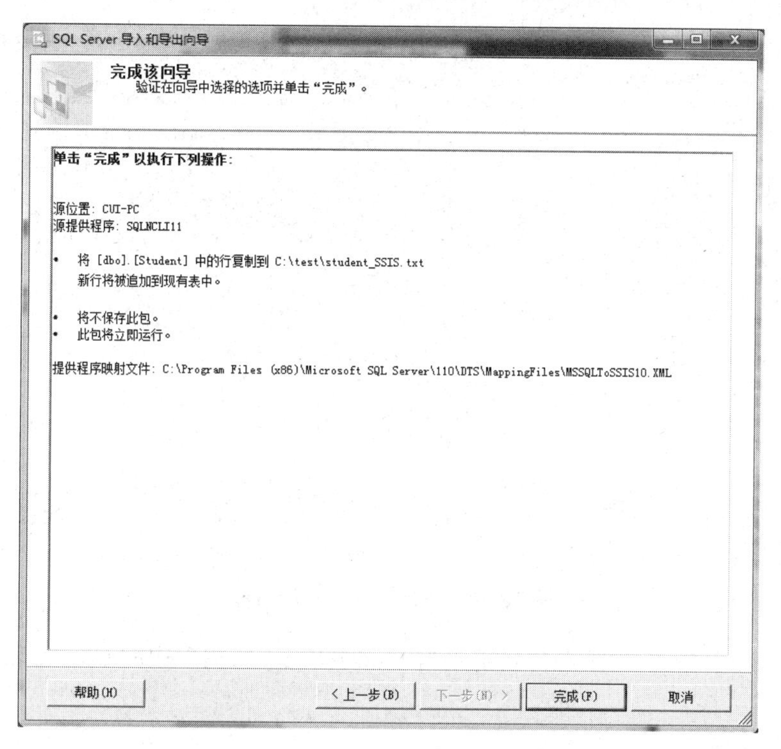


图 13.12 【完成该向导】界面

图 13.13 执行 SSIS 包成功

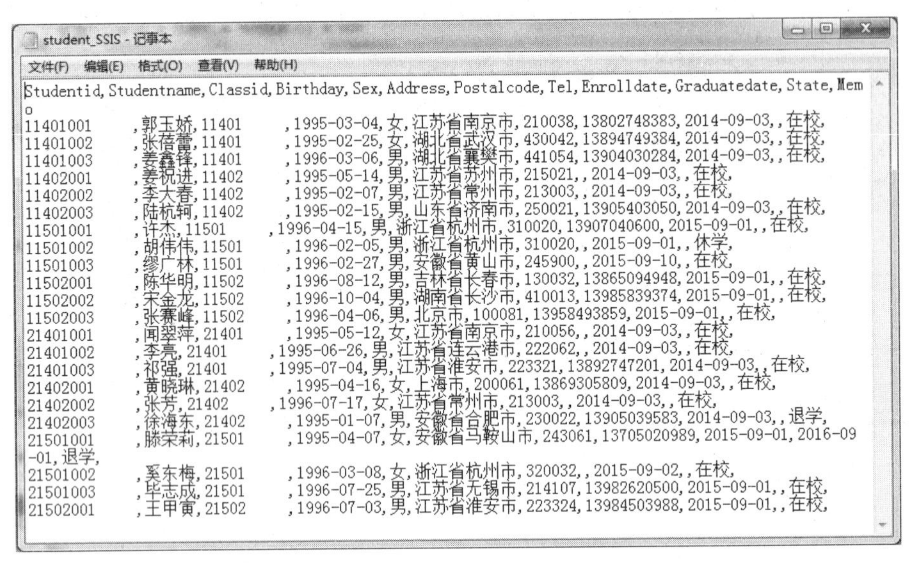


```
Studentid,Studentname,Classid,Birthday,Sex,Address,Postalcode,Tel,Enrolldate,Graduatedate,State,Memo
11401001    ,郭玉娇,11401    ,1995-03-04,女,江苏省南京市,210038,13802748383,2014-09-03,,在校,
11401002    ,张蓓蕾,11401    ,1995-02-25,女,湖北省武汉市,430042,13894749384,2014-09-03,,在校,
11401003    ,姜鑫锋,11401    ,1996-03-06,男,湖北省襄樊市,441054,13904030284,2014-09-03,,在校,
11402001    ,姜祝进,11402    ,1995-05-14,男,江苏省苏州市,215021,,2014-09-03,,在校,
11402002    ,李大春,11402    ,1995-02-07,男,江苏省常州市,213003,,2014-09-03,,在校,
11402003    ,陆杭轲,11402    ,1995-02-15,男,山东省济南市,250021,13905403050,2014-09-03,,在校,
11501001    ,许杰,11501    ,1996-04-15,男,浙江省杭州市,310020,13907040600,2015-09-01,,在校,
11501002    ,胡伟伟,11501    ,1996-02-05,男,浙江省杭州市,310020,,2015-09-01,,休学,
11501003    ,缪广林,11501    ,1996-02-27,男,安徽省黄山市,245900,,2015-09-10,,在校,
11502001    ,陈华明,11502    ,1996-08-12,男,吉林省长春市,130032,13865094948,2015-09-01,,在校,
11502002    ,宋金龙,11502    ,1996-10-04,男,湖南省长沙市,410013,13985839374,2015-09-01,,在校,
11502003    ,张赛峰,11502    ,1996-04-06,男,北京市,100081,13958493859,2015-09-01,,在校,
21401001    ,闻翠萍,21401    ,1995-05-12,女,江苏省南京市,210056,,2014-09-03,,在校,
21401002    ,李亮,21401    ,1995-06-26,男,江苏省连云港市,222062,,2014-09-03,,在校,
21401003    ,祁强,21401    ,1995-07-04,男,江苏省淮安市,223321,13892747201,2014-09-03,,在校,
21402001    ,黄晓琳,21402    ,1995-04-16,女,上海市,200061,13869305809,2014-09-03,,在校,
21402002    ,张芳,21402    ,1996-07-17,女,江苏省常州市,213003,,2014-09-03,,在校,
21402003    ,徐海东,21402    ,1995-01-07,男,安徽省合肥市,230022,13905039583,2014-09-03,,退学,
21501001    ,滕荣莉,21501    ,1995-04-07,女,安徽省马鞍山市,243061,13705020989,2015-09-01,2016-09-01,退学,
21501002    ,奚东梅,21501    ,1996-03-08,女,浙江省杭州市,320032,,2015-09-02,,在校,
21501003    ,毕志成,21501    ,1996-07-25,男,江苏省无锡市,214107,13982620500,2015-09-01,,在校,
21502001    ,王甲寅,21502    ,1996-07-03,男,江苏省淮安市,223324,13984503988,2015-09-01,,在校,
```

图 13.14　导出的文本文件内容

【实例 13.2】创建 SSIS 包，功能是将 StudentScore 数据库中的 Course 表导出到 Excel 文件。

具体操作步骤如下。

(1) 启动 SQL Server 导入和导出向导。单击【开始】按钮，选择【所有程序】| Microsoft SQL Server 2012 命令，出现 SQL Server 导入和导出欢迎界面，在该界面中单击【下一步】按钮。

(2) 在【选择数据源】界面中，选择需要导出的数据库 StudentScore，单击【下一步】按钮。

(3) 在【选择目标】界面中，选择目标为 Microsoft Excel，指定文件名为“C:\test\Course_SSIS.xlsx”，其他选项为默认设置，单击【下一步】按钮。

(4) 在【指定表复制或查询】界面中，指定需要复制的 Course，选中【复制一个或多个表或视图的数据】单选按钮，单击【下一步】按钮。

(5) 在【查看数据类型映射】界面中，将出错时(全局)和截断时(全局)设置为【忽略】，单击【下一步】按钮。

(6) 在【保存并运行包】界面中选中【保存 SSIS 包】复选框，设置为【文件系统】，单击【下一步】按钮。

(7) 在【保存 SSIS 包】界面中，设置包的名称为“Course_SSIS 包”，记住文件的详细路径，单击【完成】按钮，如图 13.15 所示。

此时，“Course_SSIS 包.dtsx”存储在我的文档中。

实例 13.2 中只是介绍如何创建 SSIS 包，所以在完成向导操作之后，只是创建了 SSIS 包，并未执行 SSIS 包，因此在 Excel 文件“C:\test\Course_SSIS.xls”中并未出现 StudentScore 中 Course 表的信息。若要将数据信息导入 Excel 文件中，需要执行刚刚创建的 SSIS 包，这是下一节要讲的内容。

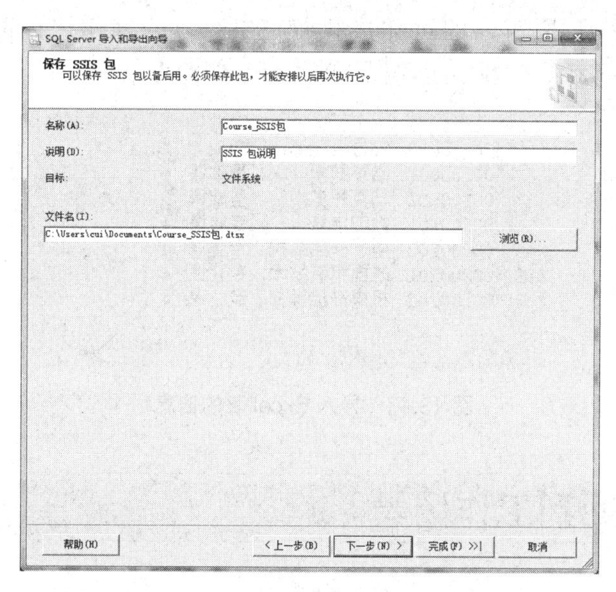


图 13.15　【保存 SSIS 包】界面

## 13.4.2　执行 SSIS 包

SSIS 创建之后，并没有向目标文件导入数据，只有在执行 SSIS 包之后，才会根据 SSIS 包的设置信息将数据导入目标文件中。

**【实例 13.3】**执行实例 13.2 中创建的“Course_SSIS 包”。

具体操作步骤如下。

(1) 定位【我的文档】，双击“Course_SSIS 包.dtsx”文件，打开【执行包实用工具】对话框，如图 13.16 所示。

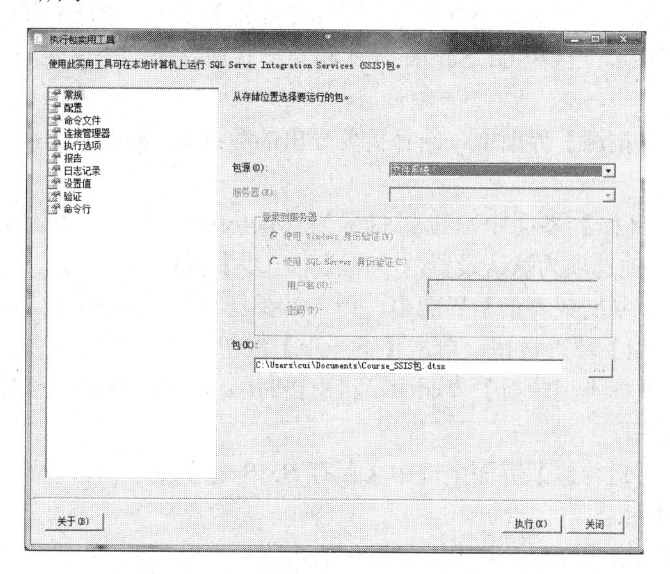


图 13.16　【执行包实用工具】对话框

(2) 单击【执行】按钮，即可完成执行 SSIS 包的操作。此时，在 Excel 文件“C:\test\Course_SSIS.xls”中显示了课程表的信息，如图 13.17 所示。

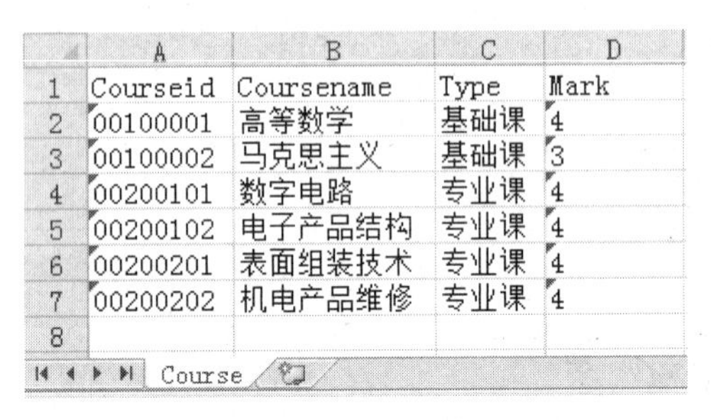

| | A | B | C | D |
|---|---|---|---|---|
| 1 | Courseid | Coursename | Type | Mark |
| 2 | 00100001 | 高等数学 | 基础课 | 4 |
| 3 | 00100002 | 马克思主义 | 基础课 | 3 |
| 4 | 00200101 | 数字电路 | 专业课 | 4 |
| 5 | 00200102 | 电子产品结构 | 专业课 | 4 |
| 6 | 00200201 | 表面组装技术 | 专业课 | 4 |
| 7 | 00200202 | 机电产品维修 | 专业课 | 4 |
| 8 | | | | |



图 13.17　导入 Excel 表的信息

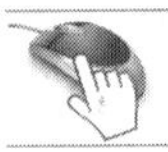

## 13.5　回到工作场景

通过对 13.2 节和 13.3 节内容的学习，了解了什么是 SSIS，掌握了如何创建 SSIS 包，如何执行 SSIS 包。此时基本能够完成工作场景中设计的任务。下面将回到前面介绍的工作场景中完成工作任务。

**【准备工作】**

在 C 盘 test 文件夹中创建 Std11401.xls 文件。

**【工作过程一】**

将 11401 班学生的学生编号、姓名、性别导出到 Std11401.xls 文件。这时信息管理员小孙需要进行以下操作。

(1) 启动 SQL Server 导入和导出向导。单击【开始】按钮，选择【所有程序】| Microsoft SQL Server 2012 命令，出现 SQL Server 导入和导出欢迎界面，在该界面中单击【下一步】按钮。

(2) 在【选择数据源】界面中，选择需要导出的数据库 StudentScore，单击【下一步】按钮。

(3) 在【选择目标】界面中，选择目标为 Microsoft Excel，指定文件名为“C:\test\Std11401.xls”，其他选项为默认设置，单击【下一步】按钮。

(4) 在【指定表复制或查询】界面中，指定需要复制的 Student 表，选中【复制一个或多个表或视图的数据】单选按钮，单击【下一步】按钮。

(5) 在【查看数据类型映射】界面中，将出错时(全局)和截断时(全局)设置为【忽略】，单击【下一步】按钮。

(6) 在【保存并运行包】界面中选中【保存 SSIS 包】复选框，设置为【文件系统】，单击【下一步】按钮。

(7) 在【保存 SSIS 包】界面中，设置包的名称为“Student_SSIS 包”，记住文件的详细路径，单击【完成】按钮。

【工作过程二】

将 Std11401.xls 文件中的数据导入新建的 Std 数据库中。这时信息管理员小孙需要进行以下操作。

(1) 启动 SQL Server 导入和导出向导。单击【开始】按钮，选择【所有程序】| Microsoft SQL Server 2012 命令，打开 SQL Server 导入和导出欢迎界面，在该界面中单击【下一步】按钮。

(2) 在【选择数据源】界面中，选择数据源为 Microsoft Excel，指定 Excel 文件路径为“C:\test\Student_SSIS.xls”，单击【下一步】按钮。

(3) 在【选择目标】界面中，选择目标为 SQL Server Native Client 11.0，选择新建数据库 Std，单击【下一步】按钮。

(4) 在【指定表复制或查询】界面中，指定需要复制的课程表，选中【复制一个或多个表或视图的数据】单选按钮，单击【下一步】按钮。

(5) 在【选择源表和源视图】界面中，选择源 Course，目标设置为 Course，单击【下一步】按钮。

(6) 在【保存并运行包】界面中选中【立即运行】复选框，单击【下一步】按钮。

(7) 出现【执行成功】界面，此时在 Std 数据库中可以找到 Course 数据表。

## 13.6　工作实训营

### 13.6.1　训练实例

#### 1. 训练内容

对 StudentScore 数据库进行导入和导出操作。

(1) 将学生编号为 11401001 的学生成绩导出到文件 studentScore.xls，要求包含学生编号、姓名、课程名、成绩。

(2) 将高等数学课程的成绩导出到 mathScore.xls，要求包含课程编号、课程名、学生姓名和成绩。

(3) 将 mathScore.xls 文件数据导入新建数据库 MathScore 中。

#### 2. 训练目的

(1) 会使用 SSIS 包进行数据的导入和导出操作。

(2) 会创建 SSIS 包。

(3) 会执行 SSIS 包。

#### 3. 训练过程

参照 13.4 节中的操作步骤。

4. 技术要点

使用 SQL Server Management Studio 完成以上操作。

### 13.6.2 工作实践常见问题解析

【常见问题】当进行数据导出操作时，导出目标类型为 Microsoft Excel，文件名为 D:\SS.xls(SS.xls 文件在此之前不存在)，待 SSIS 包创建完成后，在 D 盘下没有 SS.xls 文件，为什么？

【答】因为SSIS 包没有执行，当执行 SSIS 包之后，才会将数据库中的数据导出到 SS.xls 中，这时系统才会创建 SS.xls 文件。

## 13.7 习题

**操作题**

(1) 创建 SSIS 包，将图书管理数据库 Library 中的读者表 Reader 导出。

(2) 将读者号为 3872-3423-001 的借阅记录导出。

(3) 将(1)中导出的数据文件导入新建数据库 Reader 中。

# 第 14 章

# 学生管理系统案例

- 数据库的设计。
- 注册功能的设计。
- 登录功能的设计。
- 数据添加。
- 数据查询。
- 调试运行。

- 了解 Windows 应用程序的创建方法。
- 了解 Web 应用程序的创建方法。
- 了解注册和登录页面的设计方法。
- 了解查询功能的实现方法。

## 14.1 工作场景导入

**【工作场景】**

本工作场景中所设计的学生管理系统包含两个版本：基于 Windows 的学生管理系统和基于 Web 的学生管理系统。

(1) 基于 Windows 的学生管理系统包含以下功能。

① 管理员登录功能。

② 管理员能够添加学生信息。学生信息包括学生编号、学生姓名、班级编号、性别、出生日期、家庭地址、邮编和电话号码。

(2) 基于 Web 的学生管理系统包含以下功能。

① 用户登录功能。

② 用户注册功能。

③ 用户能够查询学生信息。可以根据班级编号和姓名两种途径查询学生的详细信息。

**【引导问题】**

(1) 根据需求，系统要实现哪些功能模块？

(2) 如何创建 Windows 应用程序？

(3) 如何创建 Web 应用程序？

(4) 如何设计后台数据库？

(5) 如何连接数据库？

(6) 登录功能如何实现？

(7) 注册功能如何实现？

(8) 添加学生功能如何实现？

(9) 查询学生功能如何实现？

## 14.2 程序设计介绍

### 14.2.1 Microsoft Visual Studio 2015 集成环境

Visual Studio 是一套完整的开发工具集，用于生成 ASP.NET Web 应用程序、XML Web Services、桌面应用程序和移动应用程序。Visual Basic、Visual C++、Visual C# 和 Visual J# 全都使用相同的集成开发环境(IDE)，利用此 IDE 可以共享工具且有助于创建混合语言解决方案。

Visual Studio 2015 的集成开发环境为开发人员提供了大量的实用工具以提高工作效率。这些工具包括自动编译、项目创建向导、项目部署向导等。Visual Studio 2015 的新特性如下。

(1) 自定义窗口布局。

(2) 更优的代码编辑器。

(3) Shared Project 集成。

(4) Bower 和 NPM 中的代码智能提示。

(5) 调试 Lambdas 表达式。

### 14.2.2　C#语言

C#是微软公司在 2000 年 6 月发布的一种新的编程语言，是微软为了推行.NET 战略，特别为.NET 平台设计的一种新语言。

C#是由 C 和 C++语言发展而来的一种简单、高效、面向对象、类型安全的程序设计语言。C#既提供 Visual Basic 的易用性，又提供 Java 和 C++语言的灵活性和强大功能。

C#语言的特点如下。

(1) 语法简洁。不允许直接操作内存，去掉了指针操作。

(2) 彻底地面向对象设计。C#具有面向对象语言所应有的一切特性——封装、继承和多态。

(3) 与 Web 紧密结合。C#支持绝大多数的 Web 标准，如 HTML、XML、SOAP 等。

(4) 强大的安全机制。可以消除软件开发中的常见错误(如语法错误)，.NET 提供的垃圾回收器能够帮助开发者有效地管理内存资源。

(5) 兼容性。因为 C#遵循.NET 的公共语言规范(CLS)，从而保证能够与其他语言开发的组件兼容。

(6) 灵活的版本处理技术。因为 C#语言本身内置了版本控制功能，使得开发人员可以更容易地开发和维护。

(7) 完善的错误、异常处理机制。C#提供了完善的错误和异常处理机制，使程序在交付应用时能够更加健壮。

### 14.2.3　ASP.NET

ASP.NET 是 ASP(微软动态服务器网页技术)的最新版本，它是 Microsoft.NET 框架的组成部分，同时也是创建动态交互网页强有力的工具。

ASP.NET 有以下几个新特性。

(1) 更好的语言支持。ASP.NET 使用新的 ADO.NET；支持完整的 Visual Basic，而非 VBScript；支持 C# (C sharp) 和 C++语言。

(2) 可编程的控件。ASP.NET 包含大量的 HTML 控件，几乎所有页面中的 HTML 元素都能被定义为 ASP.NET 控件，而这些控件都能由脚本控制。ASP.NET 同时包含一系列新的面向对象的输入控件，比如可编程的列表框和验证控件。新的 data grid 控件支持分类、数据分页，以及用户对一个数据集控件所期待的一切。

(3) 事件驱动的编程。所有 Web 页面上的 ASP.NET 对象都能够发生可被 ASP.NET 代码处理的事件。可由代码处理的加载、点击和更改事件使得编程更轻松、更有条理。

(4) 基于 XML 的组件。ASP.NET 组件基于 XML，比如新的 AD Rotator，它使用 XML 来存储广告信息和配置。

(5) 用户身份验证，带有账号和角色。ASP.NET 支持基于表单的用户身份验证，包括：cookie 管理和自动非授权登录重定向；User 账户和角色；ASP.NET 允许用户账户和角色，赋予每个用户(带有一个给定的角色)不同的服务器代码访问权限。

(6) 更强的性能。对服务器上 ASP.NET 页面的第一个请求是编译其 ASP.NET 代码，并在内存中保存一份缓存的备份。这样做的结果是极大地提高了性能。

(7) 更容易配置和开发。通过纯文本文件就可完成对 ASP.NET 的配置。配置文件可在应用程序运行时进行上传和修改，不需要重启服务器来配置和替换已编译的代码，也没有 metabase 和注册方面的难题。ASP.NET 会简单地把所有新的请求重定向到新的代码。

## 14.3 回到工作场景

### 14.3.1 基于 Windows 的学生管理系统

基于 Windows 的学生管理系统是一个 Windows 应用程序，后台数据库可以采用 Access、Microsoft SQL Server、Oracle 等数据库形式，前台可以采用 C#、VB、JAVA 等多种编程语言来开发。

本章采用 Microsoft SQL Server 2012 设计数据库，前台则采用 Visual C# 2015 作为主要开发工具，实现管理员登录功能和添加学生信息功能。具体工作流程如下。

**【工作过程一】**系统需求分析。

(1) 系统登录界面。

学生管理信息系统一旦运行，首先进入的是系统登录界面，如图 14.1 所示。

(2) 系统主界面。

当用户登录成功之后，进入学生管理系统的主界面，如图 14.2 所示。

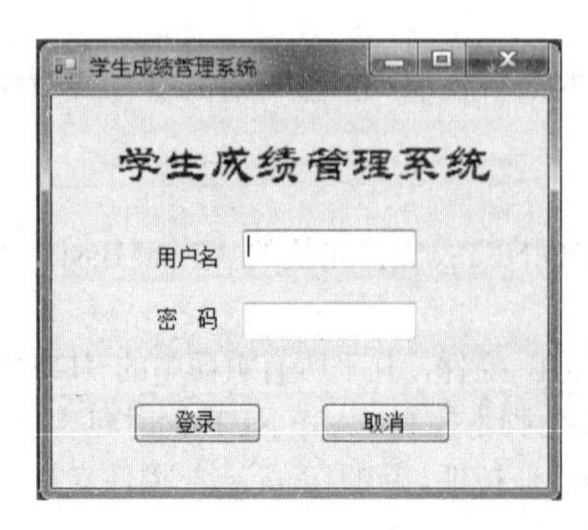


图 14.1　系统登录界面

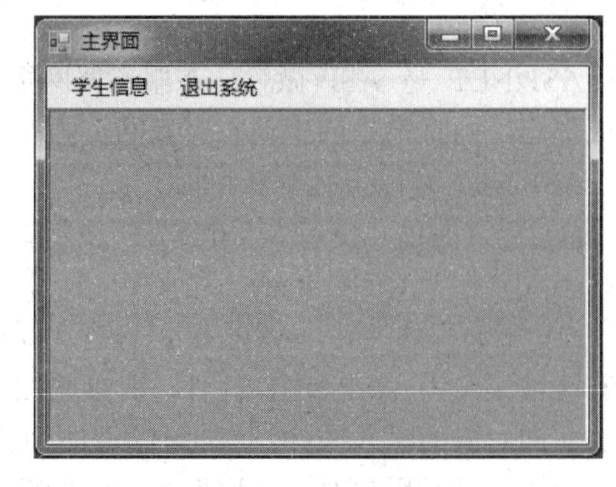


图 14.2　系统主界面

(3)【添加学生信息】界面。

在主界面中选择【学生信息】|【添加学生信息】命令，即可进入【添加学生信息】界面，如图 14.3 所示。用户可以在这个界面中设置学生的基本信息。单击【确定】按钮，如果学生信息输入完整则显示添加成功；否则表示添加失败。

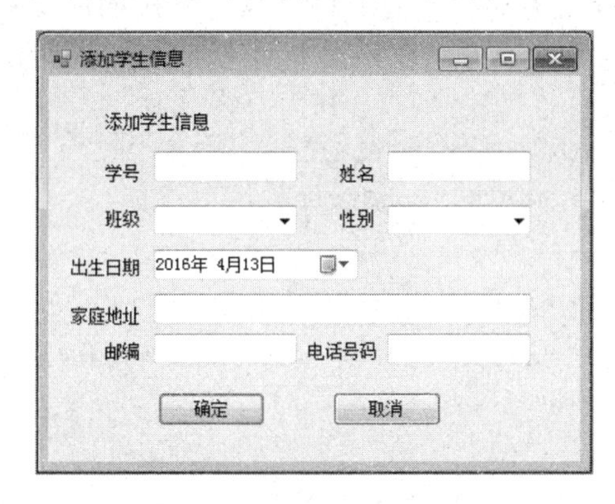


图 14.3　【添加学生信息】界面

**【工作过程二】**分析各个功能模块。

(1) 用户登录功能模块。

- 功能：对用户名和密码进行验证，验证通过之后登录系统。
- 输入项目：用户名和密码。
- 输出项目：无。

(2) 添加学生信息功能模块。

- 功能：验证所输入学生信息的完整性，验证通过之后将该学生信息添加到数据库中。
- 输入项目：学生编号、学生姓名、班级编号、性别、出生日期、家庭地址、邮编、电话号码。
- 输出项目：在加载窗体时，初始化班级编号和性别信息。

**【工作过程三】**开发过程简介。

(1) 数据库设计。

本系统中使用的数据库就是前面章节创建的 StudentScore 数据库，由于本节介绍添加学生信息功能，所以需要使用 StudentScore 数据库中的 student 表和 class 表。另外，管理员只有登录到学生管理系统才能添加学生信息，这时需要在 StudentScore 数据库中新建一张数据表 userinfo。userinfo 数据表的结构如表 14.1 所示。

表 14.1　userinfo 数据表的结构

| 字段名称 | 数据类型 | 说　明 |
|---|---|---|
| Uid | int | 用户编号(主键)，标识列 |
| Uname | nvarchar(50) | 用户名 |
| Pwd | nvarchar(50) | 密码 |

(2) 连接数据库。

启动 Visual Studio 2015，新建 Windows 应用程序，取名为 StdMIS。在程序中专门设计了连接字符串模块 StdConnection.cs，具体操作如下。

在 StdMIS 项目的解决方案中，右击项目名称，在弹出的快捷菜单中选择【添加】|【类】命令来添加 StdConnection.cs 类文件，在该类中创建连接字符串的属性，详细代码如下：

```
class StdConnection
    {
        public static string conString
        {
            get
            {
                return "data source=.;database=StudentScore;integrated
security=SSPI";
            }
        }
    }
```

(3) 系统登录界面(Login.cs)。

学生管理信息系统一旦运行，首先进入的是系统登录界面。

① 单击【登录】按钮。连接数据库 StudentScore，在数据表 userinfo 中查找是否存在输入的用户名和密码信息，如果存在，即可登录学生管理系统，打开系统主界面；否则提示错误信息。

```
        private void btnLogin_Click(object sender, EventArgs e)
        {
            if (txtUname.Text == "" || txtpwd.Text == "")
                MessageBox.Show("请输入用户名和密码", "提示");
            else
            {
                SqlConnection con = new
SqlConnection(StdConnection.conString);
                SqlCommand com = new SqlCommand("", con);
                com.CommandText = "select * from userinfo where uname='" +
txtUname.Text.Trim() + "' and pwd='" + txtpwd.Text.Trim() + "'";
                con.Open();                          //打开数据库连接
                SqlDataReader dr = com.ExecuteReader();
                if (dr.HasRows)
                {
                    this.Visible = false;            //隐藏登录窗口
                    mainForm mf = new mainForm(); //mainForm 是主界面
                    mf.Tag = this.FindForm();
                    mf.Show();                       //打开主界面
                }
                else
                {
                    MessageBox.Show("用户名密码错误，请重新输入", "提示");
                }
                con.Close();
```

```
            }
    }
```

② 单击【取消】按钮。关闭当前窗体。

(4) 系统主界面(mainForm.cs)。

当管理员登录成功之后，进入学生管理系统的主界面 mainForm.cs。选择【添加学生信息】命令，即运行【添加学生信息】界面。选择【退出系统】命令，即可退出学生管理系统。

(5) 添加学生信息界面(AddStd.cs)。

管理员可以在这个界面中添加学生的基本信息。

① 初始化。当运行 stdAdd.cs 界面时，将 StudentScore 数据库中的 class 表中的班级编号添加到班级组合框中，同时将“男”“女”添加到性别组合框中。

```
SqlConnection con = new SqlConnection(StdConnection.conString);
      SqlCommand com;
      string sql;
      private void stdAdd_Load(object sender, EventArgs e)
      {
         //添加班级
         com = new SqlCommand("", con);
         com.CommandText = "select classid from class";
         con.Open();
         SqlDataReader dr = com.ExecuteReader();
         while (dr.Read())
         {
            classid.Items.Add(dr["classid"].ToString());
         }
         con.Close();
         //添加性别
         cbbsex.Items.Add("男");
         cbbsex.Items.Add("女");
   }
```

② 单击【确定】按钮。需要判断学生信息是否输入完整，邮编是否是 6 位，如果信息输入完整并且邮编格式正确，则将该学生信息添加到 StudentScore 数据库的 student 表中。并在添加完成之后，所有文本框置空。其中 State 状态的默认值为“在校”。

```
private void btnadd_Click(object sender, EventArgs e)
   {
     string sid = stdid.Text.Trim();
    string sname = stdname.Text.Trim();
    string cid = classid.Text.Trim();
    string sex = cbbsex.Text.Trim();
    DateTime dt = birthday.Value;
    string address = txtaddress.Text.Trim();
    string postalcode = txtpost.Text.Trim();
    string phone = txtphone.Text.Trim();
     if (sid.Length == 0)
      MessageBox.Show("学号不能为空", "提示");
```

```
            else
              if (sname.Length == 0)
                MessageBox.Show("姓名不能为空", "提示");
              else
                if (cid.Length == 0)
                  MessageBox.Show("请选择班级信息", "提示");
                else
                  if (sex.Length == 0)
                    MessageBox.Show("请选择性别", "提示");
                  else
                    if (postalcode.Length != 6)
                      MessageBox.Show("邮编必须有 6 位", "提示");
                    else
                      if (System.DateTime.Now.Year - dt.Year < 15)
                        MessageBox.Show("学生年龄至少 15 岁", "提示");
                      else
                        {sql = "insert into
student(studentid,studentname,classid,birthday,sex,address,postalcode,
tel,state) values('" + sid + "','" + sname + "','" + cid + "','" + dt + "','"
+ sex + "','" + address + "','" + postalcode + "','" + phone + "','在校')";
                         con.Open();
                         com = new SqlCommand(sql, con); ;
                         com.ExecuteNonQuery();
                         MessageBox.Show("添加成功! ");
                         stdid.Text = "";
                          stdname.Text = "";
                          cbbsex.SelectedIndex = -1;
                          classid.SelectedIndex = -1;
                          txtaddress.Text = "";
                          txtpost.Text = "";
                          txtphone.Text = "";
                  }
}
```

③ 单击【退出】按钮。关闭当前窗体。

(6) 调试运行。

## 14.3.2 基于 Web 的学生管理系统

本节将开发 Web 版的学生管理系统，实现其中的用户登录功能、用户注册功能和查询学生信息功能。具体工作流程如下。

**【工作过程一】** 系统需求分析。

(1) 系统登录界面。

学生管理系统 Web 版本一旦运行，首先进入的是系统登录界面，如图 14.4 所示。

(2) 用户注册界面。

在登录界面中单击【注册】超链接，系统转向 register.aspx 界面，如图 14.5 所示。在

register.aspx 中输入用户名和密码，如果两次输入的密码一致，即可注册用户。

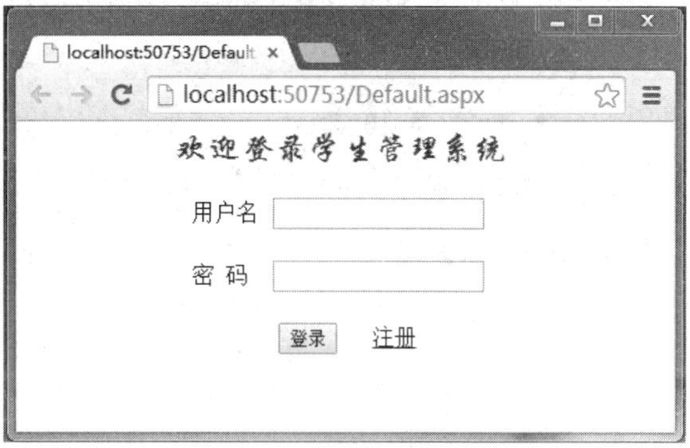

localhost:50753/Default
localhost:50753/Default.aspx
欢迎登录学生管理系统
用户名
密 码
登录
注册

图 14.4　Web 系统登录界面

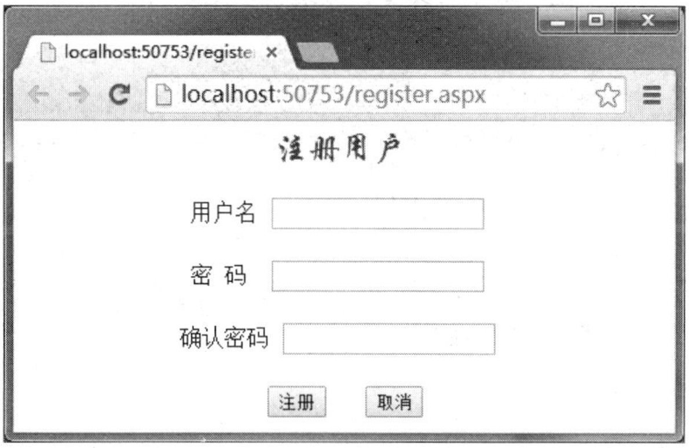

localhost:50753/registe
localhost:50753/register.aspx
注册用户
用户名
密 码
确认密码
注册
取消

图 14.5　Web 系统注册界面

(3) 学生信息查询界面。

当在登录界面中输入合法的用户名和密码后，单击【登录】按钮，系统转向 stdBrowse.aspx 界面，如图 14.6 所示。在 stdBrowse.aspx 中可以按照两种途径查询学生信息。选中【按班级号查询】单选按钮，查询界面变为如图 14.7 所示的界面。选中【按学生姓名查询】单选按钮，查询界面变为如图 14.8 所示的界面。

localhost:50753/Search.
localhost:50753/Search.aspx
查询学生信息
按班级号查询：
按学生姓名查询：

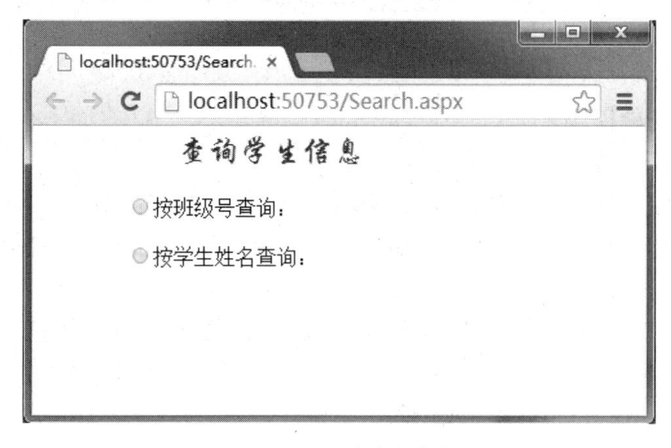

图 14.6　Web 系统查询界面

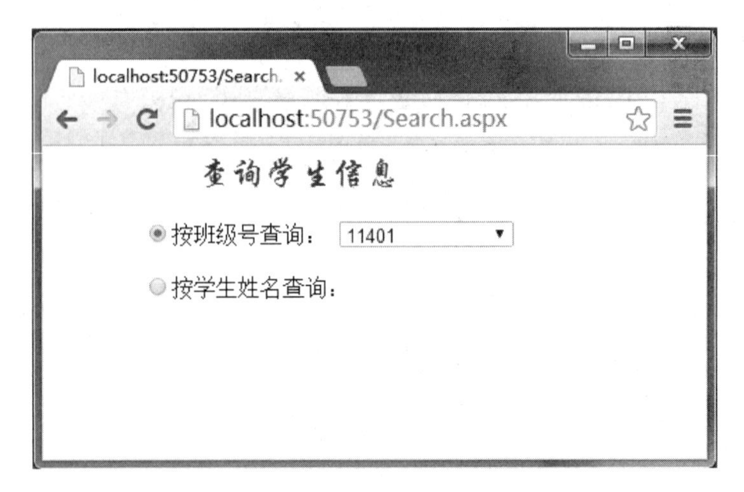


图 14.7　Web 系统按班级号查询界面

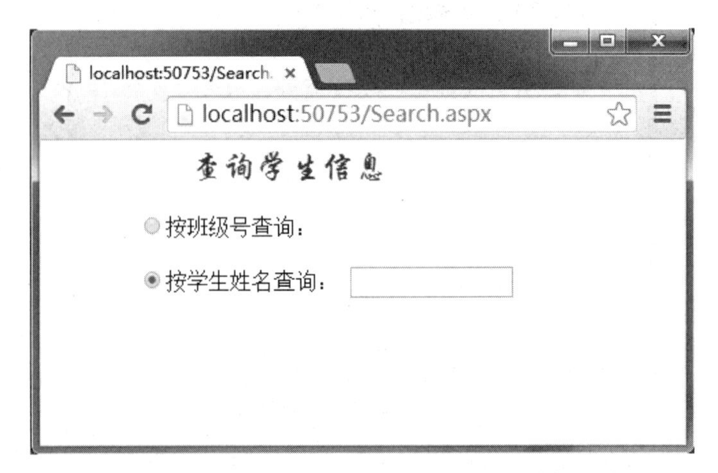


图 14.8　Web 系统按学生姓名查询界面

**【工作过程二】** 分析各个功能模块。

(1) 用户登录功能模块。

- 功能：对用户名和密码进行验证，验证通过之后登录系统。
- 输入项目：用户名和密码。
- 输出项目：无。

(2) 用户注册功能模块。

- 功能：用户注册功能。
- 输入项目：用户名、密码、确认密码。其中用户名不能为空，两次密码要相同。
- 输出项目：验证用户名和密码输入正确则完成注册功能；否则提示错误信息。

(3) 查询学生信息模块。

- 功能：可以根据两种途径来查询学生信息：根据班级编号查询、根据学生姓名查询。
- 输入项目：输入班级编号或输入学生姓名。
- 输出项目：根据输入的查询条件显示查询结果。

**【工作过程三】**开发过程简介。

启动 Visual Studio 2015，新建网站，取名为 StdWeb。

(1) 数据库设计。

Web 版的学生管理系统中使用的数据库与 Windows 版系统所用数据库一样，同样是 StudentScore 数据库，这里不再赘述。

(2) 连接数据库。

本系统采用 SQL Server 2012 数据库，在程序中专门设计了连接字符串模块 StdConnection.cs，具体操作如下。

在 StdWeb 项目的解决方案中，右击项目名称，在弹出的快捷菜单中选择【新建选项】|【类】命令来添加 StdConnection.cs 类文件，在该类中创建连接字符串的属性。详细代码与 14.3.1 小节工作过程三中连接数据库的设计代码一致。

(3) 系统登录界面(Default.aspx)。

学生管理系统 Web 版一旦运行，首先进入的是系统登录界面。通过输入合法的用户名和密码，才可登录学生管理系统，即进入该系统的查询界面。单击【注册】按钮，即可转向 register.aspx 界面。

单击【登录】按钮，连接数据库 StudentScore，在数据表 userinfo 中查找是否存在输入的用户名和密码信息，如果存在即可转向 stdBrowse.aspx；否则提示错误信息。

```
protected void btnlogin_Click(object sender, EventArgs e)
 {
    if (txtuname.Text == "" || txtpwd.Text == "")
       Response.Write("<script>alert('用户名或密码不能为空!')</script>");
    else
    {
       SqlConnection con = new SqlConnection(StdConnection.conString);
       SqlCommand com = new SqlCommand("", con);
       com.CommandText = "select * from userinfo where uname='" +
txtuname.Text.Trim() + "' and pwd='" + txtpwd.Text.Trim() + "'";
       con.Open();//打开数据库连接
       SqlDataReader dr = com.ExecuteReader();
       if (dr.HasRows)
       {
          Session["uname"] = txtuname.Text.Trim();
          Response.Redirect("stdBrowse.aspx");
       }
       else
       {
          Response.Write("<script>alert('用户名密码错误!')</script>");
       }
       con.Close();
    }
}
```

(4) 用户注册界面(Register.aspx)。

① 单击【注册】按钮，判断用户名和密码的输入是否完整，两次密码的输入是否一致，

如果以上内容全部正确，即可完成注册的功能，即向 StudentScore 数据库中的 userinfo 表中插入一条用户记录。

```
protected void btnregister_Click(object sender, EventArgs e)
{
    SqlConnection con = new SqlConnection(StdConnection.conString);
    if(txtuname.Text=="")
        Response.Write("<script>alert('用户名不能为空!')</script>");
    else
        if(txtpwd.Text=="")
            Response.Write("<script>alert('密码不能为空!')</script>");
        else
            if(txtpwd.Text!=txtpwd1.Text)
                Response.Write("<script>alert('两次密码不同!')</script>");
            else
            {
                SqlCommand com = new SqlCommand("", con);
                con.Open();
                com.CommandText = "insert into userinfo values('" +
                   txtuname.Text.Trim() +"','"+txtpwd.Text.Trim()+"')";
                com.ExecuteNonQuery();
                con.Close();
                Response.Write("<script>alert('注册成功!')</script>");
                txtuname.Text = "";
                txtpwd.Text = "";
                txtpwd1.Text = "";
            }
}
```

② 单击【取消】按钮，将界面中的所有文本框清空。

```
protected void btnCancel_Click(object sender, EventArgs e)
{
    txtuname.Text = "";
    txtpwd.Text = "";
    txtpwd1.Text = "";
}
```

(5) 查询学生信息界面(stdBrowse.aspx)。

用户可以在这个界面中查询学生的基本信息。

① 初始化。界面加载之后，将数据库 class 表中的班级编号添加到班级下拉列表框 ddlclassid 中。

```
SqlConnection con = new SqlConnection(StdConnection.conString);
SqlCommand com;
protected void Page_Load(object sender, EventArgs e)
{
    if (!Page.IsPostBack)
    {
        com = new SqlCommand("", con);
        com.CommandText = "select classid from class";
```

```
            con.Open();
            SqlDataReader dr = com.ExecuteReader();
            while (dr.Read())
            {
                ddlclassid.Items.Add(dr["classid"].ToString());
            }
            con.Close();
            ddlclassid.Visible = false;
            txtuname.Visible = false;
            btnsearch.Visible = false;
        }
    }
```

② 选中【按班级号查询】单选按钮，显示班级下拉列表框 ddlclassid。

```
protected void rbclassid_CheckedChanged(object sender, EventArgs e)
{
    if (rbclassid.Checked)
    {
        ddlclassid.Visible = true;
        txtuname.Visible = false;
    }
    else
    {
        ddlclassid.Visible = false;
        txtuname.Visible = true;
    }
    btnsearch.Visible = true;
}
```

③ 选中【按学生姓名查询】单选按钮，显示学生姓名文本框 txtuname。

```
protected void rbuname_CheckedChanged(object sender, EventArgs e)
{
    if (rbuname.Checked)
    {
        ddlclassid.Visible = false;
        txtuname.Visible = true;
    }
    else
    {
        ddlclassid.Visible = true;
        txtuname.Visible = false;
    }
    btnsearch.Visible = true;
}
```

④ 单击【查询】按钮，可以根据前面选择的途径进行查询。根据班级编号进行精确查询，或根据学生姓名进行模糊查询。

```
protected void btnsearch_Click(object sender, EventArgs e)
{
    if (rbclassid.Checked)
```

```
        {
            string classid = ddlclassid.SelectedItem.Text.Trim();
            com = new SqlCommand("", con);
            con.Open();
            com.CommandText = "select studentid '学号',studentname '姓名',
classid '班级',sex '性别',birthday '出生日期',address '地址',postalcode '邮编
',tel'电话号码',state'状态' from student where classid='" + classid + "'";
            SqlDataAdapter da = new SqlDataAdapter(com.CommandText, con);
            DataSet ds = new DataSet();
            da.Fill(ds, "student");
            stdview.DataSource = ds.Tables["student"];
            stdview.DataBind();
        }
        else
        {
            string uname = txtuname.Text.Trim();
            com = new SqlCommand("", con);
            con.Open();
            com.CommandText = "select studentid '学号',studentname '姓名',
classid '班级',sex '性别',birthday '出生日期',address '地址',postalcode '邮编
',tel'电话号码',state'状态' from student where studentname like'" + uname +
"%'";
            SqlDataAdapter da = new SqlDataAdapter(com.CommandText, con);
            DataSet ds = new DataSet();
            da.Fill(ds, "student");
            stdview.DataSource = ds.Tables["student"];
            stdview.DataBind();
        }
}
```

(6) 调试运行。

## 14.4 工作实训营

### 1. 训练内容

仔细研究本章的例子，设计开发一个功能较为全面的图书管理系统，该系统分为后台管理员系统和前台图书借阅网站。后台管理员系统是 Windows 应用程序，前台图书借阅网站是 Web 应用程序。

后台管理员系统应具备以下两个功能。

(1) 图书信息维护。主要完成图书馆新进图书的编号、登记、入馆等操作。

(2) 读者信息维护。主要完成读者信息的添加、修改、删除等操作，只有是系统中的合法读者才有资格进行图书的借阅活动。

前台图书借阅网站应具备以下几个功能。

(1) 借书/还书处理。主要完成读者的借书和还书活动，记录读者借、还书情况并及时反映图书的在库情况。

(2) 读者借阅记录。让每位读者都能及时了解自己的借书情况，包括曾经借阅记录和未还书记录。

(3) 图书书目检索。读者能够根据不同的信息对图书馆的存书情况进行查找。

(4) 图书超期通知。可以统计出到目前为止超期未归还的图书及相应的读者信息。

该系统的后台数据库可以使用前面章节中介绍的 Library。

### 2. 训练要求

界面简洁美观，布局合理；选用合适的或必要的控件，数据类型准确，有清晰的结果输出以及必要的提示信息，运行各模块没有错误。

# 附录　各章习题参考答案

## 第 1 章

### 一、填空题

(1) 描述事物的符号记录

(2) 长期存储在计算机内的、有组织的、可共享的、统一管理　数据模型　冗余度　数据独立性和易扩展性

(3) 系统软件

(4) 管理和维护数据库服务器

(5) 人工管理阶段　文件系统阶段　数据库系统阶段

(6) 外模式　模式　内模式

(7) 需求分析　概念模型设计　逻辑模型设计　物理模型设计　数据库实施、运行和维护

(8) 数据字典　数据流图　判定树　判定表

(9) 概念　E-R　实体集、属性和联系

(10) 数据结构　数据操作　完整性约束

(11) 实体完整性　参照完整性　用户自定义完整性

(12) 一对一　一对多　多对多　一对一　一对多　多对多

### 二、操作题

由题意可知：图书管理数据库 E-R 图中包含 4 个实体集：图书类别、图书、读者类别、读者。各实体集的属性设计如下：图书(图书编号，图书名称，类别编号)，图书类别(类别编号，类别名称)，读者(读者编号，读者姓名，类别编号，生日，性别，住址)，读者类别(类别编号，类别名称，借书最大数量，借书期限)。各实体集之间的联系包括：图书与图书类别之间的隶属关系，读者与读者类别之间的隶属关系，读者借阅图书之间的“借阅”联系，“借阅”联系应有属性为记录编号、读者编号、图书编号、借出日期，还入日期。根据以上分析得到 E-R 图(见下页)。

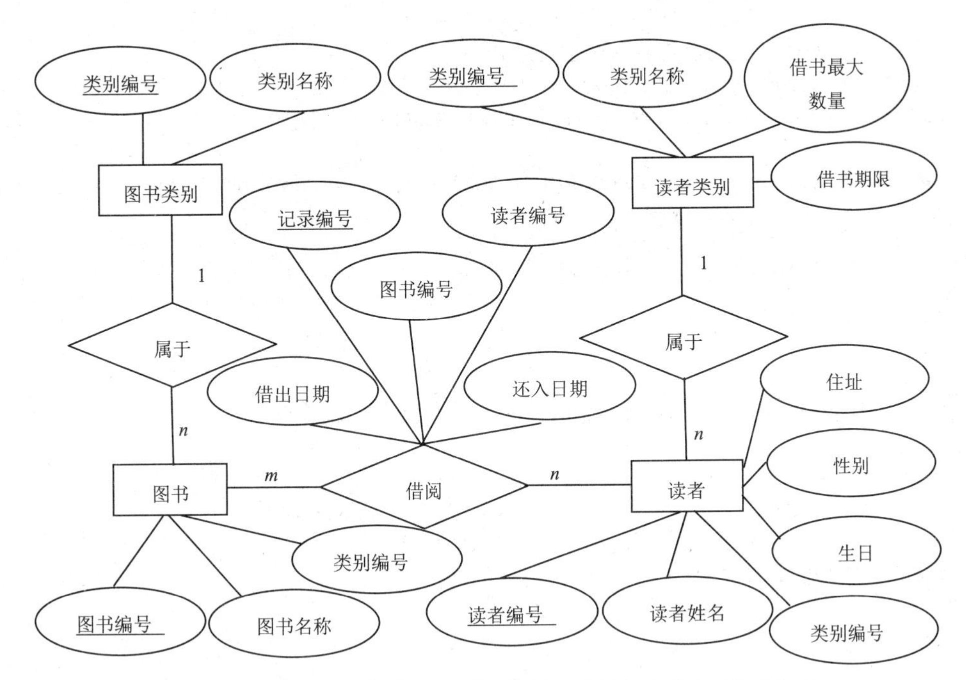


根据图书管理数据库 E-R 图，转换得到图书管理数据库关系模式如下：
图书(图书编号，图书名称，类别编号)
图书类别(类别编号，类别名称)
读者(读者编号，读者姓名，类别编号，生日，性别，住址)
读者类别(类别编号，类别名称，借书最大数量，借书期限)
借阅(记录编号，读者编号，图书编号，借出日期，还入日期)

# 第 2 章

## 一、填空题

(1) 系统数据库　用户数据库
(2) master　model　tempdb　msdb　resource　master
(3) 主要数据文件　次要数据文件　事务日志
(4) 页　由 8 个物理上连续的页构成的集合　有效管理页
(5) CREATE DATABASE　ALTER DATABASE　DROP DATABASE
(6) 逻辑名称　文件组　初始大小　自动增长　路径　文件名
(7) 数据库中数据文件的逻辑组合
(8) CREATE DATABASE　ALTER DATABASE

## 二、操作题

(1)

```
USE MASTER
```

```
GO
CREATE DATABASE Library ON  PRIMARY
( NAME = 'Library', FILENAME = 'C:\MSSQL2012Database\Library.mdf' ,
SIZE = 10MB , MAXSIZE = 100MB , FILEGROWTH = 10%)
LOG ON
( NAME = 'Library_log', FILENAME = 'C:\MSSQL2012Database\Library_log.ldf' ,
SIZE = 2MB , FILEGROWTH = 10MB )
GO
```

(2)

```
USE master
GO
ALTER DATABASE Library ADD FILEGROUP LIBRARYGROUP
GO
ALTER DATABASE Library ADD FILE ( NAME = 'Library_Data',
FILENAME = 'C:\MSSQL2012Database\Library_Data.ndf' ,
SIZE = 3MB , MAXSIZE = 100MB , FILEGROWTH = 10%)
TO FILEGROUP LIBRARYGROUP
GO
```

# 第 3 章

## 一、填空题

(1) 系统数据类型　用户自定义数据类型

(2) 0　255

(3) 定长与变长　字符集是非 UNICODE 还是 UNICODE

(4) CREATE TABLE　ALTER TABLE　DROP TABLE

(5) 系统　标识增量　标识种子

(6) 值未知

(7) 保证数据库的表中各字段数据完整而且合理　实体完整性　域完整性　引用完整性

(8) 表中字段或字段组合能将表中各记录唯一区别开来　表中特定字段的值的有效取值　一个表中的某个字段值必须是引用另一个表中某个字段现有的值

(9) PRIMARY KEY 约束　UNIQUE 约束　CHECK 约束　DEFAULT 定义　FOREIGN KEY 约束

## 二、操作题

(1)

```
USE Library
GO
CREATE TYPE Bookidtype FROM nvarchar(20) NULL
GO
```

(2)

```
USE Library
GO
CREATE TABLE Reader(Readerid char(13) NOT NULL,
Readername nvarchar(20) NOT NULL,Typeid tinyint NULL,Birthday date NULL,
Sex nchar(1) NOT NULL,Address nvarchar(40) NULL,Postalcode char(6) NULL,
Tel varchar(15) NULL,Enrolldate date NOT NULL,State nvarchar(10) NULL,
Memo nvarchar(200) NULL)
GO
CREATE TABLE Readertype(Typeid tinyint IDENTITY(1,1) NOT NULL,
Typename nvarchar(20) NOT NULL,Booksum tinyint NOT NULL,
Bookday tinyint NOT NULL)
GO
CREATE TABLE Book(Bookid Bookidtype NOT NULL,Booktitle nvarchar(40) NOT NULL,
ISBN char(21) NOT NULL,Typeid [tinyint] NULL,Author nvarchar(30) NULL,
Press nchar(30) NULL,Pubdate date NULL,Price smallmoney NULL,
Regdate date NULL,State nvarchar(10) NULL,Memo nvarchar(200) NULL)
GO
CREATE TABLE Booktype(Typeid tinyint IDENTITY(1,1) NOT NULL,
Typename nvarchar(20) NOT NULL)
GO
CREATE TABLE Record(Recordid int NOT NULL,Readerid char(13) NOT NULL,
Bookid char(20) NOT NULL,Outdate date NOT NULL,Indate date NULL,
State nvarchar(10) NOT NULL)
GO
```

(3) 为 Reader 表的 Readerid 字段设置 PRIMARY KEY 约束。

(4) 为 Reader 表的 Sex 字段设置 DEFAULT 定义'男'，设置 CHECK 约束，表达式为'男' OR ='女'。

(5) 为 Reader 表的 Regdate 字段设置 CHECK 约束，表达式为 GETDATE()。

(6) 为Readertype表的Typeid字段设置PRIMARY KEY约束，然后为Reader表的Typeid设置 FOREIGN KEY 约束，引用 Readertype 表中的 Typeid 字段。

(7) 为Booktype表的Typeid字段设置PRIMARY KEY约束，然后为Book表中的Typeid设置 FOREIGN KEY 约束，引用 Booktype 表中的 Typeid 字段。

(8) 为 Record 表的 Readerid 设置 FOREIGN KEY 约束，引用 Reader 表中的 Readerid 字段；为 Book 表中的 Bookid 字段设置 PRIMARY KEY 约束，然后为 Record 表中的 Bookid 设置 FOREIGN KEY 约束，引用 Book 表中的 Bookid 字段。

# 第 4 章

## 一、填空题

(1) 表　表格　记录

(2) 插入　更新　删除

(3) DELETE TABLE　TRUNCATE TABLE　TRUNCATE TABLE

## 二、操作题

(1) 手工输入记录

(2)

```
INSERT INTO
Book(Bookid,Booktitle,ISBN,Typeid,Author,Press,Pubdate,Price,Regdate,
State) VALUES('98374-19837-64383563','一个人的欢喜与忧伤','9787802205093',
1,'笙离','中国画报出版社','2009-10-3',24.0,'2009-12-12','可借')
```

或者

```
INSERT INTO Book VALUES('98374-19837-64383563','一个人的欢喜与忧伤',
'9787802205093',1,'笙离','中国画报出版社','2009-10-3',24.0,'2009-12-12','可
借',null)
```

(3)

```
CREATE TABLE FemaleReader(Readerid char(13) NOT NULL,
Readername nvarchar(20) NOT NULL,Typeid tinyint NULL,Birthday datetime NULL,
Sex nchar(1) NOT NULL,Address nvarchar(40) NULL,Postalcode char(6) NULL,
Tel varchar(15) NULL,Enrolldate datetime NULL,State nvarchar(10) NULL,
Memo nvarchar(200) NULL)
GO
INSERT INTO Femalereader SELECT
Readerid,Readername,Typeid,Birthday,Sex,Address,Postalcode,Tel,
Enrolldate,State,Memo FROM Reader WHERE Sex='女'
GO
```

或者

```
SELECT Readerid,Readername,Typeid,Birthday,Sex,Address,Postalcode,Tel,
Enrolldate,State,Memo INTO FemaleReader FROM Reader WHERE Sex='女'
```

(4)

```
Update Book SET State='不可借' WHERE Price>50
```

(5)

```
Update Book SET State='不可借' FROM Book JOIN Booktype ON
Book.Typeid=Booktype.Typeid
WHERE Typename='文学'
```

(6)

```
DELETE FROM Book WHERE Bookid='98374-19837-64383563'
```

(7)

```
DELETE FROM Record FROM Record JOIN Reader ON Record.Readerid=Reader.Readerid
WHERE Reader.State='无效'
```

(8)

```
DELETE FROM FemaleReader 或者 TRUNCATE TABLE FemaleReader
```

# 第 5 章

## 一、填空题

(1) SELECT FROM WHERE GROUP BY HAVING ORDER BY
(2) 指定搜索范围
(3) 指定值的集合
(4) 内连接 外连接 交叉连接 自连接。
(5) 集合中任意值
(6) 集合中所有值
(7) 判断结果集中是否有记录
(8) 合并多个结果集

## 二、操作题

(1)

```
SELECT Bookid,Booktitle,ISBN,Typeid,Author,Press,Pubdate,Price,Regdate,
State,Memo FROM Book
```

或者

```
SELECT * FROM Book
```

(2)

```
SELECT Bookid,Booktitle FROM Book WHERE Press='机械工业出版社'
```

(3)

```
SELECT Bookid,Booktitle,Press FROM Book WHERE Press LIKE '%工业%'
```

(4)

```
SELECT Bookid,Booktitle,Price FROM Book
WHERE Price BETWEEN 20.00 AND 25.00
```

(5)

```
SELECT Bookid,Booktitle FROM Book WHERE Bookid
IN('02284-28571-28927481','23879-48373-96725789','38573-28475-92756258')
```

或者

```
SELECT Bookid,Booktitle FROM Book WHERE Bookid='02284-28571-28927481' OR
Bookid='23879-48373-96725789' OR Bookid='38573-28475-92756258'
```

(6)

```
SELECT Recordid,Readerid,Bookid,Outdate,Indate,State FROM Record
WHERE Readerid='3872-3423-001' ORDER BY Outdate DESC
```

(7)

```
SELECT DISTINCT Readerid FROM Record
```

(8)

```
SELECT Recordid,Readerid,Bookid,Outdate,Indate,State FROM Record
WHERE Readerid='3872-3423-001'
UNION
SELECT Recordid,Readerid,Bookid,Outdate,Indate,State FROM Record
WHERE Readerid='3872-3423-002'
```

(9)

```
SELECT Bookid,COUNT(Bookid) FROM Record GROUP BY Bookid
```

(10)

```
SELECT Readerid,COUNT(Readerid) FROM Record
GROUP BY Readerid HAVING COUNT(Readerid)>2
```

(11)

```
SELECT Bookid,Outdate FROM Record AS a INNER JOIN Reader AS b
ON a.Readerid=b.Readerid WHERE Readername='郭玉娇'
```

或者

```
SELECT Bookid,Outdate FROM Record
WHERE Readerid=(
SELECT Readerid FROM Reader WHERE Readername='郭玉娇')
```

(12)

```
SELECT b.Bookid,Booktitle,Readerid,Outdate FROM Book AS b
LEFT OUTER JOIN Record AS r ON b.Bookid=r.Bookid
```

或者

```
SELECT b.Bookid,Booktitle,Readerid,Outdate FROM Record AS r
RIGHT OUTER JOIN Book AS b ON b.Bookid=r.Bookid
```

(13)

```
SELECT a.readerid,a.Bookid
FROM Record AS a INNER JOIN Record AS b
ON a.Bookid=b.Bookid
WHERE b.Readerid='3872-3423-001'
AND a.Readerid!=b.Readerid
```

或者

```
SELEC SELECT a.readerid,a.Bookid FROM Record AS a WHERE a.Bookid IN
(SELECT b.Bookid FROM Record AS b WHERE a.Bookid=b.Bookid AND
b.Readerid='3872-3423-001' AND a.Readerid!=b.Readerid)
```

(14)

```
SELECT Bookid,Booktitle FROM Book
WHERE Bookid NOT IN (SELECT Bookid FROM Record)
```

或者

```
SELECT b.Bookid,Booktitle FROM Book AS b
WHERE NOT EXISTS (SELECT r.Bookid FROM Record AS r WHERE b.Bookid=r.Bookid)
```

(15)

```
SELECT b.Bookid,Booktitle,Outdate
FROM Reader AS a INNER JOIN Record AS b
ON a.Readerid=b.Readerid INNER JOIN Book AS c
ON b.Bookid=c.Bookid
WHERE Readername='郭玉娇'
```

# 第 6 章

## 一、填空题

(1) 常规标识符　分隔标识符

(2) 字母、下划线(_)、符号@或数字符号#之一　字母、下划线(_)、符号@、数字符号、美元符号$或十进制数字(0～9)之一　T-SQL 保留字　空格或其他特殊字符

(3) 双引号　方括号

(4) @　先声明再使用　DECLARE　SET　SELECT　PRINT

(5) --　/*　*/

(6) 中止循环　中止本轮循环

(7) GO

(8) 错误号、消息字符串、严重性、状态、过程名称和行号　TRY...CATCH　@@ERROR

(9) SQL Server 单个逻辑工作单元　原子性、一致性、隔离性和持久性　显式事务、自动提交事务和隐式事务

(10) BEGIN TRANSACTION　COMMIT TRANSACTION　ROLLBACK TRANSACTION

## 二、操作题

(1)

```
DECLARE @i tinyint, @total int
SET @i=1
SET @total=1
WHILE @i<=10
    BEGIN
        SET @total=@total*@i
        SET @i=@i+1
    END
```

```
PRINT(@total)
GO
```

(2)

```
USE Library
GO
SELECT SUBSTRING(Booktitle,1,6) FROM Book
GO
```

(3)

```
DECLARE @Myyear AS smallint
SET @Myyear=2000
WHILE @Myyear<=2010
    BEGIN
        IF(@Myyear%400=0 OR (@Myyear%4=0 AND @Myyear%100<>0))
            PRINT(STR(@Myyear)+'是闰年')
        ELSE
            PRINT(STR(@Myyear)+'是平年')
        SET @Myyear=@Myyear+1
    END
GO
```

(4)

```
USE Library
GO
BEGIN TRY
    INSERT INTO Reader(Readerid,Readername) VALUES('3872-3423-022','王刚')
END TRY
BEGIN CATCH
    PRINT @@ERROR
    PRINT ERROR_MESSAGE()
END CATCH
GO
```

(5)

```
USE Library
GO
BEGIN TRANSACTION

    DELETE FROM Reader WHERE Readername='郭玉娇'
    IF @@ERROR<>0
        ROLLBACK TRANSACTION
    DELETE FROM Record FROM Record INNER JOIN Reader ON
    Record.Readerid=Reader.Readerid WHERE Readername='郭玉娇'
    IF @@ERROR<>0
        ROLLBACK TRANSACTION
COMMIT TRANSACTION
GO
```

# 第 7 章

## 一、填空题

(1) 虚拟表　定义

(2) 标准视图　索引视图　分区视图

(3) CREATE VIEW　ALTER VIEW　DROP VIEW

(4) 聚集索引　非聚集索引　表扫描　查找索引

(5) 聚集索引的键值　一

(6) B 树　不一致　索引页　数据页

(7) CREATE INDEX　ALTER INDEX　DROP INDEX

## 二、操作题

(1)

```
CREATE VIEW ViewReaderRecord
AS  SELECT Record.Readerid,Readername,Booktitle,Outdate
FROM Reader INNER JOIN Record ON Reader.Readerid = Record.Readerid
INNER JOIN Book ON Record.Bookid = Book.Bookid
GO
SELECT Readerid,Readername,Booktitle,Outdate FROM ViewReaderRecord
GO
```

(2)

```
ALTER VIEW ViewReaderRecord
AS  SELECT Record.Readerid,Readername,Booktitle,Outdate,Indate
FROM Reader INNER JOIN Record ON Reader.Readerid = Record.Readerid
INNER JOIN Book ON Record.Bookid = Book.Bookid
GO
SELECT Reeaderid,Readername,Booktitle,Outdate,Indate FROM ViewReaderRecord
GO
```

(3)

```
UPDATE ViewReaderRecord SET Indate = '2010-1-1'
 WHERE Readerid='3872-3423-002' AND Booktitle='不抱怨的世界'
GO
```

(4)

```
CREATE CLUSTERED INDEX PK_Reader ON Reader(Readerid ASC)
GO
CREATE UNCLUSTERED INDEX IX_Reader ON Reader(Readername ASC)
GO
```

# 第 8 章

## 一、填空题

(1) 标量值函数　内联表值函数　多语句表值函数

(2) CREATE FUNCTION

(3) SELECT 语句　EXEC 语句

(4) ALTER FUNCTION　DROP FUNCTION

(5) SELECT

## 二、操作题

(1)

```
USE Library
GO
CREATE FUNCTION BorrowNum(@readerid CHAR(13))
RETURNS INT
AS
BEGIN
DECLARE @Num INT
SELECT @Num=count(*) FROM Record
WHERE Indate IS NULL AND Readerid=@readerid
RETURN @Num
END
GO
```

(2)

```
USE Library
GO
CREATE FUNCTION FindRecord(@date DATETIME)
RETURNS TABLE
AS
RETURN
SELECT Book.Bookid,Booktitle,Outdate,Readername,Record.State
FROM Book INNER JOIN Record ON Book.Bookid=Record.Bookid
INNER JOIN Reader ON Record.Readerid=Reader.Readerid
WHERE Outdate<@date
GO
```

# 第 9 章

## 一、填空题

(1) 系统存储过程　扩展存储过程　用户存储过程

(2) CREATE PROCEDURE

(3) 常量 NULL

(4) ALTER PROCEDURE DROP PROCEDURE

(5) EXECUTE

(6) sp_

二、操作题

(1)

```
CREATE PROCEDURE getVipReader
AS
BEGIN
SELECT Readerid,Readername,Tel FROM Reader INNER JOIN Readertype ON
Reader.Typeid=Readertype.Typeid
WHERE Readertype.Typename='VIP'
END
```

(2)

```
CREATE PROCEDURE getRecord
@readerid CHAR(13)
AS
BEGIN
SELECT * FROM Record
WHERE readerid=@readerid
END
```

(3)

```
CREATE PROCEDURE outOfDate
AS
BEGIN
SELECT reader.Readername,tel FROM Record INNER JOIN Reader ON
Reader.Readerid=Record.Readerid
INNER JOIN Readertype ON Reader.Typeid=Readertype.Typeid
WHERE record.Indate IS NULL AND
(getdate()-outdate)>Readertype.Bookday
END
```

# 第 10 章

## 一、填空题

(1) DML 触发器 DDL 触发器

(2) CREATE TRIGGER

(3) ALTER TRIGGER DROP TRIGGER

(4) INSERT DELETE UPDATE

(5) AFTER

(6) INSTEAD OF

## 二、操作题

(1)

```
CREATE TRIGGER DeleteReader_trigger
  ON  reader
  AFTER DELETE
AS
BEGIN
     DELETE FROM Record WHERE Readerid=
     (SELECT Readerid FROM deleted)
END
```

(2)

```
CREATE TRIGGER UpdateReader_trigger
  ON  reader
  AFTER UPDATE
AS
BEGIN
  DECLARE @newid CHAR(13)
  DECLARE @oldid CHAR(13)
  SELECT @newid=Readerid FROM inserted
  SELECT @oldid=Readerid FROM deleted
  UPDATE Record SET Readerid=@newid
  WHERE Readerid=@oldid
END
GO
```

(3)

```
CREATE TRIGGER Book_trigger
  ON  Book
  INSTEAD OF DELETE,UPDATE
AS
BEGIN
  PRINT'不允许对Book进行delete，update操作'
END
GO
```

(4)

```
CREATE TRIGGER Student_DDL_tri
  ON  DATABASE
  AFTER DROP_TABLE
AS
BEGIN
  PRINT'不允许删除Book表'
END
```

# 第 11 章

## 一、填空题

(1) Windows 身份验证　混合身份验证
(2) CREATE LOGIN
(3) CREATE USER
(4) GRANT　DENY　REVOKE
(5) 服务器级角色　数据库级角色
(6) public
(7) sp_addrolemember
(8) CREATE ROLE

## 二、操作题

略(请参考书中例题以及工作场景中的操作)。

# 第 12 章

## 一、填空题

(1) 完整数据库备份　差异备份　数据库和事务日志备份　文件或文件组备份
(2) 磁盘备份设备　磁带备份设备
(3) 差异
(4) sp_addumpdevice
(5) BACKUP
(6) RESTORE

## 二、操作题

略(请参考书中例题以及工作场景中的操作)。

# 第 13 章

略(请参考书中例题以及工作场景中的操作)。

# 参 考 文 献

[1] Jeffrey Ullman，Jennifer Widom. 数据库系统基础教程[M]. 3 版. 北京：机械工业出版社，2009.

[2] Larry Rockoff. SQL 初学者指南[M]. 北京：人民邮电出版社，2014.

[3] Itzik Ben-Gan. SQL Server 2012 T-SQL 基础教程[M]. 北京：人民邮电出版社，2013.

[4] Adam Jorgensen 等. SQL Server 2012 宝典[M]. 4 版. 北京：清华大学出版社，2014.

[5] Adam Jorgensen 等. SQL Server 2012 管理高级教程[M]. 2 版. 北京：清华大学出版社，2013.

[6] Patrick LeBlanc. SQL Server 2012 从入门到精通[M]. 北京：清华大学出版社，2014.